苏州大学211工程第三期项目标志性成果

Research on Opening and Development of Information Resources

Based on the View of Overall Protection of Information Right

信息资源开放与开发问题研究

基于信息权利全面保护的视域

周 毅/著

科学出版社

北 京

内 容 简 介

本书是基于信息权利全面保护视域研究信息资源开放与开发问题的著作，提出适应权利时代的新需求，以及我国信息法律体系建设应以信息权利的全面保护和科学配置为价值导向。基于信息权利全面保护的信息资源开发服务应注重从政策途径、制度途径和理论途径上构建战略对策框架，并综合运用信息资源规划机制、实体化与项目化开发服务机制、知识产权保护机制等推进信息资源开发服务的有效实现。

全书理论研究深入，对策分析务实。特别是对我国近年来信息资源开放与开发的法律政策等进行了深度解读，可以为理论研究人员和实践工作者提供参考。

图书在版编目（CIP）数据

信息资源开放与开发问题研究：基于信息权利全面保护的视域／周毅著. —北京：科学出版社，2012

ISBN 978-7-03-032778-9

Ⅰ. 信⋯ Ⅱ. 周⋯ Ⅲ. 信息资源 – 信息管理 – 研究 – 中国 Ⅳ. G203

中国版本图书馆 CIP 数据核字（2011）第 233174 号

责任编辑：李 敏 赵 鹏／责任校对：陈玉凤
责任印制：钱玉芬／封面设计：东方人华

科学出版社 出版
北京东黄城根北街 16 号
邮政编码：100717
http://www.sciencep.com

骏圭印刷厂 印刷
科学出版社发行 各地新华书店经销

*

2012 年 1 月第 一 版 开本：B5（720×1000）
2012 年 1 月第一次印刷 印张：15
字数：291 000

定价：**68.00 元**
（如有印装质量问题，我社负责调换）

目　　录

绪论·· 1
　0.1　问题的提出··· 1
　0.2　国内外研究现状述评及研究意义··· 2
　0.3　本书研究的基本框架结构及其框图······································· 4
第1章　信息权利的内在意蕴研究·· 7
　1.1　信息权利的内涵、类型及其相互关系····································· 7
　　1.1.1　信息权利的内涵·· 7
　　1.1.2　信息权利的类型·· 9
　　1.1.3　信息伦理权利与法律权利之间的关系································ 11
　1.2　信息权利的构成要素及其确认··· 12
　　1.2.1　信息权利的构成要素··· 12
　　1.2.2　信息权利的确认··· 15
　1.3　信息资源管理全流程中的信息权利构成与内容························· 16
　　1.3.1　信息资源形成者（或处理者与管理者）的信息权利················ 16
　　1.3.2　基于信息内容持有者角色的信息权利································ 22
　　1.3.3　基于用户角色的信息权利·· 26
　　1.3.4　不同信息权利的冲突及其平衡······································ 28
　1.4　确立科学的信息权利理念的意义··· 37
第2章　以信息权利保护和平衡为中心构建信息法律体系····················· 40
　2.1　确立以信息权利保护与平衡为中心的信息立法价值导向·············· 40
　　2.1.1　问题的提出··· 40
　　2.1.2　对我国信息立法若干文本的初步解读································ 41
　　2.1.3　以信息权利为中心构建信息法律体系的策略······················ 47
　2.2　信息权利实现的一般途径··· 49
　　2.2.1　信息素养教育与信息权利意识的强化································ 50
　　2.2.2　信息法制建设与信息权利的保护···································· 53
　　2.2.3　信息管理体制和机制创新与信息权利实现途径的多样化············ 55

第3章 信息权利保护视窗中的信息开放与开发法律和政策研究 ………… 58

3.1 我国信息资源开放与开发的现状和发展趋势分析 ………… 58

  3.1.1 我国信息资源开放与开发的一般趋势分析 ………… 59

  3.1.2 信息资源开放与开发中存在的问题 ………… 61

3.2 信息资源开放与开发法律与政策框架：梳理、述评与设计 ………… 67

  3.2.1 档案法律内部、档案法律与相关信息法律法规之间的冲突表现及评述 ………… 68

  3.2.2 信息资源开放与开发法律政策体系建设的基本思路 ………… 75

3.3 信息立法中亟待确认的信息权利之一：网络信息存档权 ………… 78

  3.3.1 网络信息存档的内涵 ………… 78

  3.3.2 网络信息存档权及其正当性证明 ………… 81

  3.3.3 网络信息存档权的构成 ………… 85

  3.3.4 网络信息存档权的确认与行使 ………… 87

3.4 信息立法中亟待确认的信息权利之二：信息利用权利 ………… 90

  3.4.1 信息利用权利的内涵及其限度要求 ………… 90

  3.4.2 现有法律法规对信息利用权利的过度限制 ………… 91

  3.4.3 信息利用权利适度扩展及其实现的基本途径 ………… 97

3.5 基于信息开放的信息资源开发政策及其创新 ………… 101

  3.5.1 我国信息资源开发服务政策现状及其评估 ………… 101

  3.5.2 推进信息资源开发服务政策的创新 ………… 104

第4章 信息权利保护视窗中的信息管理制度体系建立 ………… 117

4.1 建立与政府信息公开制度配套的信息管理制度 ………… 117

  4.1.1 建立政府信息资源分级分类管理制度 ………… 118

  4.1.2 建立政府信息资源公开目录与指南的发布和更新制度 ………… 118

  4.1.3 完善政府信息公共查阅点的信息管理制度 ………… 119

  4.1.4 建立政府信息查阅点的服务规范制度 ………… 120

  4.1.5 建立政府信息公开的开放责任和安全审查责任制度 ………… 120

  4.1.6 建立起政府信息查阅点的政府信息公开工作年度报告制度 ………… 121

  4.1.7 建立政府信息查阅点的政府信息收费管理制度 ………… 121

  4.1.8 建立政府信息查阅点的工作考核、社会评议和责任追究制度 … 122

4.2 建立健全信息资产运营管理制度 ………… 123

  4.2.1 信息资产的内涵分析 ………… 123

　　4.2.2　信息资产运营的主要策略 ··· 126

　4.3　信息资源整合开发管理制度·· 130

　　4.3.1　建立信息资源登记备份管理制度 ······························· 130

　　4.3.2　建立信息资源整合开发的实体化与项目化运作制度 ······ 131

　　4.3.3　建立信息资源整合开发的创新培育与激励制度 ············ 132

第5章　以信息权利保护为基础构建信息资源管理学科体系··········· 134

　5.1　我国信息资源管理学科的构建及其命运······························· 134

　5.2　基于信息权利全面保护的信息资源管理学研究取向和学科构建······ 136

　　5.2.1　以信息权利保护为基础的信息资源管理学科构建特点研究 ······ 136

　　5.2.2　以信息权利保护为基础的信息资源管理学科构建设想 ········· 138

　5.3　信息权利全面保护背景下信息资源管理学科研究转型的实现路径

　　　·· 139

　　5.3.1　体系意识与问题意识的并重 ······································· 139

　　5.3.2　理论思辨与应用政策研究的并重 ······························· 140

　　5.3.3　图情档学科各自的特色研究和图情档学科"视域融合"并重

　　　·· 141

第6章　基于信息权利保护的信息资源规划策略······················ 143

　6.1　以信息权利保护为基础的信息资源规划及其设计 ···················· 144

　　6.1.1　信息资源规划的内涵 ··· 144

　　6.1.2　当前我国信息资源规划设计中存在的问题 ················· 145

　　6.1.3　以信息权利保护为基础的信息资源规划基本框架 ········ 147

　6.2　以信息权利保护为基础的信息资源规划实现机制··················· 150

　　6.2.1　信息资源规划实现机制设计的一般原则 ····················· 150

　　6.2.2　信息采集机制：由单一被动采集模式转变为"被动与主动采集"

　　　　　　并存模式 ··· 151

　　6.2.3　信息组织机制：由重"实体管理"转变为重"智能管理" 157

　　6.2.4　信息服务机制：由面向组织内部服务转变为面向社会服务 ····· 159

第7章　信息资源开放与开发服务机制的创新策略················· 161

　7.1　信息资源开放与开发服务机制创新的理论意义 ······················ 161

　7.2　信息资源开放与开发服务机制创新的基本思路························ 162

　　7.2.1　信息资源开放与开发服务领域中多机制的共同运用 ····· 162

7.2.2　政府机制、社会机制和市场机制的共生与互补作用 ············· 165
7.3　信息服务整合平台的构建 ·· 167
7.3.1　信息服务整合平台及其构建意义 ······························ 167
7.3.2　信息服务整合平台的层次结构 ································· 169
7.3.3　推进信息服务整合平台建设的策略 ··························· 173
第8章　信息资源开发中的信息产权保护策略 ·················· 177
8.1　信息资源的信息产权状态及其开发利用策略 ················· 177
8.1.1　信息资源的信息产权、知识产权及其关系述要 ··········· 177
8.1.2　信息资源的信息产权状态分析 ································· 179
8.1.3　基于信息产权保护的信息资源开发利用策略 ············· 183
8.2　信息资源开发产品的知识产权保护问题 ······················ 190
8.2.1　信息资源开发产品的知识产权保护特点与趋势 ··········· 190
8.2.2　信息资源开发作品的知识产权保护策略 ··················· 194
第9章　关于推进我国信息资源开发服务的若干政策建议 ········· 197
9.1　确立信息权利全面保护的理念，并以此为导向指导信息法律体系的
建设 ··· 197
9.2　构建以信息权利保护为基础的信息资源开放与开发服务战略对策
 ··· 198
9.2.1　政策途径：信息资源开放与开发服务法律政策建设对策 ··· 198
9.2.2　制度途径：信息资源开放与开发服务管理制度建设对策 ······· 200
9.2.3　理论途径：信息资源管理学科的建构对策 ················· 201
9.3　构建以信息权利保护为中心的信息资源开放与开发服务实现机制
 ··· 201
9.3.1　基于信息权利全面保护的信息资源规划机制 ············· 202
9.3.2　信息资源开放与开发服务机制的创新策略 ················· 203
9.3.3　信息资源开放与开发服务中的知识产权保护对策 ········· 205
参考文献 ··· 207
附录 ··· 214
附录1　成果简介 ··· 214
附录2　2000年后我国信息立法与政策若干重要文本一览表 ······· 226
后记 ··· 230

绪　　论

0.1　问题的提出

"信息资源开放与开发"是信息资源管理学科的一个经典研究课题。从 1984 年 9 月邓小平同志给《经济参考》题词："开发信息资源，服务四化建设"以后，学界就开始了信息资源开发利用专题的研究。虽然近 30 年来此领域研究成果丰富，但研究热度依然不减。学界对这一专题持续保持研究热度的主要原因是：信息资源开发利用的法律与政策环境、技术环境、政治经济环境等均不断发生着变化，社会大众对信息资源产品的需求类型和特点也在不断发生着变化。

信息资源开发利用法律与政策环境的变化主要表现在我国开始出现了以"信息事物"为客体对象的信息立法，"以人为本"和以"权利保护"为中心的立法正逐步成为信息立法的重要趋势。同时，我国国家调控、引导和管理信息资源开发利用的政策出现了重大变化（以中办发、国办发［2004 年］34 号文为代表），信息资源开发利用的基本目标、主要任务和指导思想等均已明确，一个信息资源开发利用的全新时代已经来临；信息资源开发利用技术环境的变化主要表现在网络环境正极大地改变着信息资源开发利用的模式和时空特点，如何适应网络环境特点，重新组织和构建信息资源开发利用模式，创新信息资源产品形式等正成为一个全新的研究领域；信息资源开发利用政治经济环境的变化则表现在随着公众民主意识、参政议政意识的增强和我国经济结构转型升级与科学发展的要求，社会对信息资源价值的认识及其依赖程度也开始发生着重大变化，信息资源对社会经济、政治和文化发展的贡献率明显提高，信息资源需求也持续升温。正是因为上述诸多变化不断赋予着信息资源开发利用以全新的研究内容，因此，"信息资源开发利用"这个经典课题在今天仍然具有时代意义。

主流观点认为，我国信息资源开放与开发可以区分为面向信息资源和面向用户两种不同的开放与开发模式。前者以关注现存信息资源为中心，后者则以关注用户需求为中心,两者在信息资源开放与开发组织上各有侧重,实效也不相同。虽然我国信息资源开放与开发沿着上述两个不同路径开展了一些卓有成效的工作,有关理论研究成果丰硕,但客观地说信息资源开放与开发工作的深入推进仍有不少困难,在信息资源开放与开发工作中仍面临着诸多复杂的权利或利益博弈。以"用户需求"为中心来构建信息资源开放与开发模式,其目标是充分满足用户的需求,并在终极意义上保证用户某种信息权利的实现,而且这种权利实现不能以牺牲其他主体的权利为代价。在信息资源开放与开发中不仅要保护用户获得与利用信息的权利,而且也要保护信息资源开放与开发过程中涉及的其他主体的权利。例如,内容针对者的信息秘密权利、资源所有者的信息产权和资源管理者的管理权利等。因此,简单地以"用户需求"为中心来指导和协调信息资源开放与开发活动,这尚不足以从深层次上协调和解决信息资源开放与开发中出现的各种权利或利益矛盾。如何在构建一个完整信息权利体系的基础上系统阐述各类信息权利之间的关系,并以此来统筹安排和指导信息资源开放与开发过程就是一个全新的课题,这也使信息资源开放与开发这个看似传统的课题显示出当代创新的意义。基于信息权利全面保护视角研究信息资源开放与开发涉及的具体权利类型、权利平衡机制和权利实现途径等具有重要的理论与应用价值。

0.2 国内外研究现状述评及研究意义

从世界范围看,目前有 60 多个国家和地区有专门的信息公开立法,50 多个国家和地区有专门的个人信息与数据保护立法,很多国家或地区在信息利用立法、信息安全立法等方面也取得了明显进展。通过对 2000 ~ 2010 年 Elsevier Science Direct 电子期刊全文数据库、Springer 和 EBSCO 信息服务系统的检索,共检索命中与信息获取、信息知情、信息隐私、信息安全、知识产权、信息政策、信息法律等有关的研究文献数千篇。从国外有关信息权利研究的基本状况看,其在研究中表现出专业化、新诠释和区域性等特点。

专业化是指国外对有关信息权利研究所选择的切入角度虽然十分复杂多样,但在不同切入角度的研究中均表现出专业、专注和深入的特点。例如,对信息获取权与知情权的研究选择了政府、环境、医学、商务、新闻媒体等不同视角进行深入分析,对知识产权的研究也习惯于从公司研发与商业盗版、公共研究机构、图书馆、金融服务、学术部门、计算机或医学等某一个专门领域切入。

新诠释是指国外信息权利研究十分关注信息技术运用、社会经济环境等变化所要求的信息权利"再适应"问题。例如，随着信息技术的飞速发展和全球经济一体化进程的加快，网络环境下的信息获取、信息安全、隐私权保护以及知识产权保护等就面临着很多新问题，专家们对某些信息权利的完善和发展提出了不少新见解。

区域性是指国外对信息权利的研究往往都立足于其自身实际需要和本国利益选择不同的研究重点，这一点在知识产权问题研究上表现得最为突出。例如，发达国家更多关心的是在与发展中国家进行技术转让及产品出口等贸易活动中的知识产权保护，而发展中国家则强调其区域内的专利、版权或商标保护研究。

与国际趋势相适应，近年来我国信息立法也取得了一系列重大成果，《政府信息公开条例》、《信息网络传播权保护条例》、《电子签名法》等法律法规就是近年来取得的具体立法成果。我国目前正在起草或已经完成起草的信息法律法规还有《公共图书馆法》、《个人信息保护法》、《信息安全条例（或信息安全法)》等，《档案法》、《保密法》等一批信息法律也已经完成或正在进行着全面的修订，这表明我国已经进入了一个信息立法的高峰期。从系统角度看，我国信息立法不仅开始涉及公民知情权这一基本信息权利的保护，而且逐步强化了对信息安全权、信息产权、信息秘密权、信息管理权和信息开放决定权等多种信息权利的保护。重视信息权利、发现信息权利和确认信息权利正逐步成为我国信息立法的基本特点和趋势。可以认为，以信息权利全面保护为主线的信息立法框架体系和立法思路正在逐步形成。

与信息立法实践相呼应，学界对信息立法及其相关理论问题的研究表现出极大热情。据统计，2004 年以来立项的相关国家级研究课题有 10 余项，其中较有代表性的是：《档案法立法思想与立法原则研究》（2007 年）、《政府信息公开法研究》（2005 年）和《知情权与政务信息公开法律制度研究》（2004 年）等。笔者以信息公开（信息资源开发、信息知情权、隐私权等）为检索词对 2000 ~ 2010 年中国期刊网数据库和中国知网学术资源总库进行检索，共检索到相关记录数据数千条。这表明，我国学者已经对某些类型的信息权利保护问题给予了高度关注，在信息资源开发服务领域也积累了丰富成果。

综观近 30 年来的相关理论研究成果，可以发现目前已有研究成果的基本特点是：从知情权、知识产权保护等某一权利侧面研究信息资源开放与开发问题，而相对忽视从信息权利全面保护视角系统研究信息资源开放与开发政策及其实现途径。有鉴于此，学界就有必要以信息权利全面保护为研究背景，系统探索信息资源开放与开发的战略框架和运作机制。

笔者认为，上述研究框架的构建具有如下重要意义。

从理论上看，以信息权利全面保护为背景审视我国信息资源开放与开发问题有利于全方位地体现权利平衡和信息公平原则。在信息时代，信息资源作为最有价值的权利资源之一，其有序流动对社会发展具有重要基础性意义。如何适应信息权利全面保护需要，制定科学有效的信息资源开放与开发战略框架是信息法治的重要内容。事实上，我国信息资源分布存在严重的不均衡（周毅，2003；付华，2005），在信息资源开放与开发过程中也经常出现信息权利保护的顾此失彼现象。因此，从战略上研究和回答信息资源开放与开发中信息权利全面保护的基本理论问题，描绘信息权利时代的理论景象，对于进一步强化各类主体的信息权利意识，形成科学的信息权利保护观念，制定有效的信息权利保护策略等均有重要作用。

从实践上看，在信息权利全面保护背景下我国信息资源开放与开发也面临着机制与模式创新的要求。在 20 世纪 80 年代，我国面向社会的档案信息开放就已开始，信息资源开放与开发实践在我国也经历了一个从随机性开放与开发到制度性开放与开发、从局部散点开放与开发到全面集中开放与开发的发展过程（周毅，2007a），其开放与开发的广度与深度有目共睹。但是，不容回避的是，在信息权利全面保护背景下我国信息资源开放与开发也面临着向深层次进一步推进的困难，在信息资源开放与开发实践中如何处理各种不同信息权利的矛盾与冲突正考验着理论工作者和实践工作者的智慧。具体探究信息权利保护背景下信息资源开放与开发机制和模式的创新思路，可以从操作层面上将我国信息资源开放与开发推向深入。

0.3 本书研究的基本框架结构及其框图

本书的研究基本框架结构分成三个主要部分。

第一部分：信息权利的内在意蕴及其相关理论研究。

信息权利是以满足一定条件的信息作为权利客体的法律权利类型，它是由多个子权利构成的权利体系。这些子权利包括：信息财产（资产）权、信息获取权或知情权、信息隐私权、信息传播自由权、信息环境权、信息秘密权、信息安全权等。本书将在具体分析信息权利内涵的基础上，对信息资源管理全流程中涉及的信息权利类型和构成要素、当前我国信息立法中权利导向缺失现状，以及急需确认的信息权利内容进行重点研究。

第二部分：信息权利保护视窗中推进信息资源开放与开发的战略框架研究。

本书对我国信息资源开放与开发战略框架的研究是以信息权利全面保护为基础，论述保障和发展信息资源开放与开发的政策途径、制度途径和理论途径，从法律政策层面、管理制度层面和学科体系层面上搭建我国信息资源开放和开发实现的战略框架。法律政策、管理制度和学科体系的构建与完善就成为本部分研究内容展开的基本结构。

法律政策层面旨在建立与信息权利保护相适应的信息资源开放与开发法律政策体系。基于信息权利全面保护的背景，重点对我国现有信息开放政策进行梳理和反思，提出对我国信息资源开放与开发政策进行重新设计的若干思路。

管理制度层面旨在建立推动信息权利全面保护得以实现的管理制度体系。信息管理制度体系是政府为了保障有关主体信息权利而作出的一系列管理制度安排。本书将具体研究与政府信息公开相配套的信息管理制度、信息资产运营管理制度、信息资源整合开发制度等，从而提出一系列的信息管理制度体系创新设想。

学科体系层面旨在以信息权利保护为基础构建信息资源管理学科的体系结构。这种学科体系构建将实现从信息资源为起点向多主体信息权利保护为起点的转移，并探讨由此所引发的信息资源管理学科建设与研究的若干变化或转型。

第三部分：信息权利保护视窗中信息资源开放与开发的实现机制研究。

信息权利视窗中我国信息资源开放与开发实现机制研究是要探讨信息资源开放与开发作为一种信息权利保障机制的价值及其创新路径。信息资源规划机制、信息资源开放与开发的运行机制、信息资源开发服务的知识产权保护机制等都是推进和保障信息资源开放与开发实现的具体机制内容。

本书研究结构展开的基本框图如图0-1所示（第9章为总结章，故未包含在内）：

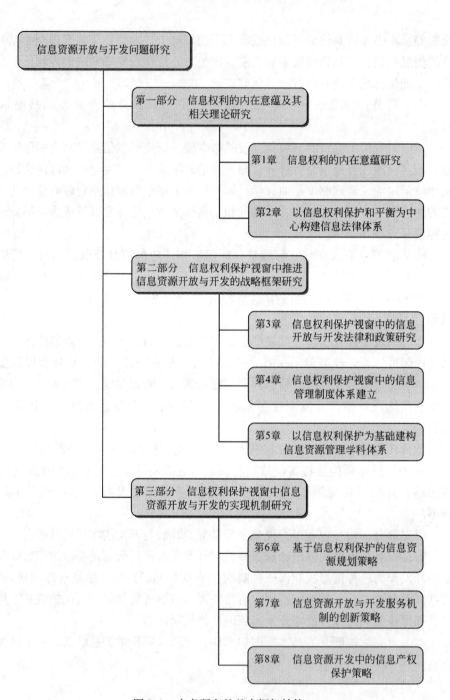

图 0-1　本书研究的基本框架结构

第1章　信息权利的内在意蕴研究

在信息时代和权利时代，信息作为最有价值的权利资源之一，其有序流动对于社会发展具有基础性意义。加强信息领域立法是我国法律体系建设的重要内容。近年来我国信息领域立法涉及的主要内容有政府信息公开立法、信息传播立法、个人信息保护立法、网络与数字信息管理立法等。与此相伴，我国公民的信息权利意识有了显著增强，知情权、隐私权等已经成为社会公众普遍关心的信息权利内容。从信息领域众多已有立法成果看，其往往都是从一个侧面实施对某种具体信息权利的保护。随着法律的日臻完善，信息权利及其保护将会得到更多更全面的关注。如何准确认识信息权利的基本内涵，适应信息权利公平分配需要，对信息权利进行全面保护和科学治理是信息资源管理和信息法学共同关注的研究课题。信息权利是人们在信息活动中合理地生产、组织、拥有、传播和使用信息的权利，具体包括信息自由权（或信息获取权与知情权）、信息隐私权、信息产权、信息安全权和信息环境权等权利内容。作为一种法律权利，信息权利已经在很多国家的信息立法中被明文确认，在学界也被很多专家广泛论证。笔者认为，信息权利不仅是一种法律权利，而且也是一种伦理权利，信息伦理权利和法律权利两者之间具有天然和密切的联系。构建信息权利体系不仅要关注法律意义上的信息权利，而且也应关注道德或伦理意义上的信息权利，并看到信息伦理权利对信息法律权利的基础性作用。

1.1　信息权利的内涵、类型及其相互关系

1.1.1　信息权利的内涵

信息权利是指有关主体在不同角色条件下享有以特定信息为客体对象的一种权利类型，它是由多个子权利构成的权利体系。

1.1.1.1　信息权利具有完整的权利结构

一般认为，一项权利在结构上可以分为权利主体、权利内容和权利客体三个

组成部分。权利主体是享有权利的自然人或法人；权利内容是权利人在法律授权范围内，以自己或他人的作为和不作为方式实现权利的过程，它具体包括权益、权能和权责三个部分；权利客体是权利内容指向的对象。由于信息资源是重要的生产要素、无形资产和社会财富（它是"有用之物"），它完全能够成为被主体控制的"为我之物"，并且它也是可以与主体在认识上相分离的"自为之物"，因此，信息资源完全符合权利关系客体所要求的基本标准（李晓辉，2006）。作为权利主体的公民应该享有、法律规定享有或事实上享有信息财产权、信息知情权与获取权、信息传播权、信息环境权和信息隐私权等一系列具体权利内容。

1.1.1.2 信息权利是一个复杂的权利体系

信息权利是以特定信息为客体的权利体系，它并不仅限于被大众熟知的信息知情权和隐私权，还包括其他多种具体的信息权利类型。法律上的权利可以从多个角度进行界定。例如，权利语词的前缀可以是权利的主体（如人权、消费者权利），可以是权利的内容（如生命健康权、受教育权等），还可以是权利的客体（如物权、知识产权、信息权）。信息权利就是以信息作为特定权利客体，它包括特定的权利内容，主要有信息财产（资产）权、信息知情权与获取权、信息隐私权、信息传播自由权、信息管理权、信息环境权、信息秘密权、信息安全权、信息产权等。近年来，由于我国民主化和政府信息公开化进程的大力推进，作为信息权利基本组成内容之一的知情权已经成为媒体和社会热议的权利类型，并且有不少学者有意或无意地将信息权利（也有人称信息权）等同于信息知情权，而忽视了信息权利体系中的其他各类信息权利类型（张林华，2007）。在现实社会活动中，公民以特定信息为客体的信息权利类型已经表现出多样性。例如，公民有权在不危害国家利益、公共利益和他人利益的前提下发布自己的信息；相关利益主体有权请求政府机关对政府信息中不实或错误信息进行更正；相关权利主体根据有关法律法规的规定，有权要求政府机关在公开其形成或获得的政府信息时控制例外信息的传播范围；为有效解决信息利用中各类"搭便车"现象，相关信息开发主体有权要求加强对信息资源产品的产权保护等。这表明，实现信息权利的全方位保护并有效协调有关信息权利之间的冲突已经成为当前和今后我国信息立法工作的重要任务。

1.1.1.3 信息权利是一种受控或受限制的权利

事实上，信息权利也可分为公权与私权两种类型。公权是为了保护国家利益而设定的权利，如国家信息秘密权、国家信息资产所有权等；私权则是为了保护私人利益而设定的权利，如信息隐私权、信息知情权、个人信息产权等。信息资源管理流程中的公民信息权利显然属于一种私权。当公民的信息权利涉及共同利益、公共需求时，公共利益具有逻辑上的优先性，出于公共利益目标也应对公民信息权利进行必要的权利限制，即必须充分考虑社会中个体权利与整体社会秩序之间的辩证关系，一方面要保证公民信息权利的有效存在和充分实现，另一方面又要注意到社会整体秩序的安全性。因此，科学的信息法律构建就是在确定各类不同主体的信息权利时，能够平衡不同主体之间的利益并合理分配风险。显然，当某个具体的公民信息权利与基于公共利益或第三人利益的信息公开、信息保密、信息处理等权利存在冲突时，应遵循维护社会公共利益的基本原则，并在此基础上进行权利协调以兼顾各种主体的权益。

1.1.2　信息权利的类型

根据不同的标准，对信息权利可以有多种不同的分类。

根据信息权利主体的不同，可以将其分为信息资源形成者（或处理者与管理者）的信息权利、信息内容针对者的信息权利和用户的信息权利三种类型。信息资源形成者（或处理者与管理者）是指国家机关、企事业单位、社会组织和个人等作为信息资源形成者，以及公共图书馆、综合档案馆、文件中心、组织内部信息机构等作为信息资源管理者所拥有的信息权利；信息内容针对者的信息权利是指信息内容涉及的当事主体，如国家、企事业单位、社会组织和个人所拥有的权利；用户则是指社会公民在获得或利用信息资源过程中所享有的信息权利。由于信息资源管理是一个涵盖从信息生成、组织到开发利用的全过程，某一主体在上述管理流程中可以扮演不同主体角色，它既可以是信息资源形成者，也可以是信息内容针对者、信息资源管理者或用户。因此，对应于不同角色，有关主体的信息权利内容也各不相同。

从法学界有关权利理论的研究成果看，也可以将信息权利区分为应有权利、法律权利和事实权利三种。

应有权利是权利的初始状态，它是一种没有进入法律规则体系但在观念上被认同的权利，也称为信息伦理权利。信息伦理权利是有关信息主体基于一定的信息伦理原则、伦理规范、伦理关系、伦理理想而享有的能使其利益得到维护的自由和要求。在这一概括中有两组构成要素：一是信息伦理权利的基础是信息伦理原则、伦理规范、伦理关系和伦理理想；二是信息伦理权利的内容是广泛的信息自由、要求和利益，信息自由（一种"自主"的权利）和信息要求（一种"主他"的权利）是信息利益得以维护的两种基本方式，信息利益是信息自由和要求的内在目标（余涌，2000）。作为信息伦理权利基础的信息伦理原则、伦理规范、伦理关系和伦理理想是人们为了应对信息社会可能和已经出现的各种问题而提出的约束人们信息行为的原则主张。由于社会信息环境不断发生着变化，因此，不同时期信息伦理所关注的主要问题也发生着变化。早期的计算机伦理特别强调"十条戒律"和计算机职业行为规范，20世纪中后期的信息传播伦理强调梅森的 PAPA 理论（即隐私权、准确性、所有权和信息使用权），而今天则在网络伦理中强调人们的网络行为规范和网络道德原则等（柯平和高洁，2007）。这表明，信息伦理权利的范围也在不断得到扩展，由此所引发的必然是信息伦理权利内容的充实与发展。不管信息伦理权利的范围和内容如何变化，它必然都是由道德支持的正当要求或主张，它只有在道德认同的社会语境中才具有普遍的非正式规范意义。由于信息伦理权利的实现主要依靠他人的内心自律和社会舆论监督，因此，信息伦理权利往往是以应有权利的形态存在。

法律权利是指由法律所确定的，以维护信息自由、信息平等和信息活动有序等为主要内容的具有合法性效力的权利形态。在这一概括中包含了两种构成要素：一种是信息法律权利是合法性效力的权利形态。它强调信息法律权利是由立法机关通过某种立法程序以法律条文的形式加以确认，一旦生效它便伴有国家强制力量的保护。从这一点上看，它具有确定性和强制性；另一种是信息法律权利的基本内容应突出信息社会中最重要和最基本的信息利益问题。在现实生活中，各类主体之间存在的信息利益关系错综复杂。信息法律不可能穷尽所有的信息利益关系，它所关注和调节的只能是某些比较重要的信息利益关系。这也是信息法律权利与信息伦理权利的基本区别之一。当前信息利益关系中比较突出的问题就是信息财产利益、信息产权利益、信息知情权与使用权利益、信息隐私权利益和信息安全利益等。因此，信息法律权利也就具体表现为由信息财产权、信息产权、信息知情权、隐私权、信息安全权等所构成的权利体系（李晓辉，2006）。从总体上看，目前我国信息法律体系中关于信息权利的确认还比较有限。例如，在政府信息公开法律制度的具体规定上，我国与多数国家在是否明确信息权利概念上就存在明显差别。我国《政府信息公开条例》总则第一条指出："为了保障公民、法人和其他组织依法获取政府信息，提高政府工作的透明度，促进依法行政，充分发挥政府信息对人民群众生产、生活和经济社会活动的服务作用，制定本条例。"在上述规定中，"保障公民、法人和其他组织依法获取政府信息"后面有意或无意地省略掉了"权利"一词，而美国、英国、加拿大等国则在信息公开法律中明确或直接表示了信息权利的概念，并将其作为立法的基本依据。这表明，在我国，信息法律权利的存在、确认和体系构建仍然需要一个长期的过程。在当前的信息管理界，人们也是普遍强调现有法律法规认可的知识产权、信息秘密权等法律权利，而相对忽视公民主体的应有信息权利和事实信息权利。具体到信息资源管理流程中的公民信息权利构成，除知识产权、信息秘密权等信息权利外，公民的其他信息权利内容在我国法律、法规和规章中并没有明确的规范及列举，即使是被大众和媒体热议的信息知情权也不例外。①

笔者认为，法律权利不仅包括现有法律规定的权利，也包括依照法律规定的精神、法律逻辑和经验推定出来的权利，即"推定权利"（推定权利是一种特殊的权利界定，其目的在于将隐含在应有权利中的法外权利揭示出来）。虽然现阶段我国公民信息权利的基本形态是法律权利，但对公民的应有信息权利和事实信息权利也应给予高度关注，突出应有信息权利和事实信息权利的地位实质上就是明确信息立法的未来取向和重点。例如，伴随着社会信息化进程的不断推进，一些以信息伦理与道德权利为存在形式的主张就正在并可能通过各种途径获得法律权利的身份。美国学者梅森提出的信息时代的四个伦理问题（也称 PAPA 理论），即隐私（privacy）、准确（accuracy）、产权（property）和获取（accessibility）就已经给发展和构建信息权利规范提供了参考体系和制度指向。因此，从这一意义上看，对应有信息权利和事实信息权利等权利形式或内容给予法律上的确认，正是信息法律体系开放性和现代性的体现。

事实权利是主体实际享有并行使的权利。从总体上看，由于我国各类主体的权利意识和权利主张均较为薄弱，作为事实权利的信息权利还不多见。虽然有关主体已经在行使着某些具有权利性质的行为，但它与事实权利还有相当大的距离。

1.1.3　信息伦理权利与法律权利之间的关系

为了充分发挥信息伦理理论研究成果丰富的优势和信息伦理权利对信息法律权利确认与体系构建的基础性作用，有必要科学分析信息伦理权利与法律权利之间的关系。

笔者认为，共同和普遍的信息伦理要求是法律意义上信息权利的来源，即信

---

① 有专家认为，我国宪法中所规定的言论自由，其实现的条件之一就是知情。因此，言论自由权实际上隐含了信息知情权这一规定，或从言论自由权可以推定出信息知情权。这种说法虽有一定道理。但它仍说明知情权在我国现有法律法规中并无明确和具体的规定。

息伦理要求与规范经过一定程序后可以转化为法律意义上的信息权利。但从特征上看，信息伦理权利与法律权利两者之间具有以下区别。

一是从空间范围上看，伦理规范与法律规范所调节的权利和义务关系范围是前者要大于后者（余涌，2000）。在现实社会生活中，各类主体之间存在的信息利益关系具有复杂性和多样性，而法律所关注和调节的只是某些通过立法选择而确立的比较重大的信息利益关系，也就是说，并非所有的信息利益关系都需要借助法律的调节，法律规范不可能也没有必要穷尽一切信息权利规定。在信息伦理权利中，当前我国已经被有限确认的信息法律权利主要有信息知情权利、信息秘密权利（如国家秘密权）、知识产权（与信息产权有所区别）和信息安全权利等。这表明，信息伦理权利与法律权利在内容上有一脉相承的关系。

二是从时间顺序上看，信息伦理权利是信息法律权利的基础。法学界和哲学界关于权利理论的研究成果显示，伦理道德在逻辑上和时间上均先于法律。这就启发我们，加强信息伦理原则、伦理规范、伦理关系和伦理理想的研究，并逐步形成一个能够被社会共同认可和接受的普遍信息伦理将会极大地减少信息法律权利确认和完善的难度。对学界而言，当前和今后的主要任务之一就是在对信息伦理新要求与新内容进行系统研究的基础上，根据必要性和可行性原则提出科学的信息伦理权利向法律权利转化的方案。

1.2 信息权利的构成要素及其确认

1.2.1 信息权利的构成要素

无论是信息伦理权利还是信息法律权利，它们均由权利主体、权利客体和权利内容三个方面构成，并且只有经过一定的确认程序后才能促成信息权利的产生。

1.2.1.1 信息权利主体

信息权利主体由信息资源形成者（或处理者与管理者）主体、信息内容针对主体和信息用户主体构成，它既可以是个人权利主体也可以是集体权利主体（即团体、组织或社会）。在信息资源管理流程中，不仅应看到不同主体分别扮演着形成者、内容针对者或用户的角色，而且还应注意到同一主体可能也会以多种角色身份出现。因此，对某类社会主体信息权利的分析应基于角色理论分别进行。

信息资源形成者（或处理者与管理者）权利主体包括自然人、法人和国家三类。在上述三类信息资源形成者权利主体中，国家作为权利主体之一，其所拥有的公共信息资源主要涉及历史文化遗产、国家机构形成的政府信息、国有企业事业单位管理信息、其他社会服务组织形成的信息等基本组成部分，各级各类信息管理机构依法行使对国家所有信息资源的占有与管理权。国家所有权是社会主义全民所有制在法律上的直接反映，是社会全体成员共同占有社会生产资料的一种所有制形式，因此，全体公民可以平等地行使以国家所有的公共信息资源为对象的一组信息权利。信息管理者主体一般由公共图书馆、综合档案馆、文件中心（含电子文件中心）和组织内部信息机构等构成，它们在履行信息开放与开发义务的同时，其义务实现也必须以相应的信息权利为保障。例如，国际图书馆协会和机构联合会（简称国际图联）发布的《图书馆和信息服务机构及信息自由的格拉斯哥宣言》（*The Glasgow Declaration on Libraries, Information Services and Intellectual Freedom*）中就指出："国际图联强调自由获取和传播信息是人类的基本权利。国际图联及其全世界的图联会员支持、捍卫和促进信息自由……国际图联强调促进信息自由是世界范围内图书馆和信息服务机构的主要职责，这一点应通过图书馆行业规范的制定和图书馆的实践活动来予以证明。"[1] 为了实现上述维护公民基本信息自由权利的目标，作为信息管理方的公共图书馆当然也应有基本的信息权利保障。从上述宣言的内容看，它似乎更偏重于以图书馆行业规范形式出现的信息伦理权利。同样，综合档案馆、文件中心等信息管理方也应有不同的信息权利，以保证其具备履行公共信息服务义务的条件。

信息内容针对或持有的主体就是指信息内容描绘所涉及的当事主体，它具有多样性和复杂性，这是由人类社会活动的多样性和复杂性决定的。伴随着人类社会活动的进程，各类社会活动主体（国家、组织或个人等）参与社会活动的状况、意图等均会自觉或不自觉地形成有形或无形的记录与记忆，这些有形或无形的信息内容涉及社会活动当事者的各种利益关系，对其是否可以开放使用，以及在何时、在多大程度上开放使用等均要作出科学判断。实施这种判断的主体是多元的，它既可以由信息内容针对的主体自我实现，也可以由信息形成者（或处理者与管理者）主体实现。无论是由何种主体去实现这种对信息内容的判断，均需要有一个相对一致的判断标准，这个标准的具体表现形式之一就是法律法规

----

① 2002 年 3 月国际图联管理委员会在荷兰海牙成立，2002 年 8 月 19 日国际图联理事会在英国格拉斯哥公布 *The Glasgow Declaration on Libraries, Information Services and Intellectual*。

的规定。

各类社会组织和全体公民理应都是信息用户。所有信息用户都有权公平获取具有一定质量保障的各类信息服务，并可利用获得的信息为自己谋取利益。

1.2.1.2 信息权利客体

信息权利客体是指具体的信息事物，它是信息权利主体和内容所指向、影响和作用的对象。目前学界主要是从法律权利角度对权利客体构成条件进行了研究，并认为作为法律权利关系客体的对象需要满足三个条件：它对主体必须是"有用之物"，围绕它可能产生利益纷争；它必须是能够被主体控制的"为我之物"；它必须是在认识上可以与主体分离的"自在之物"。基于上述标准，专家们认为信息完全可以成为权利客体对象（张文显，2001；李晓辉，2006）。虽然上述结论主要是针对信息法律权利的客体构成条件而言，但由于信息伦理权利在范围上大于信息法律权利，其权利客体构成条件在尺度把握上也相对宽松。因此，信息权利客体的构成条件完全可以参照信息法律权利客体的构成条件来执行。结合上述三个条件，笔者认为，人们有意识或无意识形成与创造的社会信息都可以成为信息权利的客体对象，而处于"自在状态"的自然信息则不在此列。

1.2.1.3 信息权利内容

从信息权利的具体内容上看，信息资源方主体拥有信息所有权（信息财产权）和信息安全权等权利内容；信息管理方的信息权利主要包括信息存档与捕获权、信息管理权、信息公布与开发权、信息开放决定权、信息加工处理权、有限的知识产权和信息服务权等（周毅，2008a）。用户的信息权利包括信息知情权与获取权、隐私权、信息传播自由权、信息使用与获益权、个人信息（人事信息、信用信息）的修改权、用户的信息消费质量保障权、用户对信息的再开发权等基本权利（周毅，2009a）。对此下文将作具体分析。上述信息权利内容不仅构成了一个信息权利体系，而且不同主体的不同权利内容还会构成一个彼此关联的信息权利链。例如，对公共信息资源有关管理主体可以依法实施管理与开发服务，用户主体则可以依法进行获取和利用。在这个表述中至少就包含了国家信息所有权、公共信息机构的信息管理与开发权、用户的信息获取与利用权等不同主体的不同权利内容，而且这些信息权利的实现是相互制约和相互影响的。从这个意义上看，信息权利链的构建与信息生成、管理、传递和接受的全流程有着内在密切的逻辑关系。笔者认为，在研究不同主体信息权利的具体内容时，可以适当扩大信息伦理权利的范围，并在此基础上筛选出可以转化为信息法律权利的具体内容。

1.2.2　信息权利的确认

针对信息伦理权利和信息法律权利两种不同权利类型，信息权利的确认也有两种不同路径，即社会确认和法律确认。

1.2.2.1　社会确认

信息伦理权利的确认主要是一个社会确认的过程，即通过一定时间的积累、总结和提升，概括出若干能为大众普遍认可和接受的信息伦理权利内容，并使其具有一定道德约束力的过程。对信息伦理权利的社会确认具有不确定性、民族性（或区域性）和长期性等基本特征。由于信息伦理权利是在信息活动领域内逐步形成的、约定俗成的道德内容，伴随着人类信息活动的多样化和信息技术手段的不断变化，其权利内容、权利边界等也处于变化之中，而且这种变化也与一时一地的社会信息环境和道德水准有着密切关系。因此，对信息伦理权利的社会确认既要求加强对信息伦理权利的宣传，也要求全面提升公民的信息素养。

1.2.2.2　法律确认

法律确认是指将一些基本的、普遍的信息伦理权利转化为信息法律权利的过程。通过法律手段确认信息法律权利，可以明确信息法律权利取得的条件、与权利相对称的信息义务、具体的权利内容和权利保障手段等。因此，从这一意义上看，信息法律权利具有确定性和相对稳定性。目前我国对信息权利内容的法律确认一般是通过相关或相邻立法（而不是通过专门的信息立法）来完成的，而且有关信息权利在法律规定中并没有明示，大多数是通过法律推定得出的，这就使我国信息权利的确认显得较为零散和间接。例如，我国目前对信息安全权利的规定就分散或隐含在《保密法》、《档案法》和《反不正当竞争法》等相关法律中，对信息知情、获得与使用权利的规定就分散或隐含在《宪法》、《邮政法》、《信息网络传播条例》、《政府信息公开条例》等相关法律法规中。对信息权利进行系统的法律确认既是必要的也是可行的，这一任务理应由一部统一的《信息法》来完成。虽然它不能囊括信息活动中所有涉及信息利益的问题，但它起码可以立足于良好信息秩序的建立进行系统的信息法律权利和义务的确认。只有在信息伦理权利社会确认基础上进一步进行系统的信息法律权利确认，才能形成对信息权利软保护与硬保护的双重保护机制。

1.3 信息资源管理全流程中的信息权利构成与内容

不同主体在信息资源管理流程中扮演着不同角色。纵观信息资源管理全流程，可以粗略地将不同主体扮演的角色概括为三类，即信息形成者（或处理者与管理者）、信息内容持有者（内容针对者）和信息用户。在不同角色背景下，不同主体的信息权利表现与构成各有不同。

1.3.1 信息资源形成者（或处理者与管理者）的信息权利

1.3.1.1 一般释义

基于信息资源形成者（或处理者与管理者）角色的信息权利主要表现为信息资源所有权和信息归档与建档权等不同方面。

信息资源所有权可以从两个层面上理解。一是全体社会公民对国家所有的公共信息资源拥有共同所有权。全体公民可以平等地行使对国家所有的公共信息资源为对象的一组信息权利。著名经济学家斯蒂格利茨从产权经济学视角提出：公民已通过赋税等方式支付了政府信息收集所耗费的成本，那么信息就应为公民所普遍享有，政府机关产生、采集和处理的信息具有公共信息产权性质。从这个意义上说，各级各类信息机构占有和管理的国有信息资源理应属于全体公民的共同财产。二是有关主体对其参与社会活动时所形成的部分信息拥有所有权。由于不同主体社会角色的多维性及其参与社会活动的多样性，这就影响和决定了基于信息形成者角色的信息权利在具体构成上仍有不同。

作为社会与单位的人，公民在参与社会公务活动时（以公共与集体利益为目的）所形成的信息资源所有权理应归国家和单位集体所有；作为家庭、家族或私人利益集团的代表时，公民在参与私人或私务活动时（以私人利益或家庭与家族利益为目的）所形成的信息资源所有权理应属于其个人。作为一种法律权利，公民对其个人所有的信息资源理应享有占有、使用、处分与收益的权利，但这种权利行使也应以不损害公共利益和他人利益作为基本原则。尤其值得注意的是，为了保障数字信息的真实、合法和安全，许多发达国家陆续出台了新的、以信息财产权为保护对象的法律。这意味着，由于数字信息内容与承载它的载体具有可分离性，信息财产权就应延伸至信息内容这一客体。正如有关学者论述的一样，权利思维的基础是利益，利益要求的外在表现就是权利要求，即将利益上升为法律权利的要求（李晓辉，2006；高富平，2009）。信息内容之上存在利益（即学界长期讨论的信息功能与作用），信息内容既可能给利益主张者带来物质财富的增加，也可能给利益主张者带来管理效益的提高，或是给利益主张者带来精神上的安全感与自由感。因此，信息内容本身也可以成为财产权利的独立客体。明确信息财产权，对丰富我国信息资源和激励信息资源产品的多维开发等均具有重要意义。

信息归档与建档权是指有关主体享有积累、收集和捕获相关活动信息并将其作为资源进行管理与使用的权利。此时，有关信息管理或处理主体不仅是信息内容持有者，更是信息的处理者。有关主体的信息归档与建档权在一定程度上是构成信息资源所有权的基础，没有信息归档与建档等信息权利就不可能有信息资源实体的形成，也就无所谓信息资源所有权。从这个意义上看，信息所有权与归档和建档权等信息权利之间具有密切的权利相关性。主张有关主体的归档与建档权有利于在国家信息资源建设中丰富具有国家和社会保存价值的信息资源（付华，2005）[1]。从信息权利相关性看，从源头上提出和设计有关主体的自由归档与建档权将更加有利于加强对信息资源所有权的保护。

针对不同管理对象而言，信息管理权在具体权利内容上也有一定差别。在传统文献资源管理中，信息管理权主要表现为信息资源实体控制权和信息智能控制权（如创建和使用信息检索工具）。随着数字信息逐步增多，信息管理权利的内容又得到了极大扩展。依据 OAIS（开放信息系统参考模型）提供的数字资源长期保存模式规范框架和 DREL（数字权益描述语言）中描述的"文件管理权利"，可以将信息管理权归纳为验证权、配置权、文档管理权、数据处理权、服务管理权等具体内容。验证权是指管理主体可以验证其形成的电子文件有效性等；配置权是指管理主体可以根据有关管理要求自行安装和卸载内容数据的支撑运行平台等；文档管理权是指管理主体在管理电子文档过程中有权对有关文件进行复制、备份、保存和目录管理等；数据处理权是指管理主体有权进行信息格式转换、析取元数据，或将有关文件迁移、更新、集成到有关管理系统中；服务管

---

① 从信息资源建设这一局部看，可以说没有私人档案的记忆，国家和社会的记忆是不完整的。在当前我国大力加强民生档案工作的进程中，重视对反映民生、民情和民意等信息内容的材料进行归档与建档，这对弥补我国国家信息资源整体结构的缺陷具有重要意义。从权利制度设计上看，《档案法》和《档案法实施办法》已经将"对国家和社会具有保存价值的或者应当保密"的部分私人档案纳入国家信息资源的范围并对其实施有效控制，但这并不是对私人档案所有权的改变，它只是意味着私人档案所有权人的权利行使不得妨碍他人的合法权益，私人档案所有权行使在一定程度上可能受到相邻利益、公共利益等方面的限制。

理权是指综合档案馆在履行公共服务职能时，可以根据服务需要对用户的身份信息、使用数据等进行管理，从而保障服务活动的有序。

1.3.1.2　一个分析侧面：综合档案馆的信息权利

综合档案馆是典型的信息资源形成者与管理者之一，作为一种公益性档案管理与服务机构，综合档案馆兼具一定的信息权利和信息义务。目前我国有关法律法规对综合档案馆的义务与职能作了十分具体的规定，但对综合档案馆履行有关义务和职能的信息权利保障并未给予明确规定。笔者认为，为了保证综合档案馆更好地履行法定义务，其基本信息权利也应有充分保障。

综合档案馆的信息权利主要由以下内容构成。

（1）信息存档权、建档权与捕获权

信息存档权是保证综合档案馆作为政务信息公共查阅点和开展公共信息服务的前提条件，同时它也是作为档案管理方行使其他信息权利的基础。《档案法》第十一条规定：机关、团体、企业事业单位和其他组织必须按照国家规定，定期向档案馆移交档案。《政府信息公开条例》第十六条规定：行政机关应当及时向国家档案馆、公共图书馆提供主动公开的政府信息。这实质上都隐含了从源头上强调综合档案馆信息存档权的意图。与信息归档权相对应的是，为了适应档案管理工作由"国家模式"向"社会模式"的转变（丁华东，2005），信息建档及其有关权利保护问题也逐步提上日程。"建档"就是根据社会发展的要求和用户的需求，档案部门有选择地对在社会管理中的若干热点、焦点与重点问题进行有关信息的收集、集中与有序组织管理，从而实现对有关文件与资料信息的档案化管理。与归档工作相比较，建档工作体现了更多的主动性、灵活性和外部化，实质上反映了"国家档案观"向"社会档案观"的转变。

与此相适应，综合档案馆的信息建档权利也就有了其生成的合理性与正当性。在信息形式日益丰富和保管模式多样化的时代，信息存档权与建档权的内容可以归纳为：文件收集获取权利、档案信息选择权利、文件与档案信息质量保证要求权利、存档方式与保存模式选择权利等。文件收集获取权利是指综合档案馆获取有关文件信息进行存档或对有关社会活动领域进行主动建档必须获得相应的授权。这种授权主要是从归档与建档的文件范围和内容、归档与建档时间等方面提出具体要求。对此，虽然《机关档案工作条例》和《档案馆工作通则》等已经作了一些明确规定，但就有关主体开展建档工作的授权仍需加强；档案信息选择权利，即综合档案馆根据其馆藏建设策略对有权或可以接收的档案信息进行选择；文件与档案信息质量保证要求权利是指综合档案馆为了从源头上做好社会记忆的长远保存工作，可以对文件与档案信息形成者就诸如文件格式、用语规范、文本形式、信息固态化水平等提出具体的质量要求；存档方式与模式选择权利是指综合档案馆针对电子文件信息的不同归档方式（介质归档与逻辑归档）和管理模式（分散保管与集中保管两种）（冯惠玲，2001），可以根据其自身的技术条件、管理成本、经济实力等进行选择。

针对网络环境下数字信息多变性与易逝性等特点，档案部门仅有被动的归档收集和对特定管理活动的主动建档仍然不足以维护社会活动的本来面貌，对网络信息和有关电子文件进行主动的信息搜寻与捕获不仅可以大大丰富档案部门的馆藏，适应档案部门职能拓展的新要求，而且可以极大地提高档案部门对社会活动的参与度和服务响应率，并有可能将综合档案馆建设成为电子证据的专门认证机构之一。这就要求综合档案馆捕获相关信息并实现档案化管理的目标定位应是基于"电子证据"而不是"电子资料"。因此，明确界定综合档案馆的信息捕获权，并对综合档案馆在实施捕获信息行为时可能涉及的内容、时间、途径等进行明确，这是保证综合档案馆信息捕获行为有效性和所获数字信息证据力的基本要求，对此下文将具体分析。

（2）信息管理权

在纸质档案管理中，综合档案馆的信息管理权主要表现为档案实体控制权（如对采集的档案信息进行鉴定与实体整序）与档案信息智能控制权（如创建和使用档案检索工具）。伴随着综合档案馆将电子文件作为收藏对象和综合档案馆电子文件中心的建立，综合档案馆信息管理权利的内容又得到了极大扩展，具体就表现为前文所归纳的相关管理权利，即验证权、配置权、文档管理权、数据处理权、服务管理权等具体内容。

（3）信息公布、处理与开发权

对档案信息公布权的规定分别散见于《档案法》第二十二条和《政府信息公开条例》第十六条。《档案法》第二十二条规定：属于国家所有的档案，由国家授权的档案馆或者有关机关公布；未经档案馆或者有关机关同意，任何组织和个人无权公布。《政府信息公开条例》第十六条明确提出综合档案馆是政府信息的查阅场所，这实际上是赋予了综合档案馆的政府信息公开权利（周毅，2007b）。在具体理解综合档案馆的信息公布权利时应明确以下几点：一是综合档案馆信息公布权指向的客体对象应以国家所有的档案信息为限。由于综合档案馆收藏的档案对象在所有权归属上较为复杂，既有国家所有的档案，也有集体所有和个人所有并寄存或捐赠的档案，因此，在界定综合档案馆信息公布权指向的客体对象时就应充分考虑到上述状况。综合档案馆对集体与个人所有的档案原则上没有公布权，如果因公共利益要求需要公布集体与个人所有的档案，也应科学进行有关利益的协调和平衡，并征求档案所有权主体的同意。二是综合档案馆在履行信息公布权时，应与有关机关就公布的档案信息内容保持一致。由于综合档案馆和有关机关均享有对国家所有档案进行公布的权利，因此，公布档案信息内容的程度与范围、信息内容的一致性和准确性等就成为一个需要协调解决的问题。三是从法理上看，信息公布权不是综合档案馆的特有权利。虽然有关法律规定，利用者可以利用已经开放的档案，但不得自由公布档案，但事实上，"知的权利"与"传的权利"是不可分离的。公民利用档案是"知的权利"，公布档案则是其"传的权利"。从这一意义上看，公民也应具备公布档案的法定权利（王改娇，2006）。此外，有关主体对其享有所有权的档案也具备相应的公布决定权等。因此，强调综合档案馆的信息公布权并不对其他主体的信息公布权产生排斥。

如果说信息公布权强调的是综合档案馆对原态档案信息的发布，那么，信息处理开发权则强调的是综合档案馆对档案信息在处理基础上实现增值开发后的深度服务。虽然档案信息资源开发历来被档案界所强调，但其推进过程和实际效果并不令人满意。为此，确认综合档案馆的信息处理与开发权就是保证档案信息资源深入开发的基本要求。档案信息加工处理可以分为实体处理与智能处理两个不同的层面。实体处理的主要目的是对档案信息本身进行有序组织与控制，从而为档案信息的"可用"创造条件；智能处理则是对档案信息内容进行组织（高级阶段是实现知识组织），从而为实现档案信息的"深度开发"奠定基础。综合档案馆在履行其"存史"职能的同时，也承载着"服务"的职责。存史与服务都要求赋予综合档案馆特定的信息加工处理权利，从而实现档案信息从无序到有序、原态到增值态的转变，并使之成为可利用的资源。从某种意义上看，失去控制和无组织的信息不仅不是资源，相反，它是管理工作者的敌人。因此，从便于存史和增值服务出发进行档案信息加工处理工具、加工处理方法等的选择就是综合档案馆的基本权利，它对综合档案馆其他信息权利的充分实现具有制约作用。

（4）信息产权

法学界有专家认为，信息产权脱胎于知识产权，是知识产权的完善、发展与升华，它继承了知识产权的特质并包含了原有知识产权制度的内容。与此同时，信息产权在客体范围上拓宽了视野，将知识产权理念与制度上无法容纳的一些待调整对象纳入其中，承认信息本身就可以成为财产权利的独立客体（李晓辉，2006）。从综合档案馆收藏的档案客体对象看，它主要有以下来源：历史上各类主体形成的历史档案；现行政府机关、事业单位移交的需长远或永久保管的档案；有关社会团体、企业和个人的档案移交、捐赠或委托管理等。上述各类主体形成的档案在信息产权归属上各不相同。综合档案馆代表公民和国家履行对国家所有的档案财产进行管理的责任，从这个意义看，综合档案馆享有间接的国家档案财产所有权，并承担由此产生的管理义务与责任。此外，从世界各国对政府文件与档案的著作权（或版权）限定上看，一般认为政府文件与档案信息不享有著作权或版权保护。目前我国虽没有类似的明确规定，但在政府文件与档案信息公开中实质上也实践着这种立法思路。

从综合档案馆信息产权保护的内容看，当前迫切需要解决的问题是在档案数字化和档案信息增值开发服务过程中形成的数字化档案、档案数据库和其他档案信息开发产品的著作权归属问题。笔者认为，在数字化档案对象的选择上，综合档案馆可以代表公民和国家对国家所有的档案财产进行数字化转换，综合档案馆具有数字档案的间接所有权和委托管理权；档案数据库和其他档案信息开发产品的著作权取得首先应考虑这些"作品"是否具有内容或形式上的独创性，其次才是明确综合档案馆是否享有上述"作品"的著作权问题。从现阶段我国已有的档案数据库及其有关档案信息开发品的水平看，其"独创性"特征显然有待进一步加强。

（5）信息安全权

信息安全权有两个不同层面的要求，即信息载体安全和信息内容安全。维护档案信息载体安全和档案信息内容安全表面上看来是综合档案馆必须履行的义务，但实质上这种义务履行应以一定的信息安全权利为保障。

综合档案馆的信息安全权利体现在：①信息基础设施建设权利。为了保障档案信息安全，综合档案馆信息基础设施的完善就是基本条件，综合档案馆有权要求各级人民政府优先考虑档案信息基础设施的必要投入水平，以保证档案信息的载体与内容安全；②档案信息开放内容的决定权、选择权与审定权。为了确保综合档案馆在开放服务中维护档案信息的内容安全，必须赋予综合档案馆一定的内容审查与选择权利。在档案信息开放服务过程中如何处理开放与保密的关系以及国家利益、商业利益和个人利益的矛盾和冲突等是综合档案馆在档案信息安全权保护中的一个难点与重点，处理这些问题必须赋予综合档案馆充分的决定权、选择权与审定权；③档案信息安全危机处置权。随着信息技术手段在档案管理中的普遍应用以及社会信息权利意识的普遍觉醒，综合档案馆应对档案管理活动中的各类安全危机事件已经成为一个常态性的工作。为此，应该授予综合档案馆在信息安全危机事件处置中的充分自主权，以免贻误信息安全事件的处理时机，从而将档案信息安全事件产生的影响降到最低。

（6）信息服务及其管理权

档案信息服务的权利内容与信息技术与综合档案馆的使用程度密切相关。综合档案馆除拥有提供阅览服务、外借服务、展览服务、参考咨询服务、档案证明服务等基本权利外，针对档案网站与电子文件中心建立及其所引发的服务方式变化，综合档案馆的信息服务权将增加以下内容：档案信息真实性认定权、档案信息呈现权、档案信息传送权和档案服务管理权等。档案信息真实性是档案证据价值的基本保证。电子文件具有易变性等特点，这就决定了综合档案馆电子文件中心在维护电子文件真实性中的独特地位。

赋予综合档案馆对电子文件真实性的认定权，对进一步巩固和发挥电子证据的价值，并有效缩短文件双套制保管的过渡期具有重要作用；档案信息呈现权是指综合档案馆利用档案网站提供档案信息服务时，可以提供多种信息浏览方式、提供多种途径的档案信息检索方式、提供多种展示档案内容的方式，可以通过开放链接技术建立集成档案信息检索平台、二次档案信息目录服务等；档案信息传送权是指综合档案馆利用信息网络提供有关电子文件的传递服务；综合档案馆信息服务权包括服务者管理（身份信息记录、使用数据统计、服务权限管理等）、用户使用管理（用户授权、身份信息记录、密码管理、注册信息管理、使用统计管理、使用权限管理）等具体内容。

1.3.2 基于信息内容持有者角色的信息权利

1.3.2.1 一般释义

在信息资源管理流程中，社会活动主体有时也以信息内容持有者或针对者的角色出现。信息内容持有者是指有关管理信息或私人信息等涉及的当事人主体。从目前看，记录管理信息或私人信息为核心内容的信息资源类型主要有政府信息、企业管理信息、人事档案、信用信息、病案信息、有关经营单位形成的客户信息等。基于信息内容持有者的角色，有关主体对这些信息中可能涉及国家秘密、商业秘密或私人信息内容的信息资源拥有支配控制权，即有关主体对某些以记录其内部或隐秘信息为核心内容的信息资源享有控制支配并排除他人侵害的权利。根据这种权利，信息内容持有者或针对者不仅是其信息产生的最初来源，也是其完整性、正确性的核查者，还是其信息适用范围的参与决定者。

在基于信息内容持有者角色的信息权利中，公民个人作为信息持有者的权利已经引起社会的广泛关注。信息资源形成者或处理者在采集或使用个人信息的过程中，在没有通知信息内容持有者并获得其同意之前，不得把当时为特定目的所采集的信息用于另一个目的之上。具体而言，基于信息内容持有者角色的公民个人信息权利包括以下几种。

1）信息决定权，即信息内容针对主体得以直接控制与支配其个人信息，并决定其个人信息是否可以，以及以何种方式和目的被收集、处理与利用的权利。有关信息处理主体（如国家机关、企事业单位组织人事管理部门等）在收集、储存、利用个人信息过程中，应该充分尊重私人信息持有者的意愿。这具体表现在：在本人知悉或同意的情况下直接向本人收集有关信息；有关信息处理主体对收集处理的信息有保证其完整、准确和最新的义务；有关信息内容应对其本人公开。遗憾的是，从现状看，基于信息内容持有者角色的公民信息决定权虽然理应是公民的信息权利之一，但其实质上既没有成为法律权利也没有成为事实权利。由于信息决定权在基于信息内容持有者角色的公民信息权利中居于核心地位，因此，在相关信息立法中明确权利赋予原则、限制收集原则、限制利用原则、个人参加原则等就具有决定性意义。从目前我国有关人事档案、信用档案、客户档案等涉及个人隐秘性信息内容的具体管理流程与方法看，上述信息决定权并没有得到法律认可。随着人才流动的加速、信用制度的建立和信息技术在个人信息管理中的广泛运用，基于信息内容持有者的公民信息权利也处于一个全新的语境之中，信息决定权也应成为公民的基本信息权利之一。

2）信息保密权，是指信息内容针对主体具有请求信息形成与处理主体保持个人信息内容隐秘性的权利。只要是无关公共利益的个人信息内容，不管其是有害或无害于信息持有人，有关信息形成与处理主体均有义务维护其秘密状态。从公民信息权利保护的法律基础看，对人事档案、病历档案等个人信息内容的保护实质上是保护公民的人格利益；由于信用档案、客户档案等指向的是信息持有人的信用状况、交易信息、财产状况、纳税记录等具有财产利益的个人信息，因此，对这类公民信息权利的保护实质上保护了公民的财产利益，公民信息权利一定程度上具有财产权性质。这表明，个人信息保密权是一种将人格利益和财产利益并重的新型民事权利。

3）信息查询权，或称为个人信息公开请求权，是指信息内容持有人得以查询信息形成或处理主体对其个人信息进行收集、处理等情况的权利。公民的信息查询权主要包括以下事项：形成或处理本人信息的有关主体状况、被收集或处理的个人信息资料状况、个人信息资料被收集或处理的依据（目的）与使用领域、个人信息资料收集与利用状况等。此时，公民的信息查询权实质上就是知情权在个人信息领域中的具体实现。

4）信息处理权，主要包括信息内容更正、加工等权利。信息更正权，是指公民如发现有关主体形成与处理的个人信息不正确、不完整或不从新时，可以请求有关信息形成与处理主体补充与更正个人信息内容的权利，这种权利一般限于个人事实信息，而不涉及社会价值与道德评价信息。信息加工权是指当法定或约定的事由出现时，信息内容持有者有权要求有关信息形成与处理主体删除、封锁、公开其有关信息内容。如果有关主体处理与利用个人信息的目的消失或处理与利用行为不具备合法性，公民则可以一定方式限制信息形成主体继续处理或利用个人信息内容，或是要求删除有关个人信息内容。在特定情况下，公民也可根据需要要求信息形成者向社会公开其个人信息。

1.3.2.2 一个分析侧面：对信用信息持有者信息权利的分析

信用信息持有者包括企业和个人信用信息持有者两类（虽也有"政府信用"一说，但目前尚没有将其与企业信用、个人信用放在同等位置），它们均不同程度地对与其信用或交易活动相关的信息享有控制支配权，这种信息权利指向的是具有财产利益的信息。对应于前文关于信息持有者信息权利内容的分析，可以对信用信息持有人主体的权利特点作出进一步认识。

从信用信息决定权角度看，信用信息决定权事关自然人的隐私权保护和企业组织的商业秘密权保护。为了保证信用信息的顺畅流动，同时又有效保护自然人的隐私权和企业组织的商业秘密权，世界上目前有两种立法模式：欧盟模式和美国模式（谈李荣，2008）。从共同性上看，欧盟模式和美国模式对企业信用信息数据采集都没有限制，而且都赋予了政府数据开放强制权。从个性特点上看，欧盟模式和美国模式对自然人信用信息的采集、处理和使用则采取了不同做法。欧盟模式要求在采集自然人信用信息前要征得自然人的同意，信用信息决定权体现移至信用信息采集阶段；美国模式则不要求在信用信息采集阶段征得自然人的同意，其信用信息决定权更多体现在信用信息处理和使用阶段。

我国目前信用信息法律制度主要以地方性法规及规章等形式出现（如《上海市个人信用征信管理试行办法》、《深圳市个人信用征信及信用评级管理办法》、《深圳市企业信用信息征信和评估管理办法》、《苏州市企业信用信息管理办法》和《北京市行政机关归集和公布企业信用信息管理办法》等），在立法上也突出了自然人权利主体较充分控制、企业法人权利主体有限控制自己信用信息合理使用与自由流动的理念。针对自然人信用信息而言，有关信用信息处理主体征集其个人信用信息，必须经本人同意，对于已征集的信用信息，个人享有知悉、保护、查询、更正错误信息等权利，个人信用信息持有人一定程度上也享有对其信息共享范围的决定权；针对企业信用信息而言，有关征信机构可以直接向政府机关征集企业信用信息，也可接受企业信用信息的自行申报，这意味着在信用信息采集过程中，企业只享有对其自行申报信用信息的知悉权。而在企业信用信息披露上，则强调实现国家机关和有关单位的信息互联和共享，为行政管理提供基础信息服务，并为社会提供信息查询服务。

为了实现上述服务，企业信用信息披露包括企业信用信息的公示和企业信用信息的查询两种方法，在有关地方法规中对可公示和查询的企业信用信息范围均作出了详细规定。这表明，个人和企业的信用信息决定权在我国一些地方立法中已经得到了确认，但在信用信息决定权主体及其具体权限上则存在一定区别。很显然，个人和企业作为信用信息持有者所享有的信息决定权大小明显不同，这体现了在相关立法中对信息弱者进行保护的思路。但遗憾的是，从目前我国信用信息收集与管理实践的具体流程和方法看，信用信息持有者的信息决定权并没有得到社会广泛认可，有关信息形成或处理主体可以单方面对信用信息内容进行收集和利用，将有关信息向持有者主体开放的可能性就更小。特别值得注意的是，一些垄断性行业或强势管理部门出于其部门或行业利益，在出台的有关管理办法（如中国人民银行制定的《个人信用信息基础数据库管理暂行办法》）中对信用信息持有者的有关权利更是少有提及（只是在异议处理规则中涉及个人信息持有者的权利，而这又必须是以信息持有者的知悉权保护为前提，但在办法中却仅规定持有者可以申请有偿查询），这事实上就使信用信息持有人的信息决定权处于虚置状态。

从信用信息保密权的角度看，信用信息保密权指向的是信息持有者的信用状况、交易信息、财产状况、纳税记录等具有财产利益的信息。对信用信息保密权的保护实质上是保护了有关主体的财产利益。在有关管理活动中，有关主体的信用信息泄密现象时有发生，这极大地损害了信用信息主体的财产利益。因此，建立完整可行的信用信息保密权损害救济制度已经成为我国信用信息管理法律制度中最为紧要的一环。

从信用信息查询权的角度看，中国人民银行制定的《个人信用信息基础数据库管理暂行办法》第三章规定：商业银行是信用信息查询主体（即只是对银行系统内部开放），而且只有在下列使用目的范围内商业银行才可以查询个人信用信息，即审核个人贷款申请的；审核个人贷记卡、准贷记卡申请的；审核个人作为担保人的；对已发放的个人信贷进行贷后风险管理的；受理法人或其他组织的贷款申请或其作为担保人，需要查询其法定代表人及出资人信用状况的等。从这个规定上看，信用信息持有者并不具有查询其信用信息的基本权利。

从信用信息更正权的角度看，在中国人民银行出台的《个人信用信息基础数据库管理暂行办法》中，对个人信用信息中这类异议信息的更正程序、时间要求和规范（如对处于异议处理期的信息进行标注、对于无法核实的异议信息允许异议信息申请人对有关异议信息附注 100 字以内的个人声明）等均作出了明确规定。虽然中国人民银行制定的《个人信用信息基础数据库管理暂行办法》在名称上很大，但从其实际发生的效力看，它只能在行业内对个人金融信息（并不包括企业金融信息）的管理发生规制作用，非银行系统的信息渠道不可能涉及，也根本不可能覆盖到其他来源的个人信用信息。因此，在信用信息管理上它实际上仅是一个内部管理办法。从具体可行性上看，信用信息持有者主体的信息更正权实现仍有相当多的困难。

1.3.3　基于用户角色的信息权利

基于用户角色的信息权利包括公民的信息知情权、信息发布权、信息利用和开发权、信息服务质量权等内容。

公民的信息知情权（或获取权）主要包括三个方面的内容，即知政权、社会信息知情权和个人信息知情权。知政权是指公民了解、知晓国家活动和国家事务的基本权利。从知政权的具体实现看，就是公民对有关政府信息内容享有获取和利用的权利；社会信息知情权是指公民有权对他所感兴趣的社会情况（如企业、公共机构和公益组织等的情况）进行了解的权利；个人信息知情权是指公民依法享有从他人、政府机关和其他组织等方面了解有关自己信息内容的权利，如政府信息、人事档案、病历档案和信用档案中关于本人的信息记录。从我国已有法律法规对公民知情权的确认情况看，随着《政府信息公开条例》的颁布和生效，公民的知政权已经隐含或推定为一种法律权利，但公民的社会信息知情权和个人信息知情权还尚未在法律法规中得到隐含或明确的认可。例如，作为具有战略价值的信用信息资源，它不仅关系到企业或个人的信息安全利益，而且也是市场经济有序高效运行的基本要素，信用信息的有序流动可以极大地降低市场主

体的交易成本和交易风险。目前我国各类用户主体在信用信息使用上很大程度地
受到了隐私权、商业秘密权等的制衡，而且这种权利制衡有向后者倾斜的现象。
因此，可以认为，目前我国信用信息使用主体比较单一（主要是作为信用信息
提供者或处理者的当事主体），信用信息在社会范围内的广泛和有序流动态势尚
未形成。因此，如何协调好个人和企业信用信息保护与促进信用信息流动的关系
就成为所有国家在立法上必须关注的一个重点问题。从可行的策略看，可以通过
进一步扩大"政府机关"外延的方法将有关社会信息形成者纳入政府信息公开
的义务主体范围，并突出有关信息形成与处理者将个人信息向当事者本人主动开
放的义务。

　　公民的信息发布、利用和开发权是指公民在不损害公共利益与他人利益的前
提下，对其依法获得和知悉的信息行使发布、利用和再加工的权利。目前我国有
关法律法规在一定程度上采取的是限制用户信息利用目的的基本思路。例如，我
国对用户以"公布"和"二次开发"为目的的档案信息利用行为进行了一定的
权利限制（《档案法》规定，有关档案的公布权仅属于国家档案馆）。笔者认为，
只要是法律法规规定可以开放的信息，公民对其就应享有充分的自由使用权利，
法律法规对其利用目的不应进行任何形式的限制。社会公民广泛参与信息公布和
信息资源的再开发不仅是公民信息传播自由权在信息管理领域的具体体现，而且
这也可以进一步扩大信息内容的供给，从而对保障公民的信息获取权、利用权和
知情权起到重要支持作用。从这个意义看，对信息管理流程中公民的不同信息权
利进行相关性分析，有利于构建更加合理的信息权利结构体系。

　　信息服务质量保障权是指公民在利用信息资源过程中有权要求有关主体提供
优质、高效和公平的信息服务，并保证提供的信息内容产品具有较高品质。由于
公民在消费信息服务的过程中不仅会消耗一定的成本（信息搜寻成本或时间成
本），而且还可能面临着因信息误导所产生的各类管理风险，因此，公共信息服
务部门在面向公民开展信息服务时必须遵循优质、高效和无差别的服务原则，兼
顾各类人群的信息消费需求特点，在丰富信息服务类型基础上努力提高信息内容
产品的质量。从信息服务质量保障权的具体内容看，主要包括公平服务权、知情
权、选择权和人格尊严权等权利内容。

　　首先，用户公平地利用公共信息机构、公平地获取信息服务是其信息服务质
量保障权的基本内容。任何公民不论其性别、年龄、民族、家庭出身、社会地
位、财产状况、教育程度、宗教信仰、职业种类和性质，以及居住的地点和年限
等，在法律上均享有公平利用信息资源及信息服务的权利，公共信息机构对用户
在信息开放时间、开放范围和利用手续等方面也不能因人而异和区别对待。

其次，用户在接受信息服务或使用信息资源时享有知悉其接受的服务或使用的信息资源真实情况的权利。例如，有关上市公司在提供证券信息服务时，负有真实客观披露有关信息的义务，以免影响用户的管理决策行为。

再次，用户在实施其利用行为时，有权根据实际需要灵活地选择信息服务机构与人员、信息服务方式与方法、信息服务范围与内容等。只有赋予了用户充分的选择权，才能有效提高信息服务的针对性。

最后，用户在接受信息服务时享有其人格尊严、民族风俗习惯等受到尊重的权利。信息机构应根据用户的求尊、求快、求全等心理特点开展信息服务。为了使用户的信息服务质量保障权得到切实维护，信息机构应制定信息开放与开发服务的标准和规范，并有可操作的权利保障与救济制度。

综上所述，信息权利是一个立体的、多样的权利体系。从现实看，只有少部分信息权利已经是法律权利，而大部分信息权利仍属法外权利（如信息决定权等）。虽然法外权利也有其存在的合理性，但它在效力上与法律权利无法相提并论，也不具有法律上的同等保护性。从总体上看，目前我国已经具备或基本具备了有关信息权利存在的社会基础或利益需求，并且在当今社会中也产生了相应的法权要求。而与此极不相称的是，在我国信息法律建设中存在着明显的信息权利缺位现象。因此，进行全面和系统的信息权利制度构建与信息权利保护实践就成为我国信息化进程中的一个重要课题。

1.3.4　不同信息权利的冲突及其平衡

信息权利是一个权利体系。不同主体基于同一信息资源客体对象会因利益目标不同而产生不同的信息权利类型并伴有普遍的权利冲突现象。信息立法实质上就是要在平衡和协调信息权利冲突基础上实现信息权利的全面保护。因此，为了进一步推进我国信息立法的科学进行，解决信息立法中存在的信息权利保护顾此失彼的问题，就有必要研究信息权利冲突的具体表现及其平衡策略。

1.3.4.1　信息权利冲突及其构成

不同信息权利冲突的存在是源于信息权利边界的识别难题。对此，学界已有文献对其内在原因进行过初步分析（郑丽航，2005）。法学界主流观点也认为，权利边界绝对清晰化只能是不能彻底实现的理想，而权利边界的模糊性、交叉性却有着其必然性。这种必然性来源于信息权利主体、客体等自身的特点（张平华，2008）。从主体角度看，信息权利主体兼具独立性和相互依存性、利己性和利他性等特性，而权利边界往往要求以具有独立性和利己性的主体为前提进行权利制度设计，信息权利主体的相互依存性和利他性等特性的存在就导致了信息权利边界的模糊性和交叉性；信息权利的客体是信息内容或信息产品，它们具有易传播、可复制和可分享等特性，这就使信息权利的边界总有超出其载体而呈现出模糊性的一面。因此，无论是从权利主体还是权利客体角度看，信息权利冲突的存在都具有必然性。

信息权利冲突的构成可以从主体、客体、内容等三个方面进行考察。

第一，信息权利冲突关系产生于两个或两个以上的不同信息权利主体之间。对应于前文提及的不同信息权利类型，信息权利主体可以分别是信息形成与处理者主体、信息内容持有者（或针对者）主体和信息用户主体。从基本的权利冲突关系上看，信息权利冲突关系既可能存在于双方主体之间，也可能存在于多方主体之间。具体的信息权利冲突关系可以分为单一主体之间的权利冲突、单一主体与多主体之间的权利冲突、多个主体与多个主体的权利冲突等。例如，某一信息持有人主体与特定信息处理主体的冲突视为单一主体之间的权利冲突；某一信息持有者与多个不同信息处理主体之间的权利冲突或某一信息处理者与多个信息持有者之间的权利冲突均可视为单一主体与多个主体之间的权利冲突；某些信息持有者或处理者主体与多个信息用户主体之间的冲突视为多个主体的权利冲突等。事实上，上述不同主体之间信息权利冲突关系的实际发生必须以不同主体之间构成矛盾关系为前提。

第二，信息权利冲突关系发生于两个或两个以上的信息法律权利之间。信息权利可以分为伦理权利（或称为道德权利与应有权利）、法律权利和事实权利等类型。信息伦理权利是有关信息活动主体基于一定的信息伦理原则、伦理规范、伦理关系、伦理理想而享有的能使其利益得到维护的自由和要求，其有效实现主要依靠人的内心自律和社会舆论监督，而信息法律权利则是指由法律所确定的，以维护信息自由、信息平等和信息活动有序等为主要内容的具有合法性效力的权利形态，其实现则伴有国家强制力量的保护。信息事实权利是指实际已经存在并得到社会认可的权利类型（周毅，2008b）。笔者认为，信息权利冲突关系的实际发生是以各方主体均已合法享有某种具体的信息权利为前提。从我国信息立法的实际进展看，目前已被隐含或确认的信息法律权利主要有信息知情权、信息秘密权、知识产权、信息传播权等类型，因此，当前的信息权利冲突关系就现存于上述信息法律权利之间。但从发展看，信息权利冲突关系是动态的，随着某些信息伦理权利地位的上升及其法律确认，信息权利冲突关系将更加复杂。只有对信息伦理权利冲突关系给予一定关注，才能预见性地判断出信息权利冲突关系的可能存在类型，才能在信息立法规划中按照权利位阶规则科学处理这种权利冲突关系。

第三，信息权利冲突关系的客体对象是同一信息对象或者是相互牵连的信息对象。同一信息对象即是指同一信息对象作为权利客体依法衍生的两项或者两项以上相互矛盾或抵触的权利并存现象。例如，公民对某一政府信息享有知悉的权利，但为了保护国家安全利益、企业商业秘密和个人隐私利益，国家、企业和个人对该政府信息中涉及的相关内容又享有信息秘密权利。相互牵连的信息对象是指信息客体之间存在交叉、包含、重叠等现象，这类现象也会导致信息权利冲突关系的发生。在信息产权领域内，因信息权利客体交叉或完全重叠导致不同主体享有不同权利的现象时有发生。在政府信息公开进程中，政府机关为了履行职责活动大量采集了个人隐私信息，个人隐私信息会被作为某类或某个政府信息的组成部分，此时，针对该类政府信息（其中包含有个人隐私信息）就可能存在政府信息知情权（知政权）与个人隐私权之间的信息权利冲突。事实上，在政府信息公开实践中采取的信息分割原则（删除例外信息而公开其余应该和可以公开信息的做法）就是为了协调这种因信息对象相互牵连而产生的信息权利冲突现象。

第四，信息权利冲突关系错综复杂，初步可以划分为同类信息权利之间的冲突和不同类信息权利之间的冲突两种类型。例如，发生在信息产权与信息产权之间的冲突属于同类信息权利之间的冲突，而发生在信息知情权与信息保密权之间的冲突就属于不同类信息权利之间的冲突。在上述两种信息权利冲突关系中，由于不同类型的信息权利冲突在权利目的、性质等方面相差较为明显，因而对其冲突关系如何进行平衡和保护等较易判断，而对同类信息权利冲突而言，这种判断的难度则更大一些。

1.3.4.2　信息权利冲突的主要表现

（1）信息知情权（或获取权）与信息秘密权之间的冲突

随着公民信息知情权的逐步确立，信息公开已经成为一个普遍性趋势。信息的扩大开放必然会在一定程度上对信息持有人的国家秘密权、商业秘密权和个人信息秘密权（当前被称为隐私权，但个人秘密权在范围上大于隐私权）构成威胁。因此，信息知情权与信息秘密权之间的冲突不可避免。

国家秘密是指在一定时间范围内只限特定范围人员知悉的事关国家安全和民族利益的事项，是政府信息的重要组成部分。对公民而言，它在信息知情权的客体对象中属于例外部分（即在一定时间内不适宜公开的信息内容）。国家秘密是公权，权利主体是国家，只有国家才享有对其占有、使用、处分和收益的权利。从权利性质上看，它具有专属性和排他性。国务院颁布的《国家公务员暂行条例》中提出的"工作秘密"也应具有上述特质。目前《国家公务员暂行条例》中对"工作秘密"的法律特征尚无准确概括，但一般认为"工作秘密"就是指除国家秘密以外可能会给机关工作带来被动和损害并且不得公开扩散的事项。由于在具体界定"工作秘密"时缺少严格的法律依据，各行政机关可以自行制定相应管理办法，这就不可避免地出现了将有关"工作事项"随意界定为"工作秘密"的倾向，它事实上是赋予了"工作秘密"以国家秘密的保密待遇。在实际工作中更是出现了将有关政府信息随意装进"工作秘密"这只大口袋而不予公开的现象，实质上就是国家作为权力主体利用国家秘密这种公权而对公民信息知情权这种私权的挤压，具体到政府信息公开领域就是政府信息垄断权与相对方信息知情权的矛盾和冲突。从实际行政权力与相对方权利的分配看，控制政府信息垄断权和扩大相对方的信息知情权并实现权利平衡就是今后一段时间内我国信息立法与执法的主要任务（颜海，2008）。

　　商业秘密是指不为公民所知悉、能为权利人带来经济利益、具有实用性并经权利人采取保密措施的专有技术和经营信息。国家行政机关（如工商、税务、海关等）在履行职责过程中会采集大量的企业商业秘密，为了平衡政府信息公开中公民知情权与商业秘密权两者之间的冲突，政府信息公开立法一般会将商业秘密作为公开的"例外"加以对待，但作为"例外"的商业秘密并不一定意味着就是不能公开的信息，政府机关有时也会因公共利益需要，而对商业秘密自由裁量公开。对很多上市企业而言，其有关证券信息是否正常披露则更加凸显了知情权与商业秘密权之间的冲突关系。事实上，上市企业的证券信息和商业秘密两者之间是一个交集。上市企业将其有关证券信息作为商业秘密对待，其目的是为了维护企业的经营利益，而证券信息公开披露的目的则是在维护公民知情权基础上实现公民的共同利益。从这个角度看，证券信息披露过程实质上也就是一个不同主体信息权利较量的过程。"尊重商业秘密的私利，维护证券信息披露的公利，实现公私的和谐"就是商业秘密权与公民知情权平衡的理想目标（肖华，2008）。由于证券信息由企业形成并实际控制，这就决定了上市企业可能会利用商业秘密权保护的旗号损害公民知情的权利。为了限制在信息占有与控制上处于优势地位的企业权利，进一步保护公民或投资者的知情权利，证券信息的强制披露制度也就由此应运而生。

　　个人信息秘密权是指公民享有的个人信息不为他人知悉的权利。在较长时间范围内，人们习惯上使用"个人隐私"的提法，但从保护对象上看，个人信息秘密的范围要远大于个人隐私（齐爱民，2004），我国目前也已经开始个人信息保护的立法实践。由于政府机关及有关部门在履行职责过程中采集并收藏了大量个人信息秘密，在推进政府信息公开的进程中极易发生侵害公民个人信息秘密权及其相关利益的行为。例如，"绍兴第一中学学生档案上网案"所引发的社会争议就凸显出现实信息利用中信息知情权和公民信息秘密权对立交错的矛盾。[①] 在处理知情权和个人信息秘密权的矛盾冲突时，国内外一般也都遵守权利平衡原则。为了保障公民的个人信息秘密权，一般将个人信息作为政府信息公开的"例外"来对待，而为了保护公民的信息知情权又对某些主体的个人信息秘密权进行必要限制。例如，为了防止社会公共卫生安全事件的发生，可以出于公共安全考虑对个人信息秘密权进行必要限制。在防治"非典"疫情中对病患者个人信息的公开披露实际上就体现了上述精神。在现实生活中，实行政府官员任前公示制度和财产申报制度，实际上就是为了满足公民知情权而对政府官员个人信息秘密权的限制。

从总体上看，为了解决信息知情权与信息秘密权之间的冲突，世界各国比较普遍的做法是，通过例外公开或豁免公开的方式将有关主体的信息秘密排除在公开范围之外。如果具体考察欧美国家的实际做法，应该说它们的很多做法也是充满了矛盾。在美国，为了保护公民的信息知情权，美国法律规定政府机关对正常获得的企业资信调查数据具有强制开放权。显然，在知情权与商业信息秘密权保护两种权利的平衡上它是将重心向前者倾斜；而欧盟国家则在隐私权保护和信息自由流通的选择上侧重于前者。1995 年发布的《欧盟资料保护指令》不仅在隐私权保护上将欧盟国家作为一个整体纳入法律调整范围内，而且规定个人资料不可以被传输到欧盟以外的国家，除非这个国家能保证资料传输有"适当程度的保证"，即使是美国也未达到"适当程度的保证"要求。但在对商业信息秘密的处置上，英、意等国家又规定，无论公司是否上市，其财务数据均必须对外公开，显然这一做法比美国还要宽松。从欧美国家在信息权利冲突中的不同选择，以及自身也存在的矛盾做法中可以看出，信息权利冲突的平衡确实是一个十分棘手的问题。

---

① 浙江绍兴第一中学档案上网校方意在操作透明，http://news.sina.com.cn/s/2006-01-23/10098057843s.shtml。

（2）信息支配控制权与信息管理权之间的冲突

信息持有者的信息支配控制权与信息管理主体的信息管理权两者之间存在经常性的冲突。这具体表现在以下方面。

一是在采集自然人信息时有关管理主体是否应征得信息持有者同意就是一个权利冲突的过程。就保护持有者主体的信息支配控制权而言，持有者有权知悉管理主体针对自身的信息采集目的、采集范围和渠道等。但在信息采集是否一定征得持有人同意这一问题上欧美采取了两种完全不同的做法。在欧洲模式中一般要求在采集自然人信息前必须征得自然人的同意，而美国模式则规定在采集自然人信息前无须征得自然人的同意。欧美在信息采集问题上的分歧一定程度上恰恰证明，在上述信息权利冲突上，欧洲倾向于保护信息持有人的信息支配控制权，而美国则倾向于保护有关主体（如征信机构）的信息管理权。

二是在对待信息的维护更正上，信息持有者主体有权要求有关管理主体更正其不完整、不准确或不从新的信息记录。但从管理主体维护信息客观性的要求看，它们往往认为其采集的信息在来源上是规范的，在内容上是公正和准确的，对信息持有者提出的信息维护与更正要求往往会持怀疑态度。从国外的做法看，一般都规定在更正有关信息记录时，更正对象限于事实性信息记录而不涉及评价性信息记录，并且信息持有人负有信息更正的举证责任。因而，信息持有者主体和管理主体在要不要更正信息、更正对象、如何更正、举证责任等问题上必然也会存在一个力量博弈的过程。

三是在对待信息利用目的的问题上，信息持有者和管理主体也可能出现权利或利益的冲突。信息持有者主体在法定或约定事由出现时（如信息存在的时限规定），有权要求信息处理主体删除、暂时停止处理或利用某些信息。但从信息处理主体存在的利益动机上看，对信息持有者这种信息删除权与封锁权的尊重必然会因此产生一定的利益损失，自益型信息处理主体（如银行、保险公司等）可能会因删除或封锁某些自然人与企业法人的信息产生更大经营风险，而他益型信息处理主体（如征信机构）也会因减少对外信息服务而失去一定的市场机会与市场利益。因此，信息持有者主体与管理主体之间这种删除与反删除、封锁与反封锁的较量始终不会停止。

在处理上述信息支配控制权与管理权之间的冲突时，笔者认为一个重要趋势或原则是应该强化作为弱者的信息持有者主体的信息支配控制权。从已有实践看，作为信息持有者主体的个人或企业普遍是进行信息秘密安全的静态消极防御，如果发生了信息秘密被非法披露和公开，往往都寄希望于事后救济。而从信息支配控制权与管理权的矛盾协调看，信息持有者主体有控制自己信息的权利，它赋予了持有人将其信息视为资产或财富而与信息管理者进行谈判的能力，这就在很大程度上对信息管理者提出了更高的管理责任要求，它实质上有利于维护作为弱者的信息持有者权利。

（3）信息所有权与信息传播权之间的冲突

信息所有权作为一种抽象的权利，它具体可以转化为占有、使用、收益和处理等权能的集合。从这个意义上看，权能即是描绘了主体对客体的具体利用和保护空间，相对明确了权利边界并最终完成了抽象权利的具体化任务（张平华，2008）。与一般物的所有权不同的是，信息的共享性特征决定了它在传播或使用后，其原有主体不会因此失去对该信息的所有相关权能，但它却会在一定程度上因信息垄断性或独占性程度的减小而失去一定的获利机会。因此，从自利性取向看，包括政府在内（政府也存在自利性的动机）的信息所有权或管理权主体（或信息所有者代表）均希望通过垄断和独占信息来赢得更多发展机会。为了打破这种垄断，建立在信息知情基础上的信息传播权也就应运而生。

从理论上看，"知的权利"与"传的权利"是不可分离的，公民利用信息的权利是公民"知的权利"，公布与传播信息的权利是"传的权利"。事实上，为了维护所有权或管理权主体的信息垄断权利，限制用户的传播权利，我国有关立法甚至将公民"知的权利"与"传的权利"进行了明确分离（我国有关档案法律法规就有类似的规定）。显然，从维护所有权或管理主体权利的目的出发，将信息利用权与信息公布权相分离，在理论上不合逻辑，在实践中也难以操作。

（4）信息产权与信息获取权之间的冲突

信息产权具有个人财产权性质，一旦由法律授予（著作权自动获得，无需履行任何手续）便成为一种绝对权。信息产权具有独占性，只有合法的信息产权所有人才可以行使某些权利，信息产权所有人有权禁止他人行使某些权利。例如，禁止未经许可的借阅、出租、展览以及网络下载等，社会其他任何人都有尊重他人信息产权的义务。笔者赞同有关信息产权法律法规对作者、出版者等利益进行保护的做法。但是，由于信息产权是一种具有很强公共性的私权，对信息产权的保护不能助长某些权利人利用其逐步形成信息霸权，因此，如何维护信息产权作为一种私权与公共利益的平衡实质上就是当今信息法律建设面临的主要难题。不可否认的是，以版权法为核心的信息产权保护标准的不断提高（国内外立法不断提高信息产权保护标准），实际上大大挤压了公共利益空间，也影响了对信息获取权这项基本人权的保护（美国信息界从 20 世纪 90 年代开始关注信息领域的公共利益问题，华盛顿大学图书馆与情报学研究生院甚至将"对信息的获取是一项基本人权"作为办院哲学）（陈传夫，2007）。来自信息法学界和公益信息服务领域的不同呼声实质上就是信息产权与信息获取权矛盾冲突的具体表现。近年来，在信息立法实践中不断出台新的法律制度以加大对信息产权的保护力度，这在一定程度上反映了权利人日益扩张的权利要求，这种权利扩张对公民信息获取权保护产生了较大影响。公民通过各种有效途径依法公开、公平地获取信息资源是宪法赋予公民的一项基本权利，它是公民信息知情权的具体体现。为了维护公民的信息获取权，世界各国版权法都规定了有关公益信息服务组织（如图书馆、档案馆等）的合理使用条款（如1999 年美国《数字千年版权法》就对图书馆、档案馆豁免条款进行了修订），即不同程度地就公益信息服务组织对信息产权享有的例外权利进行了规定。由此可见，用权利平衡原则为指导建立信息产权和信息获取权保护的协调机制尤为重要。

1.3.4.3　信息权利冲突的平衡与控制原则

信息权利冲突的普遍存在和信息公平正义的呼声要求对信息权利冲突进行平衡与协调。为了协调上述多种类型的信息权利冲突，一般应遵循以下原则。

（1）系统科学的信息立法与司法原则

解决信息权利冲突问题，首先应考虑通过立法在一定范围内明晰信息权利边界或对原有的一些可能引起冲突的相对模糊的信息权利边界重新进行界定，从而避免因立法不周而引起信息权利冲突。在我国信息法律研究和信息立法实践中，由于缺少对信息权利的系统研究，就不可避免地出现了在信息权利保护框架内的顾此失彼现象。因此，研究并建立系统科学的信息权利体系应是信息学界与法学界的重要任务。只有在系统的信息权利体系研究基础上，才能使立法者基于整体信息法律秩序进行考量，从而对信息权利关系及其冲突作出综合性判断。由于法律具有概括性且又必然存在一定的滞后性，而现代法制又要求法律具有稳定性，不可能经常性地对法律进行修改，因此，运用司法工具来弥补立法缺陷和弊端就显得十分重要。通过司法途径解决信息权利冲突包括两种情况：一种是在现有信息法律框架范围内通过法律解释来解决信息权利冲突；另一种是在缺乏现有法律根据，无法通过法律解释解决信息权利冲突时，法官根据法律精神来制定新的权利规则以解决权利冲突（郑丽航，2005）。在我国更多的是使用前一种方法。

（2）权利位阶原则

面对信息权利冲突的诸种表现，对其必须进行评价并作出选择。信息权利位阶就是不同信息权利内容依效力高低或依价值轻重排列而成的次序。从具体内涵上看，信息权利位阶既可以是效力位阶也可以是价值位阶。从规范导向角度看，信息权利位阶应该是按照信息权利效力高低形成的次序，效力高的信息权利应优先于效力低的权利而实现；从价值导向角度看，信息权利位阶应该是按照信息权利价值轻重而形成的次序。虽然有法学家认为价值位阶具有终极意义，但从实践意义上看，依效力高低对信息权利进行排序更具有可操作性。根据法学理论成果，权利位阶原则有意定权利位阶原则和法定权利位阶原则。意定权利位阶原则是指在不违反法律强行规定的前提下，由权利主体自己确定权利的实现顺序。法定权利位阶原则是指依照法律规定而产生的权利位阶。在信息权利冲突平衡中，处理信息管理主体与信息持有者主体之间的矛盾关系即可不同程度地适用意定权利位阶原则。例如，信息管理主体采集有关个人信息时要征得信息持有者本人同意即为上述原则的具体应用。而信息权利冲突的平衡更多则是依赖于法定位阶原则。正如有学者提出的一样，"权利在法律上的冲突本质上是法律规范之间的冲突。解决权利在法律上的冲突实质上就是解决法律规范之间的冲突问题"（王涌，2000）。

从一般意义上看，法律规范冲突有异位阶规范冲突和同位阶规范冲突两种类型。不同位阶的法律需要服从"上位规范优先于下位规范"的原则，同位阶法律规范则遵守新法优于旧法、特别法优于普通法的原则。例如，在《档案法》和《政府信息公开条例》中均对有关政府信息的开放时间作了规定，但是两种规定之间存在着一定的冲突。《档案法》第十九条规定："国家档案馆保管的档案，一般应当自形成之日起满 30 年向社会开放。"根据此规定，不管是否属于保密档案，凡是未满 30 年的，原则上均不能开放。从《档案法》及其基本立法基调看，它实质上是贯穿着一个"不公开"的思想并将国家档案秘密权保护放在突出位置。而《政府信息公开条例》则要求政府信息原则上应当公开。《政府信息公开条例》第十八条进一步规定：属于主动公开范围的政府信息，应当自该政府信息形成或变更之日起 20 个工作日内予以公开。法律、法规对政府信息公开期限另有规定的，从其规定。如果将《档案法》和《政府信息公开条例》的上述条款进行比较，可以发现，它们之间就政府档案信息公开范围与时间的规范存在明显冲突，这种冲突实质上就是国家秘密权与公民知情权的冲突。根据处理异位阶规范冲突的原则，有关政府信息开放范围与时间的要求均应以《档案法》规定的精神为准，《政府信息公开条例》所试图保护的信息知情权在一定程度上就会受到损失。从这一点上看，为了使我国信息立法符合信息公开的国际趋势，有两个途径可以选择：一是修改《档案法》中有关档案开放范围和开放时间的规定，使其与《政府信息公开条例》中的开放精神和规定保持一致；二是提高《政府信息公开条例》的效力位阶。从目前启动的实际进程看，前一种选择已经开始付诸实施。

（3）以公共利益保护为基础的利益兼顾原则

解决信息权利冲突要确保社会公共利益和国家利益的优先权，社会公共利益是各国侵权法中广泛承认的一种抗辩事由（郑丽航，2005）。例如，在处理国家机关工作人员隐私权与公民知政权的冲突时，国家机关工作人员的个人隐私若与社会公共利益相关则不应受到保护，政府官员重大事项及其财产收入申报制度的合理性就是基于这种公共利益优先的考量；在知识产权保护上，各国都认为促进智力成果的传播以保证社会公共利益最大化才是知识产权法的意义所在，知识产权法中若干"合理使用"条件的设计就体现了这种立法精神；在有关信用信息管理规定中，因公共利益、学术研究或统计等需要（以不能识别特定个人与企业为前提），可以在信用信息采集与处理的目的范围之外适当增加其使用途径，这实质上就是兼顾了社会公共利益与信息安全利益。这种以保护公共利益为基础的利益兼顾原则也应充分体现在相关立法之中。

1.4　确立科学的信息权利理念的意义

通过上文对信息权利基本问题的研究分析，笔者认为，其理论与实践意义在于以下方面。

一是正确理解信息权利的内涵并树立信息权利的理念有利于实施信息权利的全面治理。由于信息权利是一个权利体系，它包括多种不同的信息权利类型和内容，因此实施信息权利的全面治理（而不仅仅是零星保护）将对形成良好的信息流通秩序和实现不同主体的最大信息利益发挥积极作用。治理是使相互冲突的或不同的利益得以调和并采取联合行动的持续过程。这既包括有权迫使人们服从的正式机构和规章制度，也包括由人们同意或符合其利益的非正式的制度安排。治理既是法律的调整，也包括法律之外的其他制度安排。针对信息伦理权利和法律权利保护的不同需要，可以针对性地运用不同的治理手段，从而形成信息权利的法律和道德互动治理模式。

二是加强普遍信息伦理的研究，形成以信息权利保护为中心的信息法律框架，从而促进我国信息法律制度的建设。信息伦理研究是近年来学界研究的热点问题之一，也形成了一系列系统化的成果，但从信息伦理研究对信息法律建设的实际效果看，其作用尚不明显。笔者认为，在目前研究基础上加强普遍信息伦理（也有人称普世伦理或全球伦理）的构建将有利于从根本上推进信息法律权利的建设。虽然学界对普遍伦理存在多种不同认识，但从构建普遍信息伦理的可行性上看，其前景还是比较光明的（张淑燕，2002）。美国计算机伦理协会制定的计算机伦理十戒律和梅森在《信息时代的四个伦理问题》中提出的 PAPA 理论等在世界范围内的广泛运用就预示了这种普遍信息伦理建立的可能性。与伦理学界提出建立全球普遍伦理不同的是，普遍信息伦理的建立具有更大的可行性。全球化的信息网络使各国面临着共同的全球性信息问题（其中最突出的是全球性信息环境问题），跨境信息流动所产生的信息利益平衡已经成为各国的共同需要，因此，普遍信息伦理已经成为全球性的要求。借鉴普遍信息伦理的基本内容并根据我国信息立法特点和进展有选择地进行信息伦理权利的法律确认，将会极大地推动我国信息法律建设的国际化进程。从某种意义上看，目前我国信息领域内的有关立法较多地是使用禁止性或模糊性语言，权利语言和权利设定均明显不足，这种现象的出现就与对信息法律权利认识不足密切相关。在普遍信息伦理特别是信息伦理权利研究基础上，形成以信息权利保护为中心的法律框架体系将有利于我国信息法律的建设。

三是以信息权利保护或治理为中心，可以进一步完善我国信息资源管理的学科体系。信息资源管理学科究竟是以管理对象（信息资源）还是以服务对象（信息用户）为起点始终是学界讨论的问题。笔者认为，从最终意义上看，各类信息用户利用信息虽然都有其各自不同的目的，但通过信息消费和信息利用行为谋求获取可能的信息利益是其共同目标。由于信息利益关系的错综复杂和权利冲突的普遍存在，为了维护信息用户的信息权利，也不能以牺牲其他主体（如处理与管理主体、信息持有者主体）的权利为代价。在经常状态下，信息处理与管理方主体和信息持有者主体的信息权利也是用户主体信息权利实现的基本保障。因此，立足于多种主体的信息权利平衡和保护进行信息资源管理学科体系的完善，不仅可以极大地拓展信息资源管理学科的理论覆盖面，而且也会在一定程度上克服信息资源管理学科建设中存在的顾此失彼现象。

本 章 小 结

信息权利是一个权利体系，它由多种类型的信息权利共同构成。本章从信息形成者（或处理与管理者）主体、信息持有者主体、信息用户三个维度具体阐明了信息权利的内涵与内容、各种不同信息权利的可能冲突与处理原则，以及信息伦理与法律权利的关系等。这种关于信息权利体系的系统分析为后续研究建立了一个概念框架基础。

第 2 章　以信息权利保护和平衡为中心构建信息法律体系

　　加强信息领域的立法是近年来我国信息资源管理的一个显著特点。信息公开立法、信息利用与传播立法、信息产权立法和信息安全立法等均取得了明显进展，上述立法对保障和推进我国包括信息资源开放与开发在内的信息资源管理实践产生了重要意义。但是，客观地说，现阶段我国信息法律体系的建设仍有其局限性，这种局限性主要表现在未对我国信息立法的价值导向、立法体系等进行系统性思考。本章拟以我国若干重要信息法律文本的分析为基础，提出并论证应以信息权利保护和配置为中心作为我国信息立法价值导向和体系构建的思路，以此为基础保障信息资源开放与开发工作的有序推进。

2.1　确立以信息权利保护与平衡为中心的信息立法价值导向

2.1.1　问题的提出

　　法学界长期以来存在义务本位和权利本位两种关于法本位理论的争论，这种现象反映在信息立法领域就是究竟以信息权利还是以信息义务作为其基本的价值导向。从目前我国信息立法实践和具体成果看，也存在着以信息权利和信息义务为中心的两种不同价值取向。《著作权法》、《信息网络传播权保护条例》、《个人信息保护法（专家建议稿）》等法律文本体现了以信息权利保护为中心的立法价值取向，而《档案法》、《图书馆法（草案）》、《政府信息公开条例》等则体现了以信息义务规定为中心的立法价值取向。正是由于在信息立法价值取向上的模糊不清，一定程度上使我国相关信息法律制度文本存在着诸多矛盾冲突。以往我们在分析信息立法中存在的上述此类问题时，更多是将其归结为立法技术、部门利益纷争、立法时序、立法环境变化等因素的影响，而很少从立法价值导向上寻找原因，更未能从宏观上把握信息立法的方向和任务。

笔者认为，信息立法的价值导向指信息法律的终极价值关怀是什么或应该是什么的问题，它是信息法律制度的出发点和立足点，并从根本上决定着信息立法的目的、基本原则和制度设计。我国信息法律制度的构建和完善应以信息权利保护和配置作为基本价值导向。

2.1.2　对我国信息立法若干文本的初步解读

信息权利的确定源于《世界人权宣言》，该宣言从多方面规定了人的权利，包括人的信息权利。正如前文分析的一样，信息权利是指不同主体享有以特定信息为客体对象并由多种具体权利类型构成的权利体系。它由信息财产所有权、信息决定权、信息秘密权、信息产权、信息知情权、信息共享权、信息传播权、信息环境权、信息服务权等多种不同权利类型构成。"信息权利"涵盖一切正当的信息权利，既包括主体的私权也包括主体的公权，还包括个体权利、集体权利、社会权利、国家权力等。上述主体实现和维护其信息权利的基本条件是履行特定的信息义务，当法律分配义务时，这些义务必须是从信息权利中合理地被引申出来的。例如，不得泄露信息秘密的义务应来源于公民的信息知情权，如果公民没有从政府了解情况的权利，也就没有任何理由和必要要求公民保守国家秘密。凡不以权利为前提的义务都是不公正、不合理的、不可实现的（张文显和姚建忠，2005）。由此可见，信息义务设定的动机和目的都是围绕着信息权利界定和分配这根中轴旋转。

从信息权利保护和配置的视角对我国现有信息法律文本进行解读，可以从宏观上科学评价当前我国信息立法的现状，并从微观上找出有关法律制度在制定或完善进程中的具体任务。

2.1.2.1　以信息权利保护为中心的若干法律文本示例

在我国信息立法实践中，有关法律法规已经明确体现了以某类信息权利保护为中心的立法价值导向。

《著作权法》从制度设计到实施，其核心理念是确认著作权人的权利并实施对有关权利的合理保护，它通过一系列的制度设计赋予著作权人一定的人身权和财产权。与此同时，《著作权法》也体现了对公民合理利用知识产品权利的保护（冯晓青，2006）。因此，可以认为《著作权法》体现了对著作权人的权利保护和公民合理利用知识的权利保护的基本价值导向，它实质上是体现了对不同主体的不同信息权利进行保护与平衡的理念，它是典型的信息权利本位立法。

《个人信息保护法（专家建议稿）》在第一章第一条就明确提出了其立法目的，即为规范政府机关或其他个人处理者对个人信息的处理，保护个人信息权利，促进个人信息的有序流动。在第一章第三条、第二章第二节更是依据权利保护原则对个人信息主体的权利内容进行了界定，并从信息权利保护的目的出发，对相关个人信息处理主体的义务进行了明确（周汉华，2006）。这表明《个人信息保护法（专家建议稿）》是以个人信息秘密权或隐私权为保护对象，体现了权利本位的立法思路。

《信息网络传播权保护条例》在其开篇就明确提出其立法目的是为保护著作权人、表演者、录音录像制作者（并将上述主体统称为权利人）的信息网络传播权，并明确指出信息网络传播权是指以有线或者无线方式向公民提供作品、表演或者录音录像制品，使公民可以在其个人选定的时间和地点获得作品、表演或者录音录像制品的权利。《信息网络传播权保护条例》通篇都以权利人的信息网络传播权利内容、权利的合理限制、权利受到损害后的补偿与救济机制等为立法线索进行展开，信息传播权保护是统帅其立法内容的基本依据。虽然图书馆界有专家认为该条例存在对公民权利保护不到位的问题，这表明其在不同信息权利平衡上仍需改进，但它并没有影响其以信息权利保护作为立法价值导向的基本特点。

2.1.2.2　在信息立法中值得反思的法律文本示例

与上述法律法规形成明显对照的是，我国部分信息立法虽然在某些条款上也对相关信息权利内容起到了保护作用，但它们并未明确提出以保护何种信息权利作为立法目的和立法指向。是否明确提出有关信息权利并以此作为立法基点显示了立法者的价值取向。例如，"行政机关应公开其职责过程中形成或获得的信息"与"公民、法人或其他组织有权利从行政机关获取相关政府信息"就是建立在两个不同价值导向上的立法。前者强调的是行政机关信息公开的义务，后者强调的是公民获取政府信息的权利。虽然这两种立法规定从表面上看效果几乎相同，但实际上反映了隐藏于立法者心中的理念，即信息立法的终极价值关怀是什么的问题。在此笔者就以《政府信息公开条例》、《保密法》、《档案法》和《图书馆法（草案）》等作为典型文本进行分析。

《政府信息公开条例》通篇始终将"行政机关"作为中心词，并详细规定了行政机关的公开义务、公开内容、公开方式与程序等，这表明《政府信息公开条例》是一种基于以信息义务（行政机关的信息公开义务）为中心的立法。虽有学者认为，政府的义务即是公民的权利，但笔者却认为，公民、法人和其他组织可以从政府机关履行信息公开义务的行为中受益，但这并不一定意味着公民、法人和其他组织就享有信息知情权。如果强调公民等主体有权利依法获得行政机关在履行职责过程中制作或获得的、以一定形式记录、保存的信息，则在立法中就应以"公民、法人或其他组织"作为中心词汇，并在法律中明确上述主体享有受法律保护的信息知情权。

《政府信息公开条例》总则第一条规定："为了保障公民、法人和其他组织依法获取政府信息，提高政府工作的透明度，促进依法行政，充分发挥政府信息对人民群众生产、生活和经济社会活动的服务作用，制定本条例。"在"保障公民"、"获取政府信息"后面有意或无意地省略掉了"权利"一词，这就使我国信息公开立法与世界上其他很多国家的信息公开立法有一个重要区别，即没有明示有关主体在信息公开进程中行使了其相关信息权利（信息知情权）。据有关专家统计，目前在 69 个国家的信息公开立法中，有 52 个国家的立法文本明确提出了"权利"概念（范并思，2008）。这表明世界上绝大多数国家在其信息公开法中都将"信息权利"或"获取信息的权利"作为立法的基本价值导向。而我国《政府信息公开条例》中唯一提到权利的地方写到，"行政机关不得公开涉及国家秘密、商业秘密、个人隐私的政府信息。但是，经权利人同意公开或者行政机关认为不公开可能对公共利益造成重大影响的涉及商业秘密、个人隐私的政府信息，可以予以公开"。就是说，法律虽然肯定了有关主体的信息权利，但显然这个信息权利是指有关信息持有者的信息决定权，它并非指有关主体的信息知情权。这表明，信息知情权并未成为《政府信息公开条例》的立法基点。而我国上海、广州等地《政府信息公开规定》则明确提出其立法目的是为了保障有关主体的知情权，显然在这一点上地方立法比《政府信息公开条例》走得更远。如果将《政府信息公开条例》与《政府信息公开条例（专家意见稿）》作一下比对，则可发现，在《政府信息公开条例（专家意见稿）》第一条就确认了"知情权"。至于为何在出台的《政府信息公开条例》中删除了"知情权"和"根据宪法"等字样，有专家认为是由于宪法并未明确规定公民的知情权，所以《政府信息公开条例》也就不能确认公民信息知情权，"根据宪法"这四个字也理所当然必须去掉，否则将会在它与宪法之间产生一种规范体系上的逻辑紧张关系，从而可能引发"合宪性"之争议（章剑生，2008；蒋永福，2008）。这在一定程度上也印证了笔者在后文中关于我国某些信息权利处于权利缺位状态的判断。

由于未能在信息立法中明示公民信息知情权这一基本价值导向，《政府信息公开条例》在具体条款的设计上似乎也就少了一些理直气壮。在法律位阶体系中，如果是处于上位的法律对《政府信息公开条例》中的有关精神进行否定尚可理解，但现在即使是处于同位或下位的法规和有关规定、《政府信息公开条例》有关条款内部以及陆续出台的配套文件规定（即《国务院办公厅关于做好施行〈中华人民共和国政府信息公开条例〉准备工作的通知》、《国务院办公厅关于施行〈中华人民共和国政府信息公开条例〉若干问题的意见》）都能对政府在履行信息公开义务时有关主体的受益权利（这里姑且将受益也看做一种权利）进行蚕食和否定。例如，《政府信息公开条例》第十四条第二款规定："行政机关在公开政府信息前，应当依照《中华人民共和国保守国家秘密法》以及其他法律、法规和国家有关规定对拟公开的政府信息进行审查。"此条款暗含了如下法律内容：行政机关在公开政府信息前，应当依照《中华人民共和国保守国家秘密法》以及其他法律、法规和国家有关规定中确定的保密标准而不是《政府信息公开条例》所规定的公开标准进行审查。在此以《保密法》这部上位法进行保密审查尚可理解，但撇开《政府信息公开条例》而以其他法规或规定等进行保密审查就值得推敲了。即使是与《政府信息公开条例》处于同一位阶的其他行政法规，如有政府信息不公开的规定时，也应优先于《政府信息公开条例》的适用。

此外，《国务院办公厅关于施行〈中华人民共和国政府信息公开条例〉若干问题的意见》第八条规定：已经移交档案馆及档案工作机构的政府信息的管理，依照有关档案管理的法律、行政法规和国家有关规定执行。这意味着只要政府信息移交给档案馆或档案工作机构，其公开与否以及如何公开等则不再受《政府信息公开条例》的制约。在我国，档案机构一般分为综合档案馆和内部档案机构两种基本类型，政府机关和企事业单位内部的档案管理机构显然也属档案工作机构范畴，这就意味着有关政府信息只要在第二年6月底以前（这是有关规定明示的政府信息移交给机关档案管理机构的最后时间）移交给机关内部档案室并保存期满30年后才可公开（《档案法》第十九条的规定）。由此可见，有关法律、法规与规定中关于档案开放范围和时限的规定实际上已将《政府信息公开条例》置于"虚设"的尴尬境地。而追根溯源，其根本原因就是《政府信息公开条例》在立法中未以保护公民的信息知情权作为立法基础，也就更谈不到在立法中进行信息知情权与信息秘密权的平衡与协调，这就在很大程度上降低了《政府信息公开条例》的法律效应。与此类似的现象也出现在《保密法》、《档案法》和《图书馆法（草案）》等立法文本之中。

《保密法》第一章第一条规定："为了维护国家安全，保卫中华人民共和国人民民主专政的政权和社会主义制度，保障改革开放和社会主义现代化建设的顺利进行，根据宪法，制定本法。"从上述规定中可以看出《保密法》应该保护的是国家信息秘密权（或安全权），而且该法通篇都以国家信息秘密的界定、管理机关的职权等作为基本立法线索，但遗憾的是"信息秘密权利"或"安全权利"之类的概念在立法中并未明确出现。事实上，信息秘密权利由国家信息秘密权、商业秘密权和个人信息秘密权（或称隐私权，但隐私显然远小于个人信息秘密的范围）三个内容构成。从现有相关立法对上述三种信息秘密权利的确认看，只有《个人信息保护法（专家建议稿）》中对个人信息秘密权利进行了明示，而《保密法》和《反不正当竞争法》中均采用间接方法认定和保护国家和企业主体的信息秘密权利。在《反不正当竞争法》第十条中提出经营者不得采用若干手段侵犯商业秘密时，均采用了"权利人的商业秘密"的表述。这表明，虽然《保密法》、《反不正当竞争法》和《个人信息保护法（专家建议稿)》能够在一定程度上达到分别对信息秘密权利进行保护的目的，但由于上述三种不同的信息秘密权利有的被明示而有的则被隐含在法律中，这就不仅增加了信息秘密权利内部协调与平衡的难度，而且也进一步增加了信息执法难度。

《档案法》在总则第三条就开宗明义地强调有关主体有保护档案的义务，但并没有提出有关主体利用档案的权利。《档案法》第二章、第三章共十三条都是对有关主体管理档案的职责与义务进行规定。《档案法》第四章和《档案法实施办法》第二十二条虽规定公民、法人或其他组织"可以利用"已经开放的档案，但它并未明示公民、法人或其他组织是在行使一种信息权利。《档案法》第二十二条和《档案法实施办法》第二十四条规定：属于国家所有的档案，由国家授权的档案馆或者有关机关公布，未经档案馆或者有关机关同意，任何组织和个人无权公布；集体所有的和个人所有的档案，档案的所有者有权公布，但必须遵守国家有关规定，不得损害国家安全和利益，不得侵犯他人的合法权益。在上述规定中对集体所有和个人所有的档案公布权进行限制是出于公共利益和相关利益的平衡需要，因而它有其正当性与合理性。但从这个规定和《档案法实施办法》第二十二条中我们又可以推断出如下结论：即使是已经开放的"国家所有的档案"，有关主体对其也只能利用（《档案法实施办法》中对档案利用的界定是：对档案的阅览、复制和摘录）而不能公布（另外，国家档案局 1991 年 12 月发布的《各级国家档案馆开放档案办法》第十一条规定：利用者摘抄、复制的档案，如不违反国家有关规定，可以在研究著述中引用，但不得擅自以任何形式公布)，这就导致了以下矛盾事实的存在，即在正式或非正式出版的著述中引用档案是否就不算公布档案呢？在《档案法》通篇中，唯一可见的有关权利的规定是在第二十一条，它规定：向档案馆移交、捐赠、寄存档案的单位和个人，对其档案享有优先利用权。在《档案法》中这种规定显然是显得过于单薄了，因此，可以认为《档案法》是以档案义务本位而非档案权利本位为导向进行的立法。

近年来，我国图书馆法治建设在实践层面进展明显：2004 年《图书馆法》草案文本已经形成；2006 年《图书馆法》的制定被列入"十一五"期间"抓紧研究制定"的文化立法之一；以《北京市图书馆条例》为代表的地方性图书馆专门法也已形成（浙江、上海、湖北等十几个省、市都纷纷出台了地方性的图书馆管理条例和规章）。这都表明我国图书馆法制建设已经取得了一定进展。《图书馆法（草案）》及相关条例或规定等虽然对图书馆应该履行何种职能、完成何种任务、达到何种工作规范等规定得明确而具体，但其对图书馆应当享有什么权利缺少相应的规定（席涛，2003），也没有突出读者公平利用图书馆的权利这一立法中心。我国图书馆学界对"图书馆权利"的研究已经取得一定成果，而且有专家也明确提出中国图书馆立法的基本思路应是确立图书馆拥有自主地、科学合理地收集和提供文献信息资源的权利，确立国家保障公民公平、合法、自由地利用图书馆的权利（李建国，2001），但遗憾的是这种思想并没有在现有图书馆立法文本中得到很好体现。图书馆权利是指图书馆职业集团为完成自身所承担的社会职责所必须要拥有的自由空间和职务权利，它所防范和制约的，是来自社会的、团体的、组织的、个人的对图书馆履行社会职责的正当职务行为的干扰和限制；追求和保障的是全体公民知识和信息获得权、接受权、利用权的圆满实现。① 上述图书馆权利的实现也是以图书馆履行一定的职责和义务为基础的。因此，从这个角度看，《图书馆法》应也具备权利与义务对称的基本结构。虽然笔者并不完全认同"图书馆权利"这个概念，笔者认为使用"信息权利"的提法更加可取，它包含了图书馆的信息权利和读者的信息权利等内容，而且读者和用户的权利似应更加重要，这一点有关专家曾经有过考证（程焕文，2010），但却赞成将"权利"作为图书馆立法的基本价值导向。只有在《图书馆法（草案）》或《公共图书馆法》立法，即所谓的"大法"与"小法"工作中突出图书馆的信息权利和读者的信息权利，后者更为重要，因为读者信息权利的实现是最高目的，这一点在国际图书馆立法中都得到了体现，才能使我国图书馆法治建设沿着正确的轨道前进（肖志宏，2008）。

---

① 近期图书馆学研究述评（九）——图书馆的法治，http://blog.sina.com.cn/s/blog_ 45284ed 401000ad9.html。

2.1.3　以信息权利为中心构建信息法律体系的策略

2.1.3.1　科学发现和确认多种信息权利类型

信息权利是一个不断发展的权利体系。在信息权利制度构建和社会的信息权利保护实践中，应当克服可能出现的权利缺位倾向。信息权利缺位是指由多种原因所引起的信息权利内容在社会生活和法律制度体系中的缺失或者萎缩。真实情形表现为尽管一个社会已经具备或者基本具备一定信息权利所可以存在的物质基础或者利益需求，并且在社会中已经产生了相应的法权要求，但在权利制度构建时，由于立法技术上的原因或者受到立法者价值取向、政策导向等因素的影响，使得这部分利益没有能够在法律上得到确认，从而导致这部分利益由于缺乏现实法律的实际确认与保护而得不到有效保障。从现实情况看，在我国信息立法中信息权利缺位现象已经初步显现。笔者认为，信息环境权（或称为信息生态权）、信息利用权（或称为信息再开发权）、信息产权等信息权利类型及其内容都亟待我们发现和确认。

首先，信息环境权的提出和确认是为了适应社会信息环境问题变化的新要求。社会信息环境与自然生态环境一起，是共同决定人类社会能否实现可持续性发展的重要环境要素。公民环境权利既包括自然生态环境权利，也包括信息环境权利。目前国际社会对自然生态环境权利已经有了足够认识，而信息环境权利尚未引起应有关注。随着网络技术的普及和发展，信息超载（或信息污染）、信息障碍加剧、信息流通与分布失衡（或信息鸿沟）、信息侵权、信息犯罪等一系列的信息环境问题已经显现，社会信息病也出现了多样化趋势（周毅和高峰，2002）。为了应对信息环境日益严峻的形势，2000 年我国就已发布《互联网信息服务管理办法》，并在 2009 年年初又启动整治互联网低俗之风专项行动，这些实质上都是从净化网络信息环境出发而对公民信息环境权利实施保护的行为。因此，为了全面推动信息环境的有效治理，论证信息环境权利的正当性与合理性并对其进行法律确认和具体化将是信息立法的重要任务之一。

其次，信息产权可以解决信息的初始权利问题，它对其他相关信息权利的确认具有重要意义。从性质上看，信息权利既可以是专有的，也可以是共有的（如全体公民对政府信息的共同产权），它实质上是信息支配权的归属问题，它是信息商品流通的基础和前提，表现为特定主体对财产性信息的控制权（杨宏玲和黄瑞华，2003）。从其内容上看，它应包括对财产性信息的享有、使用、公开、加工和传播等支配权。例如，虽然世界各国普遍认为政府文件与信息不享有著作权保护，但信息内容产品（这是一种典型的增值信息产品）明显有别于原始的政府信息与文件。因此，明确信息内容产品的著作权归属就成为鼓励信息资源开发服务的重要保证。我国在2001年修改的《著作权法》中明确规定，国家工作人员在职期间生产的作品（信息），实行个人产权和所在单位版权（王正兴等，2006）。但现有法律并未就公共资助生产的信息产品是否属于"政府信息资产"或"公共资产"进行明确。由此可见，信息产权的确认将会从更大范围内保护有关权利人参与信息活动的积极性。

最后，信息再开发权的提出和确认是为了进一步增加信息内容产品的有效供给，从而满足社会多样化和个性化的信息需求。从我国信息资源开发服务的供给模式看，我国可以逐步形成由纯公益主体、制度公益主体和营利组织并存的复合型信息资源开发服务模式（周毅，2007c）。但问题是，现有法律法规将有关信息的利用界定为只能是阅览、复制和摘录，这就从根本上限制了各类主体参与信息资源开发的可能性，出现这种现象与我国信息产权的提出和确认尚未到位也有一定关系。事实上，在世界各国政府信息公开法律中均强调政府信息的自由使用原则，从自由使用原则实质上可以推定出有关国家已经赋予了一定主体具有以营利为目的的信息再开发权利（权利推定是依照法律的精神、法律逻辑和法律经验来发现、拾取和确认权利）。因此，在信息立法中，我国也应清理现有法律法规对用户信息利用目的的限制性规定，从而明确各类主体的信息再开发权。

2.1.3.2 科学协调不同信息权利之间的冲突

信息权利冲突的存在具有必然性。正如前文分析的一样，在信息立法中可能出现的信息权利冲突有如下表现：信息知情权与信息秘密权之间的冲突；信息支配控制权（信息持有人主体）与信息管理权（信息管理主体）之间的冲突；信息所有权与信息传播权之间的冲突；信息产权与信息获取权之间的冲突等。信息立法实质上应是以信息权利全面保护和科学配置为中心的立法（刘青，2007）。在信息权利配置中对不同主体不同信息权利之间可能出现的冲突进行科学协调与平衡就是权利配置的核心内容之一。在现有信息立法成果中，这种对不同信息权利进行科学配置的理念远未得到落实。解决信息权利冲突问题，关键是应系统发现并确认信息权利体系中包含的各类权利类型，并通过立法在一定范围内明晰信息权利边界或对原有一些可能引起冲突的相对模糊的信息权利边界重新进行界定，从而避免因立法不周而引起信息权利冲突。由于法律是具有概括性而又必然存在滞后性的，而且现代法制要求法律具有稳定性，不可能经常性地对法律进行修改，因此，运用司法工具来弥补立法缺陷和弊端就显得十分重要。通过司法途径解决信息权利冲突的主要做法是在现有信息法律范围内通过法律解释来解决信息权利的冲突。

2.1.3.3　科学设计信息权利实现的保障制度

信息权利被法律确认，是信息权利得以实现的基本前提。但要想使信息权利真正成为实质权利或现实权利，还必须由政府作出相应的、具体的、有效的制度安排（蒋永福和黄丽霞，2005）。笔者认为，信息权利在信息立法中被确认只表明其具备了有效实现的第一机制。信息权利实现还应具备权利获取的服务机制、权利侵害的预防机制和权利侵害发生时的救济机制等。只有上述四种机制形成合力，才能构成真正有实效的信息权利保障制度。正如有学者所分析的一样，建立公共图书馆制度实质上就是为了保护公民的信息获取权（蒋永福和黄丽霞，2005）。事实上，公共图书馆制度只不过是公民信息权利获取的服务保障机制之一，公共信息产品供给的制度保障还包括更为丰富的内容，如综合档案馆制度、公共信息产品的市场化供给制度等。此外，我国信息立法在运行机制方面仍有诸多不完善之处，适应信息权利全面保护要求的科学有效的预防机制、救济机制和帮助机制等都尚未形成。因此，在发现和确认信息权利基础上健全其实现的保障制度就成为今后信息立法的重要任务之一。

2.2　信息权利实现的一般途径

"信息权利"涵盖一切正当的信息权利，既包括主体的私权也包括主体的公权。在这些信息权利类型中，绝大部分的信息权利属于应有伦理权利，少数信息权利属于法律权利。如何推进应有信息权利转变为法律信息权利或事实信息权利，这是信息权利研究中不能回避的问题。笔者认为，在认识到当前我国信息立法的存在问题和应有价值取向后，系统分析信息权利实现的一般途径或影响因素也就十分必要。综合前文中关于信息权利问题的一般论述，可以将信息权利实现的基本途径概括为：信息素养教育与信息权利意识的强化、信息法制建设与信息权利的保护、信息管理体制和机制创新与信息权利实现途径的多样化。信息权利意识强化、信息权利保护和信息权利实现三者之间是一个紧密关联和逐步深化的过程。事实上，信息资源开放与开发就是一个权利意识觉醒或强化、权利保护措施运用和权利具体实现的递进过程。

2.2.1 信息素养教育与信息权利意识的强化

权利意识，是指社会主体对于自身和他人权利的认知、情感、理解、态度和意志等的总和。权利意识不但包括自我权利认识，也包括对他人权利认同和尊重。权利意识不仅影响着权利主体行使权利和保护权利的行为，而且也会制约着权利主体在行使自身权利时履行义务的程度，即在多大程度上认同和尊重他人的信息权利（征汉年，2007）。

2.2.1.1 我国信息权利意识的基本状况

从总体上看，我国信息权利意识水平处于一个觉醒阶段，其主要表现在以下方面。

一是对信息权利类型的认知和理解十分有限。在信息权利体系中，可以粗略地将信息权利分成为两个大类，即社会立场的信息权利和公共信息机构的信息权利。例如，国际图联近年连续发表《格拉斯哥宣言》和《IFLA 因特网声明》宣称，"国际图联宣布不受限制地获取、传递信息是人类的基本权利。"这就表现出了对公民信息知情权与获取权的尊重。除此之外，作为信息安全权利中的个人隐私权、企业信息秘密权等也主要是从社会立场认识信息权利。目前，我国社会各界对信息权利类型的认知和理解主要就是局限于此，而且，不同社会主体对其自身享有何种信息权利、享有信息权利的范围、行使信息权利的条件、通过何种方式实现权利救济等在认识上也较模糊。这表明，我国公民在关于信息权利制度及其有关知识的认知上十分有限。事实上，为了确保社会立场的各类信息权利能够得以实现，公共信息机构作为一种制度存在，它们不仅依法履行其保存历史和传播知识的职责，而且也应享有与其职责相对应的职业权利。信息存档与归档权、信息管理与服务权、获得经费保障权、国家秘密权等就是其应有的信息权利内容。但是，从信息权利认知水平看，目前主要是逐步关注了社会立场的信息权利，而相对忽视了公共信息机构的信息权利。

二是对信息权利冲突在认识上和处置态度上有向某类权利倾斜的趋势。信息权利冲突普遍存在而且错综复杂，从总体上看，它可以划分为同类信息权利之间的冲突和不同类信息权利之间的冲突两种基本类型。虽然从理论上专家们一直强调处理信息权利冲突的基本原则之一就是利益平衡，但在实际工作中，由于认识上的原因，人们还是自觉或不自觉地将处置信息权利冲突的天平向其中一方倾斜。例如，在处理知识产权与信息公平获取权两者之间的关系时，全球知识产法都有向权利人倾斜的趋势，作品合理使用，特别是在网络上合理使用的空间正在受到挤压（陈传夫，2008）。在处理信息知情权与信息保密权两者之间的冲突时，虽然强调"公开是原则，不公开是例外"，但事实上法律法规中的各种例外性或保密规定均极大地限制了知情权实现的程度。

三是对信息权利行使的自觉性程度和通过法律保护权利的意识有待提高。在各种不同类型的信息权利中，被理论界研究得最多的权利类型之一就是信息知情权（或信息获取权），在实践中社会各界对信息知情权的关注也最为集中。通过对社会信息知情权意识的分析评价可以管窥出我国信息权利总体意识水平。2008年 5 月 4 日，《政府信息公开条例》正式实施后的第一个工作日，湖南省郴州市汝城县 5 市民向县政府提出信息公开申请被拒，第二天，他们以"信息不公开"为由将县政府告上法庭。虽法院以"信息涉密"驳回了这一诉求，但汝城县 5 市民此举仍被媒体称为"信息公开第一案"。来得如此之快的"信息公开第一案"，反映出公民伸张信息权利的迫切愿望。汝城县 5 市民申请公开的是一份调查报告，内容关涉原自来水公司改制。从报道看，他们已为此奔波了 5 年，多次向县政府提出要看报告要求，均被拒绝，且不论他们申请的内容是否属于公开范围。但《政府信息公开条例》的实施，让他们看到了希望，于是在条例实施的第一时间就提出了申请。申请被拒，按条例规定，他们可以向上级行政机关、监察机关或者政府信息公开工作主管部门举报，也可以申请行政复议，但他们直接选择了行政诉讼，足见其主张知情权的急切。[①]但像上述案例中表现出的强烈权利意识并不代表我国信息权利意识的总体水平。从近年来，我国出现的以保护信息知情权为中心的诉讼案件看，其呈现出主动公开少、申请公开少、法律维权少（诉讼少）等特点，而没有出现政府信息利用的"火爆"场面，这可能与《政府信息公开条例》出台之初专家们的预见正好相反。[②]从政府信息公开中出现的"三少"现象及其内在的相互关联看，有关主体行使和保护信息知情权的权利意愿显然不高。

四是对信息权利的价值评价和理想追求仍然处于一个较低的层次和水平。从某种意义上看，信息权利本身就是一个价值或价值判断问题，它体现了法治发展的主要取向。在我国信息立法的不同文本中，事实上并不是都突出了信息权利保护这种价值取向。《信息网络传播权保护条例》、《个人信息保护法（专家建议稿)》等法律文本体现了以信息权利保护为中心的立法价值取向，而《档案法》、《政府信息公开条例》等则体现了以信息义务规定为中心的立法价值取向。在信

---

① ②　"信息公开第一案"三点启示，http://www.legaldaily.com.cn/dfjzz/2008-06/04/content_873177.htm。

息立法中界定有关主体可以利用政府信息或档案信息等客体时，均有意或无意地省略掉了"权利"一词。它事实上已经体现出了立法者对信息权利的评价与态度。可以设想，法律专家的信息权利态度尚且如此，普通社会公民的信息权利意识水平也就可想而知。基于这种现状，要对信息权利发展提出理想化的期望和追求也就更加困难。

2.2.1.2　信息素养教育对信息权利意识的强化

信息素养教育实质是对有关主体的信息观念和信息能力所进行的一种全方位的和普及性的教育，它不仅包括对社会公民的信息素养教育，而且也包括对信息管理人员的信息素养教育；它不仅包含了对有关主体信息权利观念或意识的教育，而且也包含了对有关主体行使和保护自身信息权利能力的教育。

从目前国际社会关于信息素养教育的内容看，信息伦理、网络礼仪和信息技能教育等均有不同程度涉及。目前需要重视的是，针对不同主体设计不同的信息素养教育内容是提高信息素养教育效率和信息权利整体意识的关键。对社会公民而言，在信息伦理中应突出信息伦理权利（应有权利）的内容，对其重点进行有关信息知情权、隐私权和信息产权等权利教育，通过上述权利教育推进公民参与公共事务的能力，并在各类信息交流与利用活动中遵守交流和利用规则；对信息机构及其管理人员而言，主要应在确立公共信息机构的有关信息权利基础上，突出对信息管理人员有关职业素养和职业能力的教育。事实上，信息管理人员的职业素养和职业能力在很大程度上是公民信息权利实现的基本保障。虽然信息素养教育的内容有所差别，但其共同目标都是使不同主体认识到与其密切相关的信息权利类型以及与权利相对称的义务和责任，认识到信息权利之间的冲突存在及其平衡之重要性并尊重他人权利，认识到信息权利保护方法和救济途径等。

从信息素养教育的形式看，学校教育、家庭教育和媒体宣传教育等普及性教育与信息管理专业教育应同步进行。从现状看，通过学校、家庭和媒体开展信息素养教育在我国蔚然成风。但在上述三种形式的信息素养普及性教育中，信息能力教育是主要内容，而对有关信息观念、信息伦理和信息权利的教育则相对不足。在学校、家庭和媒体教育三种形式中，媒体教育的力量不可低估。如果有关信息资源管理部门能利用媒体工具受众多、直观性强等特点，结合信息权利损害或保护的有关案例进行信息权利宣传，则将会取得更好的宣传教育效果。《政府信息公开条例》生效后，全国各地均出现了事关"政府信息是否公开或是否恰当公开"的行政案件，上海、湖南等地均出现了所谓"政府信息公开第一案"。

在这些案件中，媒体均对其进行了大量宣传和跟踪报道，这不仅敦促有关行政机关进一步推进和规范信息公开，而且收到了意想不到的效果，即提升了公民信息知情权的维权意识。可以认为，媒体舆论成了推动政府信息公开不可或缺的"外力"之一。同样，我国信息管理专业教育也值得反思。从本质上看，无论是为用户提供服务，还是为国家收藏信息，其最终目的都是为了最好地保障各类信息权利的实现。因此，信息管理职业就是保护信息权利的职业，信息能力就是保障不同主体信息权利得以实现的能力，信息管理职业本身也有自身的职业权利需求。从目前看，上述教学内容在我们的信息管理专业教育中并没有很好地体现出来。

因此，信息权利意识的培养和强化要求从内容到形式对我国信息素养教育进行改革。信息素养教育不仅要实现有关主体信息权利意识的提升，认识到自身的信息权利和尊重他人的信息权利，而且还要保证自身信息权利不受侵害（受到侵害时能寻求保护或救济），并支持信息文明进步中的信息权利发展。

2.2.2　信息法制建设与信息权利的保护

在我国信息权利体系中，已经被法律规定明文予以保护的信息权利类型极为有限，更多的信息权利仍属应有权利或伦理权利的范畴，尚未纳入法律权利之列。正如笔者在前文分析的一样，虽然我国有关信息立法的文本不在少数，但真正明确提出某种"信息权利"的立法却不多见，绝大多数法律或法规均有意或无意地在文本中省略了"权利"的字眼，而更多地规定有关主体"可以"实施某种行为。显然，有关主体的"行使权利行为"和"可以实施某种行为"虽然都可直接或间接实现利于行为主体的某种效果，但它们在本质上是有差异的。

为系统地构建起我国信息权利保护制度，就要在我国信息法制体系建设中启动对信息权利的发现、论证、确认和保护等不同程序。

2.2.2.1　信息权利的发现

信息权利的发现就是根据社会信息环境变化和信息活动中的社会关系状况，及时地对有关主体的信息利益和法权要求进行总结和鉴别，构建起一个动态的信息权利体系。在这个信息权利体系中，绝大多数信息权利在当前或今后一段时期内属于应有权利；部分信息权利已经得到了法律确认，演变成了法律权利；可能还有某些信息权利已经是事实权利。应该说，信息权利也是一个由应有权利、法律权利和事实权利构成的权利序列。其中，如何在错综复杂的社会信息活动中梳理和界定出基于有关主体信息利益需求的应有信息权利类型是信息权利体系建设的首要环节，也决定着信息立法的水平和未来走向。

2.2.2.2 信息权利的论证

信息权利的论证就是从当前立法环境和技术等角度出发，系统论证某种信息权利由应有权利转化为法律权利的可能性、正当性和合法性。从理论上看，不是任何应有权利都可能和有必要转化为法律权利，建立信息权利体系也要谨防"权利泛化"倾向。究竟有哪些应有信息权利已经具备了转化为法律信息权利的可能和条件，必须经过系统的正当性和合法性论证。这种论证既要考虑社会的信息权利需求、我国整体的法制建设状况和水平，也要兼顾立法和执法技术上的可行性、公民权利意识状态等。

2.2.2.3 信息权利的确认

信息权利的确认主要有社会确认和法律确认两种类型。社会确认是根据诚实信用与公序良俗，在一定的社会范围内约定俗成。法律确认是通过法律手段进行的权利确认。此处的信息权利确认主要是指法律确认，它是在法律上对信息权利的取得条件、信息权利内容和行使信息权利的范围等进行合法化的认定。从具体实现方式上看，既可以通过一部信息基本法对信息权利体系中正当和合理的信息权利类型进行统一确认，也可在不同的信息专门立法中进行信息权利的分别确认。由于我国信息立法还处于起步阶段，立法规划性和前瞻性仍显不足，因此建议在加强统一信息立法规划基础上，通过信息专门立法的形式对某些信息权利进行法律确认。从正当性与合法性角度看，知情权、信息安全权、信息环境权以及公共信息机构的信息管理与服务权等均需得到法律确认。

2.2.2.4 信息权利的保护

信息权利的保护就是在信息立法中设计救济制度，并在执法中实施保护行为。在信息权利救济制度设计中，一般有两种救济制度可供选择（李昊青，2009）。

一是行政救济。它是行政机关对信息权利进行的救济，是行政机关为了排除行政行为对公民、法人或其他组织合法信息权益造成的侵害而采取的各种事后法律补救手段和措施。从这个界定上可以看出，信息权利行政救济的实际发生有以下几个条件：行政机关是侵犯有关主体信息权利和信息利益的一方；有关主体的合法信息利益受到了行政机关行政行为的实际损害；行政救济是一种对行政行为消极后果的事后补救。例如，行政机关在履行其信息公开义务（即保护公民信息知情权）时，如果因不公开或不当公开政府信息而侵犯了有关权利人的知情权或隐私权等信息利益，就适用行政救济制度。而当企业（非国家行政机关）在征信过程中侵犯公民隐私权、在信息资源再开发中侵犯有关权利人的信息产权等信息利益时则不能适用行政救济制度。这表明，在信息权利的救济制度设计中，行政救济制度仅适合于对国家行政机关主体侵权行为的补救（行政复议、行政赔偿和行政补偿），而对其他行为主体的侵权行为则不具有作用。

二是司法救济。它是指司法机关通过司法程序对信息权利受侵犯的受害者实施的救济，具体表现为司法机关对侵犯某种信息权利等信息犯罪行为的追究，对民事、行政、立法侵权行为的否定以及对受害者赔偿等要求的支持。诉讼救济是司法救济的主要表现形式，它也是保护有关主体信息权利的最有效方式。从我国目前有关信息权利保护的诉讼案例看，因立法技术和水平等原因，导致有关信息权利受保护的力度也在一定程度上受损。例如，在《政府信息公开条例》中罗列的信息类型显得表述笼统、范围狭窄，公民在申请公开某个具体信息时，往往不能找到与之精确对应的条款，这就给政府部门留下了过大的自由裁量空间，愿意公开就公开，不愿意公开就回绝。此外，由于《政府信息公开条例》与其他法律法规的衔接没做好，使《保密法》、《档案法》等《政府信息公开条例》上位法中的很多表述给不愿公开信息的政府部门提供了"依据"。因此，运用司法智慧厘清《政府信息公开条例》中极易混淆和模糊的地方就十分必要。由于信息权利立法刚刚起步，信息权利法律关系错综复杂，有的信息立法又相对滞后，现行的法律大多条文简练、原则性强，审判实践中容易出现"同案不同判"的情况。因此，应建立完善信息权利保护案例指导制度，从而形成类型有别、层次分明的信息权利保护案例指导体系，以减少以上情况的发生。①

2.2.3 信息管理体制和机制创新与信息权利实现途径的多样化

多样化的信息权利呼唤多途径的实现方式。针对信息权利体系的构成内容，结合当前我国信息管理体制、运行机制的实际状况，笔者认为，我国信息管理体制与机制要进行一系列的创新。

---

① 广东高院进一步完善案例指导制度以减少"同案不同判"现象，http://www.gdcourts.gov.cn/fygzdt/t20090818_24510.htm。

2.2.3.1　管理体制创新：管理与责任主体的确立

在管理体制上明确宏观与微观管理和责任主体，就是要尽快明确国家和地方信息资源管理的主管机关或部门，逐步在机关和企事业单位建立首席信息官制度，统一协调和负责信息权利保护方案的制订和实施。信息权利保护是一个涉及众多管理领域和社会主体的复杂系统，也事关不同主体的不同信息利益，这就要求以平衡和公平的原则进行权利协调和保护。信息资源管理的主管机关就是这样一个在不同层面上对信息资源管理进行政策设计、业务指导、组织协调和权利保护的职能机关。从目前我国的政府组织架构看，各级人民政府办公管理部门、档案事业管理部门、文化管理部门、宣传部门、保密部门、国家安全事务管理部门、知识产权管理部门等均可成为信息资源主管机关的备选机关。但是，这些备选机关均存在部门或行业局限，它们对信息权利的关注往往都是侧重于某一方面，很难在信息权利保护中保持公平、公正立场。因此，在现有政府组织架构或改革方案中明确一个具有一定综合性的信息资源管理主管机关就显得十分必要。从可行性上看，将文化、知识产权、保密、档案等职能进行归并，设立一个大部制性质的"信息资源管理部门"就是一个可选方案。这个方案不仅符合我国政府管理体制改革的方向，而且也适应了信息权利全面保护的时代需求。此外，在微观层面上，我国也应逐步在各机关、企事业单位建立起首席信息官制度，这将从基层构建起我国信息权利保护的组织体系。首席信息官不仅负责对其所在机关、企事业单位信息化建设进行规划与领导，参与各类重大决策，而且也要组织本单位各类信息权利保护方案和措施的检查与落实，具体承担信息权利保护的各类管理责任。宏观层面上的信息资源管理机关和微观层面上的首席信息官制度是推进我国信息权利全面保护方针、政策和措施得以实现的基本保证。

2.2.3.2　机制创新：构建信息权利的全方位保护机制

信息权利的全面保护要求呼唤着有关运作机制的创新。从信息采集与集中机制、安全管理机制、开放与开发机制等方面进行机制创新，可以全方位地开辟信息权利保护的途径。

信息采集与集中是有关主体通过多种途径实施信息的存档和收藏的过程。信息采集与集中的最终目的是在更大时空范围内实现对有关主体的信息服务，为国家积累信息资产并促进社会公民的信息知情权和获取权的实现。信息采集与集中的过程必然涉及对有关当事人或信息形成者主体等的不同信息权利。例如，从构建社会信用体系的目标出发，对有关社会活动主体（如税务、银行等）在信用信息的征集与集中过程中就应关注当事人主体信用信息安全保护问题；有关教育、劳动与社会保障、医疗卫生、人力资源管理等部门在履行其服务职能过程中也会采集到当事人的大量隐私信息，这些部门同样负有保护当事人个人隐私信息安全的责任；有关公共信息机构从公益性目标出发对享有版权的各类信息进行采集也应遵守知识产权法所设计的合理使用规定等。由此可见，根据信息权利保护需要，科学设计信息采集与集中机制就显得十分重要。在信息采集与集中机制设计中应重点解决的问题是：如何划分不同主体在信息采集与集中的权利和职责界限，以及在信息采集过程中应如何规避知识产权风险等。

信息安全管理机制是指有关主体在信息管理全过程中综合运用有关方法保证信息在技术上和内容上的安全。信息技术安全是指信息系统、信息网络等的安全，它保证实现信息长期安全保存和信息可利用；信息内容安全则指在管理和利用过程中信息内容不泄露。信息安全管理机制设计的重点，一方面是要建立起动态更新的信息安全技术防范体系，另一方面是要科学处置例外信息（含保密信息）的开放和利用问题。

信息开放与开发机制是指进一步完善信息内容或信息产品的供给机制，形成政府供给、社会供给和市场供给的互补与共存机制，鼓励不同主体参与信息内容产品开发过程，构建科学的信息资源知识产权管理制度（周毅，2008c），从而充分满足社会日益增长的信息产品消费需求。由于多主体共同参与我国信息资源的开发过程，将在一定程度上丰富我国信息内容产品的供给，也给公民的信息知情权与获取权实现提供更多路径。为了保证社会的信息公平，信息开放与开发机制的创新不能以损失公益性、普惠性的公共信息服务为代价，这是保障公民信息获取和利用的基本权利需要，机制创新中的政府主导地位仍需坚持。

本 章 小 结

本章在对我国现有的信息法律若干文本进行分析的基础上，提出信息立法应确立以信息权利保护为中心的价值导向。如何推进以信息权利保护为中心的信息法律构建进程，并在信息资源管理与开发利用实践中保障各类信息权利的实现已成为学界讨论的焦点问题，对此本章均作了初步分析。

第3章　信息权利保护视窗中的信息开放与开发法律和政策研究

我国信息资源开放与开发战略框架研究的目标定位是以信息权利全面保护为基础，研究保障和发展信息开放与开发的政策途径、制度途径和理论途径，从法律政策层面、管理制度层面和学科体系层面上搭建我国信息资源开放和开发实现的战略框架。本章即是对信息资源开放与开发战略框架中法律政策层面的研究。

法律政策层面旨在建立与信息权利全面保护相适应的信息资源开放与开发法律政策体系。由于我国现有信息法律与政策在信息权利保护上存在的顾此失彼现象，因此信息法律与政策面临着重新修订的基本任务。笔者认为，在信息权利全面保护视窗中，信息资源开放与开发法律与政策建设应将所有信息权利主体、处在不同运动阶段或不同形式的信息客体和所有信息权利内容均纳入其建设体系中。信息形成者（或处理与管理者）、信息内容持有者和信息用户是三类都应受到同等关注的权利主体，以机关档案（半现行文件）和历史档案（非现行文件）为中心将立法视点向前（现行文件）和向后（档案知识）做适当位移是扩大和充实信息权利客体体系的基本趋势，赋予信息用户对已公开文件与档案进行自由和二次开发的权利、公布的权利等将会有力推进信息资源开放与开发向广度和深度进军。

3.1　我国信息资源开放与开发的现状和发展趋势分析

信息权利全面保护视窗中的信息法律与政策设计必须积极回应当前我国信息资源开放与开发中已经出现的一系列实践问题，也要能够指导我国信息资源开放与开发的发展取向。因此，研究分析我国信息资源开放与开发的现状和发展趋势就成为信息法律与政策设计的首要一环。

3.1.1 我国信息资源开放与开发的一般趋势分析

3.1.1.1 由有限开放历史档案向全面开放馆藏档案转变

我国信息资源开放始于党的十一届三中全会以后，首先以历史档案的开放为突破口。在史学研究、平反冤假错案、撰写回忆录等利用档案的迫切需求下，1980 年 5 月 19 日中共中央作出开放历史档案的决定。随着全国档案开放工作的蓬勃开展，1983 年国家档案局发布了《档案馆工作通则》，确立了档案馆是科学研究和各方面利用档案史料的中心、是科学文化事业性机构的地位，档案开放的广度和深度都得到了很大发展。随着档案开放活动的持续和公民利用需求的扩大，档案业务部门和有关主管机关也逐步认识到，档案资源不仅应当服务于学术研究、机关工作和管理事务，而且要服务于全社会，特别是服务于非公务利用的普通公民。在这一档案利用方针的指导下，面向各项管理事业的公务档案开放和面向公民的非公务档案开放都得到了重视。例如，外交部档案馆先后 3 次向社会开放了 1949～1955 年、1956～1960 年和 1961～1965 年形成的外交档案，在国内外反响强烈。部分综合性档案馆的绝大多数馆藏档案得到了开放。例如，北京档案馆档案开放程度已经达到了 60%，除涉及个人隐私的档案，"文革"前的档案已经基本解密，一些没有到开放期限的档案如房产、婚姻、财产、学历、工龄、工作、公证档案，公民都可以查阅（罗雪挥和孙冉，2004）。

为适应这种多层次、多目的、多内容的档案利用需求，在加强现存信息资源开放的同时，不少地方也在档案收集与管理利用体制上进行了一些新探索。这其中尤为引人注目的就是在安徽省出现的"和县模式"，这种模式目前已在安徽全省得到了推广。安徽省各级综合档案馆针对档案利用率逐年升高的新形势，打破档案法规的限制，积极拓宽收集范围，接收了大批土地档案、房产档案、婚姻档案和公证档案等，开展档案信息资源集成管理的新尝试，从而进一步丰富了信息资源，优化了馆藏结构，也更加有力地推进了档案开放与档案服务工作。据统计，在实现档案信息资源集成管理和服务后，仅和县档案馆的档案利用人次就比信息资源集成管理与服务前增长了 20 倍左右（郑金月，2005；高畅，2008）。但是，也应看到，从信息资源开放与开发以及有关主体信息权利全面保护的目标要求看，这种信息资源集成管理模式还有改进空间。信息资源集成管理不能仅是将信息资源集中统一到一个地方进行实体管理，更不是档案的简单搬迁，集成的重点应该是对档案内容信息进行二次整理、加工和开发，通过深入挖掘档案信息内容，实现档案内容的关联集成，从而在最大限度地发挥信息资源价值的基础上，促进各类主体信息权利的实现。实现信息权利的全面保护是开展档案信息资源集成管理的基本目标。

3.1.1.2　由档案开放向现行文件开放和政府信息公开转变

进入 21 世纪，为了全面履行世界贸易组织（简称 WTO）的基本原则，推进我国政治文明建设的基本进程，体现"以人为本"的科学发展要求，迫切需要进一步增加政治生活的透明度，有效地维护公民以及社会组织的合法权益。在此背景下，以档案开放为基础，档案部门逐步尝试现行文件和政府信息的开放活动。全国各级综合档案馆普遍设立了现行文件开放或利用中心，《政府信息公开条例》也明确提出综合档案馆应成为政府信息公共查阅点。这表明，综合档案馆涉足的开放客体对象已由档案扩展为现行文件和政府信息。这其中，最值得关注的是，即使是处于决策过程中的政府动态信息也可逐步开放，这一点在《高等学校信息公开实施办法》中首次得到了明确。该办法第二十条规定：对事关师生员工切身利益的重大事项，高校应当实行决策前信息公开和实施过程的动态信息公开。决策内容需征求师生员工意见的，征求意见的期限不得少于 5 个工作日，并确保其公开的有关信息在整个征求意见的期限之内均处于公开状态。这条规定的意义就在于，如果有关信息尚未以文件或档案形式存在，只要事关师生员工切身利益则不论其是以何种形式存在都应公开。虽然由综合档案馆来实施现行文件和政府信息公开在运作机制上仍有待探索，但综合档案馆在开放对象上的逐步扩展已经成为一个趋势。

3.1.1.3　信息开放由随意性（权力型）向制度性（权利型）方向转变

从一定程度上看，起步阶段的档案开放带有一定随意性。而在《档案法》颁布生效后这种情形就发生了根本变化。1987 年颁布的《中华人民共和国档案法》是我国国家最高权力机关颁布的关于档案事业的第一部法律，它使档案开放由行政指令转变为法律行为，同时它也增强了档案开放的规范性和透明度。而《档案法实施办法》、《各级国家档案馆开放档案办法》（1991 年）、《各级国家档案馆馆藏档案解密和划分控制使用范围的暂行规定》（1991 年）、《中华人民共和国政府信息公开条例》（2007 年）等关于档案开放和政府信息公开法规、规定等的相继出台，则进一步完善和丰富了档案开放思想的内涵，为档案开放利用提供了法律保障。伴随着《政府信息公开条例》的颁布和实施，在公开实践中无规可循也没有统一章法的政务公开、村务公开、警务公开、厂务公开等，也逐步走上了制度化轨道。在上述法律、法规和规定中，对我国包括档案信息在内的信息开放工作中涉及的由谁开放、向谁开放、开放什么、何时开放等问题都进行了规定。虽然有关法律、法规和规定一般都以国家档案馆、政府机关等作为信息开放的实施主体来进行设计，而且内容设计也表现出一定的局限性，但信息法律与政策在信息开放范围、内容等方面的规定还是推动我国信息资源开放与开发向规范性方向迈出了关键一步。

3.1.1.4　信息开放由单一形式向多样性形式转变

信息开放形式由单一被动开放服务转变为多样主动开放服务。例如，近年来我国各级综合档案馆，逐步改变单纯"等客上门"或"提供原件"等被动服务方式，在坚持做好来馆查阅接待工作的同时，主动围绕党和政府中心工作和各种民生需求，有计划地开发档案信息资源，通过公布专题目录、开办档案展览、出版史料汇编、编写信息摘报等形式，为改革开放、经济发展和社会稳定服务（戴志强，2008）。另外，我国信息开放正逐步改变传统手工提供利用方式，实现传统与现代服务方式的并存。过去政府机关主要是通过报纸、刊物、公报、电视、电台等形式公布和开放相关信息。如今，随着以计算机和通信技术为代表的现代信息技术的快速发展和广泛应用，政府网站纷纷建立起来，通过政府网站向社会开放政府信息公开目录、政府信息全文正成为信息开放的主要形式，同时设置多功能触摸屏、任命新闻发言人等也在信息开放服务中得到了广泛运用。零距离、全天候、人本化的信息开放服务正逐步成为现实。

3.1.2　信息资源开放与开发中存在的问题

3.1.2.1　档案开放仍是单点局部开放，多点全面开放局面尚未形成

目前我国档案开放仍是综合档案馆的单点开放，尚未形成档案馆、档案室和其他主体并存的多点全面开放局面。从理论上看，档案开放的主体可以是国家档案馆、博物馆、档案形成者或其他有关主体。但从我国档案开放的历史和档案法律法规对档案开放的规定来看，目前档案开放主要限于国家综合档案馆（单点）开放其保存的档案（局部）。机关、团体、企事业单位和其他组织的内部档案机构所保存的尚未向档案馆移交的档案不在档案开放范围之列。这就意味着，有关主体若需利用其他机关、团体、企事业单位等形成和保存的档案须经档案保存单位同意。在 2001 年，就有学者提出要关注机关档案室扩大提供利用服务范围的

问题，并且认为应该"从关注档案馆的开放档案到同时关注机关档案室的扩大利用服务范围"（姜之茂，2002）。但从实际进展上看，上述多点全面开放档案的局面始终没有出现。即使是政府信息公开的义务主体，其内部机关档案室也尚未承担档案开放与政府信息公开的义务。因此，以政府信息公开为契机，大力推进政府机关内部档案室参与机关档案和政府信息的开放就成为完善信息资源开放格局的中心环节之一。

3.1.2.2 信息开放的广度和深度十分有限，信息开放的社会效果有待进一步提高

以档案信息开放为例，根据对有关档案馆的调查，随着档案馆藏数量的逐年增加，开放档案占馆藏档案的比例却越来越低（马素萍，2004）。2002 年，全国开放档案占馆藏档案比例约为 24%。截至 2008 年年底，全国共有档案馆 3987 个，已开放各类档案 7267 万卷（件），与馆藏档案总数（约 32 920 卷件）比，开放档案只占了其中约 22%。[1] 同时，档案开放在全国有着极大的不平衡性，北京市档案馆已开放档案已占馆藏总量的 55%（姜之茂，2005）。有文献认为，欧美多数国家档案开放率已达到或超过 60%，号称"世界上最开放"的美国档案馆，更有 90% 以上的档案对公民全方位开放。所以，从这一横向比较来看，我国档案开放力度仍然不大，保密过宽现象仍然存在（蔡艳红，2005）。根据有关介绍，在里根图书馆保存的全部档案资料中，目前只有不到 10% 的档案经整理后可向公众开放，其他的大部分还没有经过整理，不具备开放的条件（陶永祥，2005）。因此，笔者认为，对档案开放的研究，不仅要看总体的开放比例，还要看档案开放后被实际利用的效果。

人们常见这样的情况：每当档案馆有一批档案被宣布开放，除媒体热心报道一番外，并不见利用者表现出太多的"激动"和回应。我国档案开放比例虽然处于下降之中，但更重要的是要研究开放的档案中又有多少是社会需要利用的？有媒体批评档案馆"馆藏丰富，乏人问津"，这种批评值得档案界对档案管理活动的基本目标（从馆藏建设到档案开放开发全过程）进行全面反思。从档案开放范围上看，我国建国前的档案大都已经开放（少数保密性质档案除外）；建国后档案的开放虽然也在大力推进，但因其内容的敏感性和复杂性，档案开放幅度仍然比较有限。虽然近年来与公民日常生活关系紧密的民生档案（如房地产档案、信用档案、婚姻档案、社保档案等）正逐步向当事人本人开放，但其开放

---

① 根据中华人民共和国 2008 年国民经济和社会发展统计公报和国家档案局有关统计数据计算而来。

力度仍有待加强。由于民生档案（档案界有专家对这一概念提出了质疑，笔者暂时采用这一提法）与有关用户的切身利益紧密相关，因此，这种基于公民切身利益（政治利益、经济利益、文化利益或精神利益）的民生档案开放在实际效果上就特别明显。在安徽省档案管理实践中出现的"和县模式"，其影响力之所以较大，重要原因之一就是综合档案馆在对有关民生档案进行集成管理基础上实现了档案开放利用水平与效率的快速增长。从实践经验看，大力加强民生信息资源建设和开发利用就成为改善档案管理部门社会形象和服务效果的一条捷径，并且这也符合科学发展观所强调的"以人为本"的基本要求。

3.1.2.3　信息资源开发工作仍停留在观念与理论研究层面，信息资源开发工作缺乏有效的推进机制

在档案开放基础上进行信息资源开发是我国档案事业发展规划中提出的重要目标。虽然国家档案局也出台了《关于加强档案信息资源开发利用工作的意见》（档发〔2005〕1号），提出了若干推进档案信息资源开发利用工作的政策举措，并举办了一些有影响、高质量的档案展览，但从总体上看，有影响、高品位的档案文化产品还十分少见，各级档案馆通过信息资源开发为有关部门决策提供信息保障和支持服务的能力与水平并没有得到明显加强。特别是各级机关、团体、企事业单位档案室的信息资源开发利用工作仍处于低端水平，充分利用社会力量和市场手段对档案信息内容进行深度加工和开发，促进档案信息服务社会化的设想并没有取得明显进展。与此相比，图书馆部门则在信息资源深度开发服务上取得了明显进展。据报道①，自1998年至今，国家图书馆为国家立法与决策提供各种文献信息咨询服务累计达6000余件，开创了全新的立法与决策服务模式，推出了"国家图书馆立法决策服务平台"，为中央和国家领导机关提供信息服务的专业能力和水平得到较大提升。2008年，优质、高效地完成了立法决策咨询9224件，是自1998年以来立法决策咨询服务量的最高点。其中仅《汶川地震灾后重建信息专报》就以每周2～3期的频率，直接发送到154位中央、国务院领导以及参与灾后重建的各部委领导案头，共报送了60期。这些专报在抗震救灾的一些重大决策中成为重要的参考资料，发挥了国家图书馆的咨询和咨政作用。与国家图书馆的信息开发服务创新相比较，档案部门需要付出更多努力。在档案信息资源开发工作的实际推进中，基于不同选题和档案内容，档案开发人员可通

---

① 国家图书馆荣获"全国文明单位"，http://q.blog.sina.com.cn/library/blogfile/4b04e3970100d408&dpc=1。

过不同层次、不同方法的加工，运用自己的智慧和知识，赋予档案记录以崭新的面貌。例如，可以改变档案信息的体裁和叙事方式，对平铺直叙的档案记录采取故事化的叙述等方式使其通俗易懂；转变档案信息符号形式，将文字转变为声音和图像等更为直观的形式等。在这种开发服务产品创新上，国家档案局、中央档案馆已经有了一个良好的开端。为庆祝国庆 60 年而推出的视频影片《共和国脚步——1950 年档案》就是信息资源开发服务创新的代表性作品之一。它不仅改变了传统静态档案展览在时间、空间上的局限性，而且也显著提升了档案展览的实际效果。此外，如果档案机构都能够围绕社会热点与中心问题，利用档案这种"原生态"信息的优势，与各级图书馆和研究机构等结成广泛的信息资源开发联盟，并尝试探索运用 OA（开放存取）运动的理念来组织数字档案信息资源开发利用活动（李扬新，2008），那么，档案信息资源开发服务工作一定会实现跨越式发展。

3.1.2.4　信息开放利用主体虽然得到了广泛扩大，但其信息利用权利并未得到法律确认，对各类主体信息权利的全面保护尚未成为一种自觉行为

从信息开放利用主体的发展演变看，我国信息利用主体经历了一个从"国家主体"、"机关主体"扩展到"社会各方面主体"的过程，信息利用目的也从便于"公务活动"扩展到方便"私人活动"。这一点在我国档案工作基本原则的表述变化中已经反映出来，这种演变一定程度上也反映出了我国信息开放利用工作逐步深入和扩大的基本脉络。但在这一基本脉络中没有发生根本性变化的就是有关法律法规始终没有明确认定有关主体的"信息利用权利"。有专家认为，1987 年颁布的《档案法》对我国有关主体的信息利用权利进行了法律确认，信息利用权利已经是一项法定权利（张世林，2007）。但是，从《档案法》及其实施办法中不仅看不到有关信息利用权利的明确表述，而且从相关规定中也无法自然推导出信息利用权利就是一种法律权利。《档案法》第十九条、二十条在规定档案利用行为时均表述为：有关组织或公民"可以利用"已经开放的档案或未开放的档案（对后者又作了特别限制性规定）。从《档案法》及其实施办法的文本解读上看，它们在涉及公民或组织对开放档案的利用行为时，似乎都有意或无意省略了"权利"一词，而且通篇法律文本也未设计对公民信息利用权利进行保障或救济的任何措施。因此，笔者认为，至今为止我国有关法律法规对信息利用权利并未进行确认，信息利用权利尚未成为一种法律权利，它仍然只是一种应有或事实上的权利。对此，笔者将在后文中再作深入分析。此外，由于在信息开放利用中不仅涉及公民知情权、信息利用权利，而且涉及有关主体的隐私权、知

识产权等，因此，进行不同类型信息权利的平衡与全面保护就是信息开放利用中的基本问题。从实践看，在信息开放利用中已经出现了不少的争议及诉讼事件，这就提醒有关信息管理部门应慎重对待不同主体的信息权利平衡与保护问题，并以权利协调与平衡的思维指导开放利用策略的制定。

3.1.2.5　信息资源开放与开发服务仍停留在传统服务层面上，远没有实现为用户提供知识服务的目标

在信息管理工作中，作为信息管理者之一的档案人员始终忠实地保管着档案，被动地为用户提供档案原件或根据规定有限完成档案的主动开放，在信息资源开放与开发过程中档案人员只作出了极少的贡献。针对这一现状，以特里·库克（Terry Cook）为首的档案学者们呼吁，档案人员应该"停止扮演保管员的角色，而成为概念、知识的提供者"，实现从传统档案服务到知识服务的过渡（库克，1997）。要实现为用户提供知识服务的目标，迫切需要对当前信息资源开放与开发服务的一系列行为进行系统思考和改变。有文章提出（徐拥军和陈玉萍，2009），在实现知识服务的目标中，档案机构要实现以下转变，即服务理念从以档案机构为中心转变为以用户为中心；服务目的从为用户提供档案转变为用户提供知识；服务主体从由单个员工提供服务转变为由专家团队提供服务；资源基础从基于分散的信息资源转变为基于集成的知识资源；服务手段从机械化服务转变为智能化服务；服务策略由标准化服务转变为个性化服务；服务过程从阶段性服务转变为全过程服务；服务时效从滞后服务转变为超前服务。应该说这种概括基本体现出了对档案专业人员服务水准的要求，也开始涉及信息职业（含档案职业）理念、职业专长和职业精神等这些历来被我们忽视的"信息职业"问题。

也正是由于档案开放和政务信息公开步伐的逐步加快，人们也开始注意到了信息资源和档案机构在服务社会、服务民生以及公民信息权利维护中所应发挥的作用，这就使我们可以更从容和更深入地思考信息职业的理念与使命、信息职业的专长与精神等。如何根据信息职业的上述问题来构建信息资源管理学科理论体系也就成为我们必须面对的问题。对于未来可能从事信息职业的学生群体来说，他们需要学习的就是与信息职业有关的知识，如与信息职业目标、使命、理念、精神和专长等有关的知识。在信息资源开放与开发过程中，从传统服务到知识服务的过渡其意义远不仅仅是一种服务方式的变化，它实质上是与社会权利意识和权利需求发展相呼应的过程。从信息资源开放与开发服务中可以自然地派生出信息公平与自由获取的问题。信息公平与自由获取这一问题与具体的信息管理或服务相关联，但它与档案馆、图书馆等公共信息管理机构的社会职能关系更大。信

息公平不仅仅是一种社会理想，更是一种具有人文理想的制度设计（范并思，2007）。现代信息管理体系就是这种制度设计中一个不可缺少的重要部分。

3.1.2.6 综合档案馆、公共图书馆等作为政府信息公共查阅点的地位并未得到有效落实，它在政府信息公开进程中的功能、定位和运作机制等仍须进一步探讨

虽然《政府信息公开条例》规定，各级人民政府应当在国家综合档案馆、公共图书馆设置政府信息查阅场所，并配备相应的设施、设备，为公民、法人或者其他组织获取政府信息提供便利。但事实上对此政策设计有不少专家存有疑问，主要表现为以下三种：第一种观点认为，综合档案馆、公共图书馆等因其在业务上与政府信息和文件管理工作的天然联系，由其向公民提供政府信息就是其已有服务的延伸，也是综合档案馆、公共图书馆内在职能拓展的内在需要之一。第二种观点认为，随着网络基础设施的建设，公民获取政府信息的物理障碍已经消失。在这种情况下，综合档案馆、公共图书馆应该提供更有价值的政府信息服务，如对信息进行评价或提供增值类政府信息等。从这一视角出发，综合档案馆、公共图书馆应该承担不同于传统意义上的信息提供义务。第三种观点认为，设置政府信息查阅场所是政府的责任，配备相应的设施、设备，为公民、法人或者其他组织获取政府信息提供便利同样是政府的责任。综合档案馆与公共图书馆等虽在积极地为公民、法人或者其他组织获取政府信息提供便利，但行政机关基本没有及时向公共图书馆或综合档案馆提供主动公开的政府信息，因此政府信息公共查阅点目前基本上没有什么实质性服务内容。

上述三种观点一定程度上反映出了当前我国综合档案馆、公共图书馆等政府信息公共查阅点的建设与运作现状。无论是在认识上、功能定位上还是在运作机制上，综合档案馆与公共图书馆参与政府信息公开均有待进一步落实。相比较而言，综合档案馆在业务工作上与政府信息形成、处理工作具有更密切的联系，而在亲民性、开放性等方面则明显逊色于公共图书馆。从它们具体参与政府信息公开的进程、机制和效果看，公共图书馆事实上已经比综合档案馆走得更远。据报道，由国家图书馆建立的国内首个政府公开信息整合服务门户——中国政府信息整合服务平台（http：//govinfo. nlc. gov. cn）已经正式开通①。中国政府信息整合服务平台主要以各级政府网站上的公开信息为整合对象，以用户需求为导向，

---

① 国家图书馆建立我国首个"政府信息整合服务平台"，http：//news. xinhuanet. com/newscenter/2009-05/01/content_ 11291750. htm。

通过自动化采集和组织，将各级政府公开信息进行整合，建立多种专题数据库，利用统一的元数据标准，对政府信息资源的内容、外部特征及其关联关系进行充分组织、挖掘和揭示。并将互联网上的不同来源、格式和版本的政府信息资源与国图馆藏文献资源进行有序整合，构建一个方便、快捷的政府公开信息整合服务门户。目前，该平台已完成中央政府及其组成机构、各省及省会城市上百家人民政府网站上政府公开信息的采集与整合。该平台用户在一个窗口、一个检索界面就可以一站式地发现并获取到分布在全国各地政府网站上的政府公开信息资源，并可以快速访问到各个政府站点。中国政府信息整合服务平台的开通不仅使国家图书馆承担起政府信息公开条例赋予的职责，为公民提供政府公开信息的检索与服务，而且开了我国公共图书馆对政府信息资源整合与利用的先河。这种信息开发服务机制值得档案机构借鉴。

综合上文关于信息资源开放与开发现状的分析和判断，可以认为，我国信息资源开放与开发的推进是建立在一定法律与政策保障基础上的（法律与政策的正向效应），同时，开放与开发实践的有限推进也进一步凸显了法律与政策保障的不足（法律与政策效应存在偏差或负效应），并对法律与政策的发展和创新提出了需求。针对信息资源开放与开发实践现状，结合前文设计和论证的信息权利体系和立法价值导向，对我国现有信息资源开放与开发的法律或政策进行完善就成为一条可行的途径。

3.2　信息资源开放与开发法律与政策框架：梳理、述评与设计

我国信息资源开放政策和方针的设计始终是以"档案"这种客体对象为中心，它发端于 1980 年国家档案局发布的《关于开放历史档案的几点意见》，1987 年《档案法》的颁布则将档案开放以法律的形式确定下来，1996 年修订后的《档案法》对档案开放和利用又作了新的规定。至此，我国基本形成了以《档案法》及《档案法实施办法》为准绳，以《各级国家档案馆开放档案办法》、《各级国家档案馆馆藏档案解密和划分控制使用范围的暂行规定》、《机关档案工作条例》、《外国组织和个人利用我国档案试行办法》等政策法规配套的档案信息资源开放与开发制度体系。在信息资源开放法律与政策的制定中，虽然近几年我国也逐步突破了"档案"这一客体对象的局限，向政府信息和其他专门信息迈出了一大步，但由于针对政府信息或专门信息开放利用的制度设计在法律效力明显低于《档案法》、《保密法》等，这就导致政府信息公开等法律制度

事实上已经被放在一个虚设的位置上。因此，在此我们对信息资源开放与开发法律与政策的研究仍然以档案法律与政策为中心。

20多年以来，全国范围内的档案开放工作逐步展开，档案开放范围逐步扩大。随着我国政治和经济体制改革的逐步推进，人们的信息意识和法律意识逐步强化，我国信息资源开放与开发工作也面临一系列的问题。如何适应社会发展实际调整和完善我国档案法律政策体系就成为一个重要课题。基于档案开放现状和趋势的分析，笔者认为，平衡和协调档案法律政策内部，以及档案法律政策与其他信息法律法规之间的矛盾和冲突，这有利于放大档案开放与开发法律政策的正向效应，进一步降低其存在的某些偏差效应或负效应。在此，我们在对具体档案法律条文冲突进行梳理和评述的基础上，就信息资源开放与开发政策体系的建设框架与思路进行设计。

3.2.1 档案法律内部、档案法律与相关信息法律法规之间的冲突表现及评述

档案法律内部、档案法律与相关信息法律法规之间的冲突集中表现在信息资源开放与开发的立法出发点、开放主体、开放客体、开放时间和开放程序等五个方面。

3.2.1.1 立法出发点冲突

立法出发点体现的是一部法律制定的基本指导思想和理念，不同的立法出发点决定了法律具体指向目标的差异性。我国档案法律与《政府信息公开条例》等在立法出发点上就具有较大差异。

我国政府信息公开遵循着"公开为原则，不公开为例外"的基本原则，对政府信息实行最大限度的开放。而从档案法律中对档案开放主体、档案开放客体、档案开放时限和开放程序等的限制性规定看，我国档案法律是以安全保管档案而非以档案资源开放与开发为出发点。此外，《政府信息公开条例》明确指出其立法出发点是为了保障公民、法人和其他组织依法获取政府信息，提高政府工作的透明度，促进依法行政，充分发挥政府信息对人民群众生产、生活和经济社会活动的服务作用。在这一规定中对公民利用政府信息的目的没有特别限制。而《档案法》中则规定：机关、团体、企业事业单位和其他组织以及公民根据经济建设、国防建设、教学科研和其他各项工作的需要，可以按照有关规定对档案进行利用。在这条规定中明确了只有"因工作需要"才是合法利用，这对利用者

利用档案的目的进行了一定限制。《档案法》限制公民利用档案，《政府信息公开条例》保障公民利用政府信息（相当部分的档案属于政府信息），两者在立法意图上显然形成了一定的冲突。

3.2.1.2　开放与开发主体的冲突

信息资源开放与开发的主体主要包括实施主体和利用主体。在对档案开放与开发主体和档案利用主体的范围、权利、相关职责等的具体规定中，档案法律与《政府信息公开条例》、《消费者权益保护法》、《物权法》、《证券法》、《电子签名法》、《邮政法》等法律法规存在冲突。

（1）档案法律和《政府信息公开条例》之间在主体设计中的冲突

就信息利用主体的范围而言，《政府信息公开条例》规定政府信息利用主体是有权请求政府公开信息的自然人、法人或者其他组织，并未对利用政府信息的主体进行限制性规定。而《档案法》第二十条则把档案使用者的范围限定在中华人民共和国公民和组织，并没有将外国公民和组织纳入使用者范围之内。《档案法实施办法》第二十二条规定"外国人或者外国组织利用中国已开放的档案，须经中国有关主管部门介绍以及保存该档案的档案馆同意。"并且，我国在出台的《外国组织和个人利用我国档案试行办法》中，对外国利用者的身份、利用手续、利用目的等都作了严格规定。这显然与 WTO 的相关规则不符合，也与《政府信息公开条例》设计的利用主体范围相矛盾。

就档案开放与开发实施主体的范围而言，《政府信息公开条例》第十七条规定"行政机关制作的政府信息，由制作该政府信息的行政机关负责公开；行政机关从公民、法人或者其他组织获取的政府信息，由保存该政府信息的行政机关负责公开。"《档案法》第二十二条把属于国家所有档案的公布主体限定在"国家授权的档案馆和有关机关"，而有关规定或解释中又没有对这个授权可以公布档案的"有关机关"进行明确说明。

就档案开放与开发实施主体的职能而言，《政府信息公开条例》第十六条规定：国家档案馆属于政府信息查阅场所，行政机关应当及时向国家档案馆提供主动公开的政府信息；《政府信息公开条例》第四条规定：政府信息公开工作机构有维护和更新本行政机关公开的政府信息、组织编制本行政机关的政府信息公开指南、政府信息公开目录和政府信息公开工作年度报告等职责。而《档案法》则更多强调的是档案收集、整理和保管等工作，它并不包括对现行政府文件信息的开放服务。《档案法》第十九条虽然规定"档案馆应当定期公布开放档案的目录"，但这种职责描述并不完整，"定期"也没有体现出档案开放目录公布的及时性。在国家档案馆由传统档案保管利用机构向政府信息集中查阅场所转变的过程中，对《档案法》进行修订并在其中增加国家档案馆政府信息查阅职能的规定势在必行。

就档案开放与开发实施主体的责任而言，《政府信息公开条例》第三十五条规定：不依法履行政府信息公开义务的，由监察机关、上一级行政机关责令改正；情节严重的，对行政机关直接负责的主管人员和其他直接责任人依法给予处分；构成犯罪的，依法追究刑事责任。《档案法实施办法》第二十七条规定：不按照国家规定开放档案的行为，由县级以上人民政府档案行政管理部门责令限期改正；情节严重的，对直接负责的主管人员或者其他直接责任人员依法给予行政处分。根据上述规定，在面对同一个违法违规事件时，就会因适用法律法规的不同而导致法律责任的差异。而且，"不按规定开放档案"不等于"不履行开放档案义务"，档案法律法规在赋予实施主体权利的同时，并没有规定其相应的义务。

（2）档案法律和《消费者权益保护法》的冲突

《消费者权益保护法》第八条规定：消费者享有知悉其购买、使用的商品或者接受的服务的真实情况的权利。这一规定确立了消费者享有获取有关消费信息的权利。为了保障消费者的信息权利，《消费者权益保护法》第十三条同时规定了消费者具有知识获取权。第十五条规定：消费者享有对商品和服务以及保护消费者权益工作进行监督的权利。消费者有权检举、控告侵害消费者权益的行为和国家机关及其工作人员在保护消费者权益工作中的违法失职行为，有权对保护消费者权益工作提出批评、建议。事实上，利用者对档案的利用也是一种消费过程，档案用户也应受到《消费者权益保护法》的保护，但我国档案法律法规中并没有明确提出档案用户的信息获取权及其对档案服务的监督权利。

（3）档案法律与《物权法》的冲突

《物权法》第二、第四条规定：权利人依法对特定的物享有直接支配和排他的权利，包括所有权、用益物权和担保物权。所有权人对自己的不动产或者动产，依法享有占有、使用、收益和处分的权利。而《档案法》第十六条规定：对于保管条件恶劣或者其他原因被认为可能导致档案严重损毁和不安全的，国家档案行政管理部门有权采取代为保管等确保档案完整和安全的措施；必要时，可以收购或者征购。《档案法》赋予国家档案行政管理部门有侵犯权利人物权的规定，显然是不合适的。

（4）档案法律与《保密法》的冲突

《保密法》第十七条规定：属于国家秘密的文件、资料和其他物品的制作、收发、传递、使用、复制、摘抄、保存和销毁，由国家保密工作部门制定保密办法。《档案法》第十九条规定：少于30年以及多于30年向社会开放的档案的具体开放期限由国家档案行政管理部门制订。在处理上述属于国家秘密范畴内的档案的传递、使用、保存等问题时，就出现了国家档案行政管理部门和国家保密工作部门都有涉足的情况。到底是由国家档案行政管理部门还是国家保密工作部门制定和实施有关规定就尚待明确。

（5）档案法律与《邮政法》的冲突

《邮政法》第二十条规定：用户交寄邮件，必须遵守国务院有关主管部门关于禁止寄递物品、限量寄递物品的规定。《保密法》第二十四条也指出：不准在私人交往和通信中泄露国家秘密。《档案法》第二十五条仅仅对"携运禁止出境的档案或者其复制件出境的"的违法行为进行了责任认定，而没有涉及对非法在国内寄递档案或者其复制件等违法行为的认定和处罚措施。

3.2.1.3 开放与开发客体的冲突

信息资源开放与开发客体是指档案开放与开发的具体对象或内容。目前，档案法律就档案开放与开发客体的范围、内容等规定与《证券法》、《政府信息公开条例》和《电子签名法》的规定存在冲突，并且这已经给实际工作带来了一定影响。

（1）档案法律与《证券法》在开放客体上的冲突

《证券法》第七十条规定：依法必须披露的信息，应当在国务院证券监督管理机构指定的媒体发布，同时将其置备于公司住所、证券交易所，供社会公民查阅。上市公司依法必须披露的信息，既包括档案信息，也包括文件信息。依《证券法》的规定，不管这些证券信息是档案信息还是文件信息都应公开。这就意味着上市公司、证券交易所等在证券文件信息的现行运行阶段就向社会公开了其内容。从做法上看，这显然与档案法律的规定不相适应。从《档案法》第十九条和《档案法实施办法》第二十二条看，档案法律中规定的档案开放客体是国家档案馆保管的档案，而将尚未移交给国家档案馆的机关档案以及非档案文件排除在外。

（2）档案法律与《政府信息公开条例》在开放客体上的冲突

《政府信息公开条例》就各行政部门政府信息公开的内容范围均有明确要求，这个内容范围上的规定不仅具体而且可操作。相比较而言，档案法律法规中关于档案开放范围的规定则要笼统粗略得多。《档案法》与《档案法实施办法》在档案开放范围上的划分标准是新中国成立前档案、新中国成立后已满30年期限的经济、科学、技术、文化等类档案。在上述基础上，又规定了一个不开放的范围，即涉及国防、外交、公安、国家安全等国家重大利益的档案，以及其他虽自形成之日起已满30年但档案馆认为到期仍不宜开放的档案可以不开放。由于档案法律在开放范围的规定上划分过于笼统粗略，这就使其在实际工作中可操作性差，也会因其位阶较高和规定上的模糊性而给政府信息公开带来障碍。

（3）档案法律与《电子签名法》在法律效力规定上的冲突

2005年4月1日起施行的《电子签名法》正式确立了电子签名的法律效力，同时认可那些根据纸质档案原件扫描、转换而形成的符合法定要求的相关电子文件具有与纸质原件同等的法律效力。这部法律的颁布对推动我国电子政务和电子商务的快速发展无疑会产生积极影响。相比较而言，《档案法实施办法》对有关档案复制件法律效力的规定则明显要弱得多。《档案法实施办法》第二十一条规定：各级各类档案馆提供社会利用的档案，应当逐步实现以缩微品代替原件。档案缩微品和其他复制形式的档案载有档案收藏单位法定代表人的签名或者印章标记的，具有与档案原件同等的效力。这表明，该条款中仅承认了传统签名和印章标记的法律效力，并不认可电子文件、电子签名的法律效力。上述规定虽然与《档案法实施办法》当时的形成环境和背景有关，但它也提醒有关部门在修订《档案法》及其有关规定时应注意与其他法律法规的协调，及时将一些新的立法精神和思想体现到档案法律法规中来。

（4）档案法律自身关于档案客体界定上的模糊性

档案法律自身关于档案客体界定上所存在的问题表现在：其一，《档案法》第二条把档案描述为"对国家和社会有保存价值的各种文字、图表、声像等不同形式的历史记录。"此描述凸显了以文字、图表、声像形式存在的档案，"等不同形式的历史记录"也许是包含了电子档案，但它却忽视了电子档案管理和利用上的特殊性；其二，私人档案和公共档案相比是一种特殊的档案信息资源，很多私人档案是国家珍贵的财富。我国档案法律中并没有对私人档案管理利用进行规定。《档案法》第十六条涉及了档案所有权及其转让的问题，但是却没有明确对私人档案所有权的认定以及就私人档案所有权转让途径进行规定；其三，《档案法》的立法精神对人事档案管理的相关规定形成了间接影响。在《流动人员人事档案管理暂行规定》和《干部档案工作条例》中都明确规定"任何个人不得查阅或借用本人及其直系亲属的档案"。这表明公民对与自己密切相关的个人档案没有知情权或查阅利用权。事实上，这种规定与《档案法》的立法精神是吻合的。但是，从发挥人事档案的基本功能看，确立人事档案与本人见面制度有利于发挥人事档案对当事者本人的引导、培养等作用。要想在人事档案管理中实现人事档案与本人见面的制度，这依赖于在《档案法》中体现出更多的档案开放精神。

3.2.1.4　开放与开发的时间冲突

对信息资源开放与开发时间的规定将直接影响档案开放与开发工作的效率和效果。在开放与开发的时间规定上，档案法律主要与《政府信息公开条例》和《保密法》存在着冲突。

（1）档案法律与《政府信息公开条例》在开放时间上的冲突

《政府信息公开条例》第十八条规定：属于主动公开范围的政府信息，应当自该政府信息形成或者变更之日起20个工作日内予以公开。而《档案法》第十九条规定：国家档案馆保管的档案，一般应当自形成之日起满30年向社会开放。经济、科学、技术、文化等档案向社会开放的期限，可以少于30年。档案类的政府信息一旦被国家档案馆所保管，就要受到30年的"囚禁"。不难看出，《档案法》的时限规定限制了档案类政府信息的及时开放。同时，《档案法》对档案开放期限的规定弹性较大，也不具有可操作性。

（2）档案法律与《保密法》在开放时间上的冲突

《保密法》和《国家秘密保密期限规定》对国家秘密的范围和密级进行了规定，并提出国家秘密事项的保密期限届满的应当自行解密。法律同时还规定：国家秘密的保密期限，除有特殊规定外，绝密级事项不超过30年，机密级事项不超过20年，秘密级事项不超过10年。在处理档案开放与保密的关系时，《档案法》第十四条规定：保密档案的管理和利用，密级的变更和解密，必须按照国家有关保密法律和行政法规的规定办理。同时,《档案法》又规定了档案自形成之日起满30年后向社会开放的时限,30年的时限是国家秘密保护的最长时限。事实上,在信息资源家族中,只有一小部分才属于国家绝密档案,即使其不属于国家秘密,根据《档案法》的规定也被设置了一个30年的封闭期。从这一点看,《档案法》在处理档案开放与保密关系时有过度保护的思维。

3.2.1.5　开放与开发的程序冲突

信息资源开放与开发的程序是指开展此项工作的步骤、形式与方法等。关于信息资源开放与开发程序的设定,档案法律与《统计法》、《政府信息公开条例》、《保密法》、《著作权法》、《互联网信息服务管理办法》、《信息网络传播权保护条例》等存在冲突。

(1) 档案法律与《统计法》在开放程序上的冲突

《统计法》第十四条规定:各地方、各部门、各单位公布统计资料,必须经本法第十三条规定的统计机构或者统计负责人核定,并依照国家规定的程序报请审批。依据《档案法》对档案的定义来判断,统计资料属于档案的范畴。《统计法》对统计资料的公布提出了核定和审批的要求,但《档案法》并没有就统计类档案的公布提出专门的程序规定。

(2) 档案法律与《政府信息公开条例》在开放程序上的冲突

《条例》中规定的政府信息公开方式是主动公开和依申请被动公开两种,并分别对其具体程序、主动与被动公开中有关各方的权利与义务、公开过程中的救济方法等都作出了明确规定,而在我国档案法律法规中则没有规定公民申请开放的程序以及权益受损时的救济方法。

(3) 档案法律与《保密法》在开放程序上的冲突

《保密法》在第十四、第十五、第十六条规定的处理保密问题的三个必要环节是确定密级、变更密级和解密。《档案法》第十四条虽然涉及对保密档案密级的变更和解密,但并没有涉及确定密级的环节,使得变更密级和解密缺少了必要的依据。而且,《档案法》对于有密级档案的开放利用问题没有做具体详细的规定,对于这部分档案的解密前提、解密审核机关,解密后需履行的相关告知义务等也都没有作出相关规定。

（4）档案法律与《著作权法》在开放程序上的冲突

《著作权法》第五条规定：此法不适用于法律、法规，国家机关的决议、决定、命令和其他具有立法、行政、司法性质的文件，及其官方正式译文；时事新闻；历法、通用数表、通用表格和公式。这表明政府信息都属于公共信息范畴，它们不受《著作权法》保护，也可以被大众自由使用。但《各级国家档案馆开放档案办法》第十一条规定：利用者摘抄、复制的档案，如不违反国家有关规定，可以在研究著述中引用，但不得擅自以任何形式公布。《档案法实施办法》在对档案利用进行了解释说明时称：档案利用是指对档案的阅览、复制和摘录。这就将档案用户对档案的利用限制在阅览、复制和摘录三种形式上。上述条款事实上就限定了档案利用者对档案的公布，也限制了档案利用者对档案信息的再开发权利，更没有保障档案利用者的自由使用目的。

（5）档案法律与《互联网信息服务管理办法》等在开放程序上的冲突

《互联网信息服务管理办法》、《信息网络传播权保护条例》等法规对通过互联网进行信息传播与利用的行为作了具体规定。但是，现有档案法律法规对网络环境中档案合理使用的行为并未作出明确规定，这就使《档案法实施办法》第二十三条关于"公民计算机信息网络传播"的规定流于形式。在具体适用《互联网信息服务管理办法》和《信息网络传播权保护条例》等规定时，有关管理部门将面临更多的管理难题。例如，现有法律法规规定在明确数字信息"合理使用"范围时，将其限定在实体档案馆空间范围之内，这就意味着在"数字档案馆"这个无形空间范围内对数字档案信息的传播和利用就不属于合理使用。那么突破实体档案馆空间范围局限建设数字档案馆的意义又如何体现？此外，在网络环境下我国公民和组织持有合法证明利用已开放档案的规定（《档案法》第十九条）也面临着新的挑战。如何通过技术控制，对利用者进行身份认证就成为一个急需解决的管理问题。

3.2.2　信息资源开放与开发法律政策体系建设的基本思路

档案法律和信息法律法规之间出现矛盾冲突并不是偶然的，它们在立法价值导向、立法意图、调节与规范的侧重点和立法环境与背景等的不同都会导致冲突的产生。信息资源开放与开发法律政策的科学制定，不仅应在以信息权利全面保护为基点的信息法律与政策框架范围内进行，而且要同时兼顾档案管理工作的基本特点。

3.2.2.1 将所有信息权利主体纳入建设体系

信息资源开放与开发工作涉及信息形成者（或信息管理方）、信息内容针对者和信息用户三类主体。自然人、法人和国家是信息资源形成者主体，综合档案馆、文件中心（含电子文件中心）、组织内部档案机构等构成了信息管理者主体。信息内容针对主体和信息用户主体则为各类机关、团体、企事业单位、社会组织和全体公民。

在我国现有档案法律法规中，用"国家所有的档案"、"集体所有的档案"、"个人所有的档案"对信息资源形成主体进行了确定，而对档案管理者的界定虽有涉及但显然不够全面。就档案管理者而言，法律法规中并没有涉及文件中心这一主体类型。文件中心是介于机关档案室和档案馆之间的过渡性档案保管机构。文件中心虽然产生于美国，但本土化的文件中心实践在我国也已出现。自 1988 年甘肃省永靖县在全国率先成立文件中心以来，东部发达地区如北京、深圳、青岛等地开始了文件中心的试点工作，并且取得了一定的成效。此外，随着电子文件的大量出现，推行电子文件中心建设也是势在必行。这表明，在档案法律法规中对文件中心（含电子文件中心）这一管理主体的法律地位进行明确已经十分必要。对于档案内容针对主体而言，在加强对国家秘密保护、企业商业秘密保护的同时，也应将其他组织和个人在参与社会活动中所形成的有关敏感档案信息纳入保护范围。针对档案用户主体而言，顺应信息立法的国际趋势和 WTO 相关规则的要求，可以考虑对档案信息用户的国别、身份等减少限制性规定，从而最大限度地保护有关主体的知情权和档案开放的受益范围。当然，在档案法律与政策制定中，也应具体阐明三类权利主体在信息资源开放与开发中的地位、作用和职责，并明确规定与权利相对应的有关义务。

3.2.2.2 将处在不同运动阶段、不同存在形式的文件与档案信息客体纳入建设体系

一是将现行文件纳入档案法律与政策的调控体系。文件向档案的转化经历了一系列的过程，处于不同运动阶段的文件和档案也表现出不同的利用价值。长期以来，理论界一般认为，在文书处理部门、业务处理部门、机关档案室和文件中心等地点保存的现行文件和半现行文件只拥有对其形成者、收文者以及直接相关者的第一价值，几乎没有对社会公民的第二价值。但研究表明，为数不少的现行文件自形成起就同时兼具了第一价值和第二价值。伴随公民对其切身政治、经济

和文化利益的关注以及参与政治热情的高涨（政治参与的前提就是公开），公民的文件与信息利用需求逐步扩大。适应这种需求，扩大现行文件与政府信息的开放利用范围就成为一个国际性趋势。扩大开放和推动开放迫切需要制度性的保障，虽然《政府信息公开条例》等法律文本一定程度上为政府信息开放（但其限于政府信息这个对象）提供了依据，但处于现行期的文件并不属于我国现有档案法律与政策调节的客体对象。无论是从文件利用还是从文件管理过程来看，现行文件事实上均属于一个"失控"地带。只有将现行文件纳入档案法律与政策的调控体系，才能从源头上保证半现行文件和非现行文件（档案）的质量，也有利于推进信息开放范围的进一步扩大，即《政府信息公开条例》中规定的政府信息开放扩大到其他各类非政府机关的现行文件开放。

二是将档案知识资源纳入档案法律与政策建设体系。档案知识资源从狭义上是指文件与档案实体本身所记录的知识内容；从广义上来说，还包括文件在产生、办理过程中形成的有关结构信息、背景知识等描述性信息，这些信息虽然没有被直接记录在载体上，但通过开发也能使其显性化。随着档案信息化的推进和知识管理理念的不断深入，档案知识资源的开发利用和共享正逐步成为档案工作的目标之一。将档案知识资源纳入档案法律与政策建设体系有利于体现档案法律政策设计的预测性和引导性。

三是将不同形式的文件和档案信息纳入档案法律与政策建设体系。我国现有档案法律主要针对纸质档案及其管理活动进行内容设计，缺少对电子文件、电子档案及其管理活动的关注。在档案法律与政策制定中，以统筹兼顾的精神，在参考《电子签名法》、《互联网信息服务管理办法》、《信息网络传播权保护条例》和《著作权法》等法律法规基础上，将电子文件和电子档案及其管理利用纳入法律与政策调控范围是一个值得重视的问题。

3.2.2.3　将所有信息权利内容纳入建设体系

对信息资源形成方来说，在档案立法中应该按照民法通则、物权法等的相关规定，明确不同来源档案信息的所有权问题，同时就所有权转让的途径和具体问题作具体规定。对档案信息管理方来说，在现有法律赋予其权利的基础上，还应根据社会发展需要开展对档案信息开发权、加工处理权、信息服务权、网络信息存档权、档案开发产品知识产权等权利的研究和确认。

对信息内容针对方来说，应根据国家有关信息安全保护的规定，在信息法律与政策中设立保护不同主体，即各类社会活动主体，信息实体安全和信息内容安全的专门条款，从而为信息资源开放与开发创造条件。这其中，尤为重要和紧迫的是加强对个人敏感信息的安全保护。

对信息用户来说，信息法律要明确保护用户的信息知情权与获取权，并赋予用户在法定范围内对自己的个人档案信息行使修改权、决定权等。在信息利用目的或利用方式上，可以明确利用目的不受限制，并赋予信息用户对已公开文件和档案的二次开发权利等，从而推进信息资源开放与开发向广度和深度进军。

当然，在赋予各类信息主体权利的同时，也应该明确各类主体应尽的义务和职责。对档案信息管理方来说，应该明确其在管理环节中应尽的责任，在确保各方合法利益的前提下履行及时开放的义务。信息用户应该维护档案信息的完整与安全，在公布、利用档案信息过程中不损害国家、集体和个人的利益，并遵守《保密法》和有关知识产权法的相关规定等。

3.3 信息立法中亟待确认的信息权利之一：
网络信息存档权

从上文的分析可以发现，虽然近年来我国信息立法取得了巨大成就，但在信息立法中并未完全体现出信息权利本位的立法思维。从当前我国信息权利立法的正当性和紧迫性看，它涉及多种信息权利内容。对综合档案馆、公共图书馆（信息管理方）和信息用户而言，又分别以网络信息存档权和信息利用权利的确认最为紧要。

3.3.1 网络信息存档的内涵

网络信息存档（web archive）常被简称为 WA，它是在 1996 年 internet archive（简称 IA）成立以后出现的一个信息资源管理研究与实践领域。目前学界一般习惯于将 WA 译成"网络信息资源保存"、"网络信息资源长期保存"等（吴振新，2009）。笔者认为，如果从字面意义上看，无论是 internet archive 还是 web archive，都强调对网络信息资源的归档或档案化管理。在英汉词典中，对"archive"的解释是：常用复数形式，是指档案馆、档案室、档案或案卷。在外文文献中，强调保存或长期保存在更多情况下是用"preservation"、"repository"等词汇。例如，英国国家图书馆等单位联合提出的"数字资源保存手册"中就将数字资源存取划分为长期保存（long-term preservation）、中期保存（medium-term preservation）和短期保存（short-term preservation）。联机计算机图书馆中心（OCLC）在定义数字资源长期保存时也多用"repository"。这表明，虽然 WA 与网络信息资源长期保存有着密切联系，但它更多强调对网络信息的归档、建档或档案化管理这一内在意蕴。虽然归档、建档或档案化管理等也强调长期保存的要求，但网络信息保存与网络信息归档（或建档、档案化管理）在含义上并不完全等同，对 WA 的释义上更不能简单化。

网络信息存档是指有关主体有选择性地对具有长远保存价值的网络信息进行捕获、归档、存储等档案化管理的过程，其基本目标是通过网络信息资源的存档，更全面真实地反映社会活动的本来面貌，并满足相关主体对网络信息的长远利用需求。基于上述界定，WA 的内涵有如下表现。

第一，网络信息存档的目标是再现社会活动的本来面貌，实现网络信息的长期保存和利用。

由于 Web 资源具有更新快、易消逝等特点，使得 Web 资源寿命短暂（有一种说法是网络信息平均寿命为 44 天），如果不及时加以保存，大量具有重要价值的学术、文化、管理信息就会丢失。例如，伴随着行政体制改革，从中央到地方均有行政机构在消失。曾经发布在这些政府机构网站上的信息，对学者们研究和了解近当代中国行政生态就是很重要的参考依据，它对全面真实地反映政府管理活动的本来面貌也具有重要意义。因此，对这些政府网站上的信息就需要进行归档和保存。此外，为数不少的学术信息、会议信息、博客信息等根本就不会以纸本信息备份留存，它们也存在彻底丢失的危险，对其进行归档保存更是刻不容缓。通过对网络信息的捕获、存储、归档等一系列档案化管理活动，这些随时可能丢失的"文化产品"、"数字遗产"必将获得新的生命并可能被后代继承，这对满足社会日益多样化的信息利用需求必将发挥重要作用。

第二，网络信息存档的行为主体具有多样性。

社会活动的各类主体，只要认为有关网络信息资源对其参与或开展社会活动具有长远参考利用价值，在条件（技术条件与法律条件）允许时都可以开展档案化管理活动。从主体类型上看，个人、组织机构或国家均可以成为 WA 的实施主体。2008 年，国际互联网联盟（IIPC）对其成员进行的问卷调查显示：该组织的成员中对网络信息捕获与归档主体中，有 50% 是国家图书馆，10% 是高校图书馆，8% 是其他类型图书馆，3% 是国家档案馆，3% 是内容提供商，26% 是研究机构、政府组织等（Grotke，2008）。这也在一定程度上反映出 WA 实施主体的多样性。这表明，网络信息的档案化管理应是一个由多主体共同参与并有明确分工的合作体系。

第三，网络信息存档行为具有高度选择性。

网络信息存档的高度选择性一般应从"相关性"和"价值性"两个基本原

则出发。从"相关性"视角看，不同的 WA 主体开展网络信息存档行为的动机一般源于其角色、职能、职责定位、兴趣或责任等。例如，企业组织主要是基于经营管理、业务拓展和竞争力提升需要，对与其高度相关的网络信息进行捕获与归档；政府机构则基于其职能与服务需求，对其他政府机构的竞争信息、国家宏观政策信息、媒体评价信息等进行捕获与归档。由于各类主体的职责与具体目标不同，因此，它们实施 WA 的具体行为也应不同。对企业或政府机构而言，它们在开展 WA 行为时均有各自的偏好结构，但其共性是突出了"为我"这个基本原则。此时，网络信息存档行为与其管理活动的相关性就会得到充分体现。不同主体基于管理活动相关性开展不同的 WA 行为，这有利于形成一个分工合作的网络信息存档与保存体系。但是，针对一些专业性信息管理与服务机构而言，它们的 WA 行为取向则可能会复杂得多。例如，国家图书馆以文化传播与服务为己任，它所涉及的信息类型更是丰富多样，在网络信息存档过程中以何种标准来界定这个"相关性"就是一个困难。再如，澳大利亚国家图书馆的网络信息资源保存项目（PANDORA 项目）在体现"相关性"时，一般将针对澳大利亚或由澳大利亚作者形成的有价值的网络信息作为选择对象。显然这个"相关性"标准十分直观，但其科学性也还有需要探讨的地方。由于"相关性"标准在掌控上十分困难，这就导致少数国家图书馆（如瑞典）在网络信息保存与存档中采取"一网打尽"的策略，这种做法更值得深思。

从"价值论"角度看，根据长远价值来选择网络信息是一个基本原则。虽然目前在网络信息保存上存在着全面收集与选择收集两种不同策略的争论（赵俊玲等，2006），但是由于网络信息是海量的和良莠混杂的，控制和保存全部网络信息既无必要，也无可能（主要是面临着技术、设备和权利上的挑战）。基于价值论视角进行网络信息存档的选择体现了长远性和超前性的管理思维。基于价值论的网络信息存档选择可以在信息范围选择、信息内容（或主题）选择等不同侧面上体现出来。信息范围的选择主要涉及学科专业范围、时间范围、站点范围和地域范围等几个不同的选择维度，针对不同类型或内容的信息在信息范围确定上应区别对待。例如，对学术信息主要可以从学科专业范围上进行选择，对政府信息则主要可以从站点或地域范围上进行选择等；信息内容（或主题）的选择则涉及人类所有的知识领域。国际互联网联盟（IIPC）2008 年对其成员馆采集策略的调查显示（Grotke，2008）：基于主题、事件的选择性采集占 52%，整个国家域采集占 21%，大规模采集占 11%，地区域名采集占 9%，其他形式的占 7%。由于价值判断离不开价值主体，因此，从有关主体立场出发（这也体现了前文中论述的"相关性"原则）进行价值选择就不容忽视。从世界范围看，基于不同主体管理活动的相关性而对网络信息进行有选择的归档和保存应是一个重要经验。中国国家图书馆在"网络信息采集与保存"试验项目（WICP 项目）实施中已经完成对"非典"（SARS）、中国载人航天工程、2008 北京奥运会的专题存档等（陈力等，2004），它实质上也就是一种基于主题事件域（针对具有社会、文化、政治意义的重大事件）进行的有选择的网络信息归档与保存。

第四，网络信息存档的行为程序具有规范性。

目前 WA 领域广泛接受并遵循 OAIS 模型（开放档案信息系统参考模型）。该模型覆盖了 WA 工作链中的所有过程，它包括摄取（ingest）、存储（storage）、访问（access）、长期保存、数据管理、系统管理、索引与检索（index & search）等功能模块（宛玲，2006）。因此，作为国际标准，OAIS 在抽象层面上定义和规范了网络信息档案化管理的功能和结构，它是形成和构建标准化的 WA 实施框架的基础。建立在 OAIS 基础上的 WA 实施框架，其在流程设计上与现行档案管理的流程结构基本吻合。

3.3.2　网络信息存档权及其正当性证明

网络信息保存与存档是指有关主体针对网络信息更新快、易消逝等特点，对其中具有长远保存价值的信息实施捕获、归档和存储等管理过程，其目标是实现网络信息的长期保存和可利用。从目前国内外开展网络信息保存与存档的实践看，它主要面临着以下问题：一是实施网络信息存档的主体多样，据调查，目前所有主体中有 50% 是国家图书馆，10% 是高校图书馆，8% 是其他类型图书馆，3% 是国家档案馆，3% 是内容提供商，26% 是研究机构、政府组织等（Grotke，2008），而且这些主体之间的分工协作并不明确，这就极大地降低了网络信息保存和管理的效率；二是在网络信息存档策略上出现了全面存档和选择存档两种不同选择，较为流行的是选择存档，而且其具体的存档客体对象较多集中在学术信息与科技信息上，相对忽视对政府或企业网页信息的存档和保存；三是在网络信息存档组织中面临着很多的知识产权问题。例如，有关主体是否有权将其捕获到的网络信息加以保存、转换格式、复制拷贝和提供检索等就是必须面对的法律问题。事实上，上述诸多实践问题最后都归结为网络信息存档权的问题，即何种主体、对何种网络信息享有何种具体信息权利的问题。因此，网络信息长期保存与存档首先就面临着一个网络信息存档权的确认问题。对网络信息实施长期保存与存档已经成为全社会的共识，有关主体在事实上也已经具备了一定的存档权利，但这种权利仍是一种应有权利，远没有成为获得法律支持的一种正当利益要求，没有成为由国家强制力和诉讼机制进行保障的法律规定，更没有转变为一种现实权利状态。本书试对网络信息存档权的内涵、正当性和保障途径等进行论述，以期对我国网络信息存档行为的法制化有所助益。

3.3.2.1 网络信息存档权的内涵

网络信息存档权是有关主体出于为国家和公民长远保护网络信息和有效开展服务的利益动机，所具有的对网络信息定期或不定期进行捕获、归档、保存等权利，它是有关主体为了履行其所承担的社会职责所必须具备的职业权利。

网络信息存档权的权利主体具有多种选择的可能性。例如，公共图书馆、综合档案馆、机关或企事业单位（实际承担者是其内部的图书与档案机构）、信息内容服务商等都可能成为网络信息存档权的权利主体。虽然有专家提出，由谁对网络信息进行存档并不重要，关键是有行动就好，但此说实在有些极端。如果在网络信息存档中不考虑存档机构本身的性质及其实施存档行为的动机、存档机构自身的生命周期、不同存档机构之间的分工合作等，则可能会导致网络信息存档行为的各自为政和权利冲突现象的频繁发生，也会影响到网络信息存档行为的安全性和整体效率。从可供选择的各类权利主体的社会职责、基本性质、服务对象、自身安全性、业务基础与设施条件等各方面比较可以看出，公共图书馆、综合档案馆应是最佳的权利主体。因此，应该由能够"维持几百年以上的专门的长期保存机构，比如图书馆、档案馆"对网络信息进行长期保存（Mannerheinl，2009）。虽然目前有一些信息运营机构（如百度）、高校或科研机构图书馆、政府组织等均已参与到网络信息存档的行列，但它们能否成为一个长远保存机构仍是一个疑问（作为企业的信息运营商有关、停、并、转的压力，政府组织也可能被重组），而且从面向的服务对象及其所承担的社会职责看，它们均有一定的局限性。网络信息存档权之所以赋予公共图书馆、综合档案馆等公共信息机构，原因就在于作为权利主体的公共信息机构不仅是一种机构性存在，而且更是一种制度性存在（蒋永福等，2005），其公益性、服务性、公平性、永久性等特性均为网络信息长期保存和合理利用奠定了基础，它们均可以成为合格的网络信息保存责任者。

网络信息存档权的义务主体是有关网络信息的生产者和发布者，它包括机关、组织、个人、社团等一切参与网络信息生产与发布的当事人。在界定这个当事人范围时，从保证网络信息存档范围全面覆盖的要求看，一般应包括"本国"范围内的所有相关主体。虽然网络信息存档权的权利主体也可通过各种渠道对域外有关适用或针对本国的网络信息进行捕获与存档，但这些域外的网络信息生产者与发布者并不能构成网络信息存档权的义务主体当事人。

网络信息存档权的客体对象应是本国所有网络信息发布者和生产者形成的所有信息对象，不论这些网络信息的内容、语种和格式等具体情况如何。例如，2009 年开通的"真实的新疆"英文版网站就应属于网络信息存档权的客体对象，它不会因其语种上的特点而免除存档。在网络信息存档权客体对象的研究中，最为复杂的就是如何对待受知识产权法保护的网络信息存档的法律问题。目前这一问题已经引起了世界各国的普遍关注（肖希明等，2008）。知识产权制度的基本目标是要维系权利人与社会公民的利益平衡，调整知识产品生产与使用过程中的各种社会关系。因此，从社会公民的长远利益目标出发，网络信息版权人不能因网络信息享有版权而提出免除其存档义务主体的责任。利益平衡、合理使用原则应是处理网络信息版权持有人与图书馆和档案馆存档权关系的基础。针对新技术环境下知识产权人权利不断扩张的趋势和网络信息存档的要求，国际社会正在研究和制定网络信息长期保存的政策框架。它们提出解决此问题的主要方法是：拓展呈缴法、修改版权法与其他相关法律（如增加合理使用的范围）、设立和利用保存许可条款或集团许可（但美国学术图书馆现有的网络信息保存与使用许可协议中 60% 没有包括存档权限）、提供保存权限元数据等。无论采取上述何种方法，其目标都是创设和保障网络信息存档权，并将包括具有知识产权性质的网络信息客体对象纳入存档权调控的范围之内。

网络信息存档权的利益目标是为国家和公民长远保护和利用网络信息提供保障。从一定意义上看，网络信息保管是为后代的保管，保管是为用户与社会利益服务（肖希明等，2008）。公共信息机构作为公共利益的代表，其行使存档权所要实现的利益不是自益性的而是他益性的。对公民和社会而言，它们可以在保存和利用网络信息的行为中实现物质或精神上的利益，这些利益是公民和社会利益体系中的重要利益内容。但是，网络信息自身的诸多特点决定了用户与社会的上述利益极易受到损害，而现有法律制度的有关规定还不足以保护此种利益（相反，数字环境下知识产权保护的拓展趋势还可能会进一步损害这种利益），这就要求通过网络信息存档权的确立来实现对有关利益的保护。

3.3.2.2　网络信息存档权的正当性证明

当然，权利和正当相关，任何权利是否具有正当性都是需要证明的，对网络信息存档权正当性的证明也属必要。网络信息存档权的正当性基础表现为以下方面。

（1）为国家积累数字文化遗产（或资产）提供保障

网络信息存档权的生成首先是为了回应现代社会的需求。网络信息已经被置于国家战略资源的高度，被誉为国家的"数字资产"，但是这些"原生数字资源"和"数字化遗产"也正面临着巨大的消失和不可获得风险（肖希明等，2008）。作为网络信息生产者和发布者，它们可以自由地在网上发布与更新信息，其本身并无信息长期保存的责任。而公共图书馆、综合档案馆等人类文化遗产保存机构在网络信息长远保存中却有着不可推卸的历史责任。但是，公共信息机构要想履行其网络信息保存责任却面临着很多法律上的障碍（如合法获得网络信息的障碍、学术资源的知识产权障碍等）。针对这一状况，联合国教育、科学及文化组织 2003 年 8 月 19 日发表的《保存数字化遗产宪章草案》第八条提出，会员国制定的国家遗产保存政策应该保证图书馆等公共文献保存机构可以在缴送法制或其他法律强制力的作用下获得数字化遗产。因此，确立网络信息存档权并以此为基础设计相关保障措施，是实现为国家积累数字文化遗产这一重要目标的必然选择。

（2）为公民信息获取权利的实现提供条件

现代的法治强调保障人权、实现人的权利追求，这在制度上赋予了法治正当性。人的信息权利作为一种基本人权，其实现也必须有一定的制度保障。公共图书馆、综合档案馆等不仅是保障公民信息获取权利的一种机构，而且它也是保障公民信息获取权利的一种制度。公共信息机构承载着保存与传播文化的社会职责，其存在的目的就是保障公民信息获取权等权利的实现。因此，公共信息机构所提供的信息不能只有纸本文献信息，也应包括网络信息，在条件许可时甚至能够实现对网络信息的证据保全。由于网络信息面临着很大的消失和不可获得风险，这就要求公共信息机构在应对这种风险中有所作为。如果公共信息机构不具备网络信息存档权，那么它所承载的社会职责就无法完成，公民信息获取权利就无法得到保障。事实上，针对网络信息消失和历时不可获得的风险，国际社会纷纷启动了诸如"网页存档计划"、"数字档案系统"、"Web 信息博物馆"等建设计划或项目，上述计划或项目的实施均是典型的国家存档行为，它们理应有网络信息存档权作为保证。

（3）为经济与社会的科学发展提供资源

在现代社会，"信息是支配性资源"已经成为共识。一个国家的科技创新能力、国际竞争力和经济社会发展水平都越来越依赖于保存、开发和利用网络信息的能力，欧美国家甚至将网络信息生产、获得和利用作为国家信息化建设的关键。实现对网络信息的长期安全保存是进一步开发和再利用这种新型经济资源的基础和保证（吴振新，2009）。在确认网络信息存档权的基础上形成明确的网络信息保存和开发责任分配机制，有利于实现对网络信息的安全保存、科学配置和有效开发，从而进一步发挥和扩大网络信息资源对经济与社会发展的贡献率。

从上文分析可见，网络信息存档行为及其社会影响的重要性已经到了法律必须进行规制的时候。在网络信息存档行为中涉及的权利义务关系应该进入法律的视野，网络信息存档权应该被确认为是一种法律权利，其实现机制也应获得国家强制力的保障。

3.3.3　网络信息存档权的构成

公共信息机构网络信息存档权是一组权利形态，它包括网络信息选择权、网络信息缴送请求权、网络信息处置权、网络信息标准化权和网络信息存档保障权等。

网络信息选择权是指公共信息机构有权根据自身职责定位网络信息特点，优先保存有消失危险和有重要价值的网络信息，并从载体、内容、摄取方式、保存形式等方面选择网络信息管理模式。无论是公共图书馆或综合档案馆，它们均有不同的目标职能与特色定位，而且它们既没有必要也没有可能对所有的网络信息都进行存档保存。因此，明确公共图书馆、综合档案馆等公共信息机构在网络信息存档活动中的责任分工并制定不同的选择标准就成为网络信息选择权赋予的重要一环。从策略上看，公共图书馆可以主要以文化、学术和科技类网络信息为保存对象、而综合档案馆则主要以政府、企业等的管理类网络信息为保存对象。

网络信息缴送请求权指在现有出版物缴送法律制度的基础上，将网络文献定为法定缴送对象，公共信息机构依规定对缴送的网络文献进行保存。1997 年丹麦修改了缴送制度，明确规定网络上的静态作品属于正式的缴送对象；法国国家图书馆被授权接受所有互联网网站的呈缴等。它们事实上就是赋予了公共图书馆以一定的网络信息缴送请求权。在网络信息缴送请求权的确认上，应该明确的是，网络信息的具体缴送对象是什么（不仅包含实体的电子出版物，还应包括以网络形式出版发行的资源，以及以网站形式存在的网络信息资源或参照联合国教科文组织确定的 11 种资料作为对象），公共图书馆与综合档案馆等公共信息机构在缴送请求权上有何区别，如何保障这种网络信息缴送请求权的实现等。

网络信息处置权是指公共信息机构在捕获或存档网络信息过程中具有对网络信息进行加工组织、检索服务等一系列管理活动的权利。由于网络信息内容丰富且类型多样，如何在复杂的权益关系结构中实现对其有序组织和服务利用，这取决于公共信息机构是否享有一定的网络信息处置权。赋予公共信息机构网络信息处置权，使其可以根据网络信息保存活动中涉及的相关主体权益关系结构和责任体系确定各种内部管理机制（宛玲，2006）。例如，加强组织管理机制、存储系统的技术支撑机制、网络信息开放与使用控制机制、长期保存管理元数据方案等。具体而言，公共信息机构可以在存档处置权运用中实施对有关网络信息有效性的验证（验证权），对网络信息进行格式转换、析取元数据或进行迁移与更新（数据加工权）等，根据有关主体的权益关系确定网络信息开放与服务范围，并实施服务管理（服务权）等。

网络信息标准化权是指公共信息机构可以从网络信息长期保存的公共利益出发，对网络信息长期保存中涉及的管理与技术标准提出要求，并参与有关标准的制定和检查工作。网络信息存档涉及的管理与技术标准主要包括：长期保存元数据、文件格式、信息选择标准、信息模型、存储空间技术规范等（宛玲，2006）。

网络信息存档保障权是指公共信息机构在网络信息采集与捕获、存储与组织、检索与服务过程中会占用大量的人力、物力和财力，它们理应依法获得必要的政府预算支持和其他条件保障。目前我国对公共信息机构的财政支持还缺乏明确、系统的法律规定，公共信息机构所获得的财政支持水平和力度在很大程度上与其主要领导的劝说和公关能力存在关系。为了保证公共信息机构有能力参与网络信息存档活动，切实履行其网络信息长远保存者的责任，可以依区域内网站数量、网页增长数量、人均国民生产总值等为依据，通过政策或立法形式明确公共信息机构的人、财、物等网络信息存档保障权，或者以项目形式通过政府专项财政资金对网络信息存档活动进行支持。从实际操作看，目前欧美国家有关机构多以项目或专门计划的形式来获得网络信息存档活动所必需的各种保障条件。例如，美国国会图书馆在2003年通过了国家数字信息基础设施和保存计划，获得了1亿美元的经费支持；2007年美国国家基金会和梅隆基金会资助"蓝带特别小组"，关注数字保存和持续存取在经济上的可持续发展等。这一切都表明，网络信息存档所面临的经济问题已经引起有关方面的关注。目前需要从政策与法律上对公共信息机构的存档保障权进行明确与界定，从而形成一个支持网络信息长期保存的政策措施与费用框架。

与网络信息存档权共生的是有关主体要依法履行一定的协助或保障义务。对网络信息生产者与发布者而言，这类主体要依法履行网络信息缴呈、移送、协助等相关义务。公共信息机构在实施网络信息捕获与存档过程中，可以根据网络信息生命周期状态、可能消失的风险及其价值水平等，要求有关信息生产者与发布者定期或不定期缴呈和移送网络信息，信息生产者和发布者有及时缴呈和移送网络信息的义务，并保证所移送的信息与其发布信息相同。同时，网络信息生产者与发布者也要对公共信息机构的网络信息存档行为提供其他各种协助，例如，网络信息标准的采用，知识产权的许可以及围绕技术、经济和政策等其他问题与公共信息机构开展广泛合作。

为了保证公共信息机构能够在"数字资产"和"数字遗产"保存中履行应有的职责，从基础设施、技术条件、政策导向和财政支持上为公共信息机构提供必要的保障，这是各级政府及其信息资源主管部门应尽的义务。一方面，政府作为投资人直接履行其保障主体的义务；另一方面，政府也可以通过政策供给，引导社会各类主体参与公共信息机构的基础设施建设，或是参与公共信息机构组织的网络信息存档活动。

由于公共信息机构并不是行政机关，它们也无权要求或制裁有关义务主体的有关行为。因此，对上述两类义务主体而言，唯一的方法就是循法律授权要求其履行义务。

3.3.4　网络信息存档权的确认与行使

3.3.4.1　网络信息存档权的确认途径

网络信息存档权作为一种在入口上保障我国数字文化遗产得到留存的重要权利，其正当性不容置疑。目前的关键是通过何种方法使这种权利得到法律确认，从而使这种应有权利获得法律上的支持，并得到国家强制力的保障。事实上，是否将一种应当保护的利益上升为法律上的权利，有相当多的因素需要考虑。例如立法技术、民族文化传统、社会的宽容程度等。从立法技术看，网络信息存档权的确认可以选择以下几种不同路径。

一是调整现有的出版法规，将数字化产品加以规范并纳入国家的收藏范围，确保所有对后世有价值的内容受到保护（刘家真，2000）。利用这种方法确认网络信息存档权存在以下局限：根据现有法律法规，缴呈本的接受者是国家图书馆、版本图书馆和新闻出版总署，如果仍以它们作为网络信息存档权主体，势必会限制存档权主体的范围，并将其他公共信息机构排除在外。而且，事实上由国家图书馆完成全部网络信息存档任务也不现实；现有法律法规中规定的出版物缴呈对象是图书、杂志、报纸、音像样本及其电子出版物，如果将各类网页信息纳入缴呈范围，则势必要从根本上重新定义我国出版物的内涵及其缴呈制度。从目前国外的实践看，虽然少数国家已经扩大出版物缴呈方面的法律，将网络文献纳入法定缴送对象，但从实际执行的情况看，似乎也并未超出"图书、杂志、报纸、音像"等电子出版物或静态作品的范围，而大量政府或商业网站信息显然未被纳入缴呈范围。

二是在图书馆立法和档案法修订过程中，明确赋予它们网络信息存档权。目前我国正在进行图书馆法的立法工作，《档案法》的修订也已进入实质性阶段。如果能在上述立法过程中明确将网络信息作为收藏或存档对象，在有明确分工基础上赋予公共图书馆和综合档案馆对不同网络信息具有不同的存档权，并明确规定相关主体的义务内容，从法律上设计存档权的具体保障措施，那么，网络信息长期保存与利用问题也就能得到一定程度的解决。但是，由于相当多的网络信息受《知识产权法》保护，通过《图书馆法》和《档案法》来确认存档权，势必会引起存档权与知识产权之间的冲突。因此，如果不系统考虑存档权与其他相关权利之间的冲突和平衡问题，必然会产生网络信息存档权的虚置现象，并最终导致其无法有效实现。

三是在信息权利内容统筹与平衡基础上，系统设计信息立法体系和立法规划，将存档权的确认纳入信息立法议程。虽然信息立法工作可以分阶段完成，但信息立法体系和信息立法规划应是系统的和带有预测性的，这一点在我国尤其不受重视。在网络信息存档权提出和确认的过程中，它首先就面临着与知识产权、信息秘密权（虽然网络信息客体对象因被公开发布，其保密性程度已大大下降，但在一定范围内它们仍可能具有保密要求）等信息权利之间的协调难题。这表明，提出和确认网络信息存档权并非难事，关键是要处理好它与其他信息权利的平衡。只有将信息立法作为一个系统工程来进行通盘设计和规划，才能兼顾多种不同的信息权利类型，实现不同类型信息权利的平衡和协调，信息立法也才不会出现顾此失彼的现象。

综上所述，由于网络信息存档权确认有上述三个不同路径，而且其优劣特点互为补充，因此，在研究设计系统的信息立法体系和规划基础上再进行新的立法和法律法规的修订才是可行之道。

3.3.4.2 网络信息存档权的行使与保障

网络信息存档权在赋予公共信息机构的网络信息捕获、归档等权利时，也对有关当事义务主体提出了一定的义务要求。在网络信息存档权与当事主体义务之间也要有一种平衡，公共信息机构的网络信息存档权也具有一定的法律保留。公共信息机构在运用这种权利时要符合以下基本条件。

一是网络信息存档权的运用必须是出于公益性的保存与服务目的，而不能出于其他商业运营目的。公共信息机构不可以将网络信息存档权进行转让。

二是网络信息存档权的启动必须符合下列条件之一：网络信息消失或更新风险的存在；网络信息有明显的重要价值；网络证据保存的需要；获得对网络信息享有版权的发布者或生产者的许可；公共信息机构具备了长远存档保存的条件，存档权指向的网络信息对象符合保存分工与责任要求等。

三是基于网络信息存档权的信息处置和服务应有一定限度，即保持网络信息的真实、可利用，而且这种利用也必须是在法律授权范围以内。

公共信息机构的网络信息存档权作为一种新型的信息权利，是网络信息得以持续、长远保存和开发利用的必要保障，同时它也有利于消除目前我国网络信息保存混乱无序的状况。但是，作为一种权利，权利的享有和权利的实现是两回事。网络信息存档权的实现也有赖于以下机制或条件。

一是网络信息存档权的实现必须依托于一定的管理体制与机制。由于公共信息机构既不是行政管理机关（具有一定的强制要求权），也不是行政执法机关（具有强制执法权），在性质上它只是一个公益性文化事业机构，这就给网络信息存档权的实际运用及其实现带来了较大困难，网络信息存档权的实现在很大程度上取决于义务主体的理念、配合和协助。为此，从机制设计上看，构建组织管理机构、制定具体操作政策与制度、设计权益关系结构等就是必要的保障内容。其中，当前最为关键的是要明确我国信息资源主管机关。如果公共图书馆、综合档案馆在体制上均属于一个明确的信息资源主管机关，且该信息资源主管机关具有一定的网络信息保存状况的审查职能，则网络信息存档和保存的效率与效果将会明显不同。在具体操作上，信息资源主管机关可以发挥下列作用：审查捕获网络信息的必要性、经济性和技术可行性；协调有关信息权利的冲突；督促有关义务主体配合网络信息存档行为；对有关义务主体的网络不法行为进行查处；组织和参与制定有关网络信息标准与政策等。

二是网络信息存档权的实现必须依托于良好的信息环境和信息能力。信息基础设施与投资、社会信息素养水平、网络信息管理秩序等均可能对公共信息机构存档权的实现产生影响。由于网络信息保存是一项大规模的长期工程，所需费用比保存传统印刷文献要多得多，且难以准确预算。这就要求存档权主体应该分析网络信息资源保存的成本，并寻求多渠道的资金解决方案。存档权主体自身的信息能力（采集、选择、组织加工等能力）也是决定网络信息存档活动与质量的重要因素。此外，从总体上提高全社会的信息素养水平、加强网络信息空间秩序的治理等，均可以极大地减少存档权主体在实施保存行为过程中可能出现的劝说劳动、鉴定劳动。

三是网络信息存档权的实现必须依托于一个科学的运作流程。网络信息存档实施的全流程依次包括选择、归档和存储三个阶段，而且上述每个阶段均会涉及很多管理元素。在网络信息选择阶段，它包括选择对象类型、对象名称、选择原因、选择机构、责任人、选择日期等管理元素；在网络信息归档阶段，它包括归档内容（内容类型、资源描述）、归档时间、归档机构、归档方式（如法定呈缴、自愿呈缴、赠送或抢救性归档等）、载体介质、数字格式、接收机构、验收机构、验收责任人等管理元素；在网络信息存储阶段，它包括验证（网络信息的有效性）、配置（支撑运行平台）、复制与备份、目录管理、格式转换、迁移与更新等管理元素。由于在存档流程中存在不同阶段而且又涉及众多管理元素，这就要求必须强调不同存档流程及其各管理元素之间的相互衔接和配合。存档流程各阶段及其各管理元素之间的相互衔接和配合的水平会极大地影响到网络信息存档权实现的状态。

3.4　信息立法中亟待确认的信息权利之二：信息利用权利

目前我国关于信息利用权利的法律法规文本主要有《政府信息公开条例》、《档案法》、《互联网信息服务管理办法》等。上述文本涉及了多种不同类型的信息利用问题，也或多或少开始涉及"权利"问题。从法律效力层级和影响时间之深远角度看，《档案法》对档案信息获取与利用的规定均具有典型分析意义。因此，在此就以《档案法》为例重点分析我国信息利用权利保护现状。

3.4.1　信息利用权利的内涵及其限度要求

学术界有关专家认为，1987 年颁布的《档案法》对我国有关主体的信息利用权利进行了法律确认，信息利用权利已经是一项法定权利。但是，从《档案法》及其实施办法中不仅看不到有关信息利用权利的明确表述，而且从相关规定中也无法自然推导出信息利用权利就是一种法律权利。《档案法》第十九条、二十条在规定档案利用行为时均表述为：有关组织或公民"可以利用"已经开放的档案或未开放的档案（对后者又作了特别限制性规定）。事实上，"可以利用"通常会出现在两种情形下：一是公民或组织具有法定的信息利用权利；二是公民或组织可以从档案馆开放档案的行为中获益。虽然上述两者在目标指向上均表现为公民或组织档案利用过程或结果的实际发生，但它们显然有着明显区别。如果公民或组织是在履行信息利用权利，则其档案利用行为理应受到各种保障或救济，一旦其信息利用权利受到损害就会得到来自行政或司法渠道的救济；如果公民或组织是从档案开放过程中受益，则其自然不能对档案开放主体（主要是指国家档案馆）的档案开放行为提出任何非议。从《档案法》及其实施办法的文本解读上看，它们在涉及公民或组织对开放档案的利用行为时，似乎都有意或无意省略了"权利"一词，而且通篇法律文本也未设计对公民信息利用权利进行保障或救济的任何措施。因此，笔者认为，至今为止信息利用权利在我国有关法律法规中并未得到确认，信息利用权利尚未成为一种法律权利，它仍然只是一种应有或事实上的权利。

不管是法律权利，还是应有或事实权利，信息利用权利与档案开放权或档案公布权、档案秘密权、档案所有权、档案作品著作权等共同构成一个系统的信息权利体系，信息利用权利始终都是信息权利体系中的一个重要组成部分。由于不同的权利主体基于同一档案客体对象会因利益目标不同而产生不同的权利类型并伴有普遍的信息权利冲突现象，因此，从权利协调与平衡的原则和要求看，公民或组织基于某一档案客体对象所产生的信息利用权利始终都是有限度的，它必然会受到档案开放或公布权、档案秘密权、档案作品著作权等相关信息权利的制约。因此，设计合理与合法的信息利用权利控制机制就成为我国档案立法的重要内容。

从现实看，虽然我国档案法律法规并未确认信息利用权利，但法律法规对涉及档案开放利用的若干问题进行了规定，这其中不乏限制档案开放利用的规定。笔者认为，对信息利用权利进行一定限制是权利平衡的需要，但这种限制又必须是适度的。从文本分析上看，我国现有档案开放利用法律规定对信息利用权利的限定已经超出了其合理限度。因此，总结和分析档案法律中对信息利用权利过度限制的内容，并针对性地提出信息利用权利科学控制的思路就具有重要意义。

3.4.2 现有法律法规对信息利用权利的过度限制

任何权利的构成都包括权利主体、权利客体、权利内容等基本要素，对信息利用权利限度的分析也可从上述角度分别进行。应该说，现有法律文本对信息利用权利限度的设计已经不符合现代社会的权利需要。

3.4.2.1 信息利用权利主体上的限制

信息利用权利主体是指有权利用（而不是现在法律文本中表述的"可以利用"）已开放和未开放档案的自然人、法人或者其他组织。我国在有关立法中习惯于将权利主体表述为"我国公民、法人或者其他组织"，一般对外国人或者组织作出特殊处理或者规定。例如，《档案法》第二十条就规定了对档案（半现行与非现行文件）利用主体的具体范围为"团体、企业事业单位和其他组织以及公民"，而没有将"外国人或者外国组织"纳入可以利用主体的范围之内。针对这一局限，相关部门出台了《外国组织和个人利用我国档案试行办法》，对利用档案者的利用对象、利用程序等均作了严格限定，一般而言，外国人或外国组织经有关主管部门同意后只能利用国家档案馆已经开放的档案。

从信息公开立法的国际趋势看，信息获取与利用权利主体一般具有无限性特点，习惯于将本国公民、法人或者组织和外国公民与组织均作为等同的权利主体对待。笔者认为，上述趋势虽然可以为我国档案立法提供借鉴，但从理论上还是应划分清楚信息利用权利主体和档案利用主体的界限。信息利用权利主体是指我国公民、法人或者组织，而档案利用主体除包括我国公民、法人或组织之外，还应包括外国人或者组织和无国籍人士。外国公民或组织可以是档案利用主体但不应是信息利用权利主体，他们利用我国已开放档案的行为不是一种行使信息利用权利的行为，而是对我国档案开放的受益。他们与我国公民、法人或者组织等信息利用权利主体的本质差异在于：外国公民或组织不能要求我国开放某类档案，而我国公民、企事业单位和组织可以根据法律规定要求开放某些档案或申请利用某些未开放档案；另外，我国公民或组织可以通过行政援助和司法援助要求有关部门开放某类档案或收回已开放的档案，而外国公民或组织则无权要求。由此可见，在档案立法中理应区分信息利用权利主体和档案利用主体的不同。现阶段我国档案立法文本中对我国公民、法人或者组织的档案利用行为仅用"可以利用"来界定则远远不够，法律文本理应明确赋予他们信息利用权利主体的地位，而"可以利用"的表述仅适合于对外国公民或组织档案利用行为的概括。

3.4.2.2 信息利用权利客体范围上的限制

从20世纪80年代初我国正式提出档案开放政策以来，档案开放的基本思想已经渗入国家法律、部门规章、行政规章等各种形式和级别的法规性文件之中，并逐步形成了以《档案法》及其实施办法（1988年施行、1996年修改，1990年施行、1999年修改）为准绳，以《各级国家档案馆馆藏档案解密和划分控制使用范围的暂行规定》（1991 年施行）、《各级国家档案馆开放档案办法》（1992 年施行）、《机关档案工作条例》（1983 年发布施行）、《外国组织和个人利用我国档案试行办法》（1992 年施行）等为具体依据的档案开放法律制度框架。从我国档案开放法律制度关于档案开放利用客体对象范围的界定看，它仅限于国家档案馆保存的档案。《档案法》第十九条规定：国家档案馆保管的档案，一般是自其形成之日起满 30 年向社会开放；《档案法》第二十条规定：机关、团体、企业事业单位和其他组织，以及公民根据经济建设、国防建设、教学科研和其他各项工作的需要，可以按照有关规定，利用档案馆未开放的档案以及有关机关、团体、企业事业单位和其他组织保存的档案；《档案法实施办法》第二十二条规定：机关、团体、企业事业单位和其他组织的档案机构保存的尚未向档案馆移交的档案，其他机关、团体、企业事业单位和组织以及中国公民如需要利用的，须经档案保存单位同意。从上述一系列规定可以看出，《档案法》及其实施办法有两个重要限制：一是始终将档案开放客体对象限制在"国家档案馆的档案"这一范围内，虽原则性提出有关主体也可利用未进馆的档案，但将开放利用决定权交给了档案保管单位；二是虽然规定有关主体可以利用档案馆未开放的档案，但是，由于《档案法》第二十条明确授权制定"利用未开放档案办法"的国家档案行政管理部门和有关主管部门至今没有出台"有关规定"，因此，从一定意义上来说，馆藏未开放档案的利用还是一个"无法可依"的领域（戴志强，2009）。这表明机关档案室收藏的档案和国家档案馆收藏的未开放档案均不在现有档案开放利用法律制度的调控范围之内。因此，信息利用权利客体对象目前仅限于对国家档案馆保存的已开放档案的利用。

在《政府信息公开条例》颁布生效后，政府机关形成与保存的档案在移交档案馆以前是否开放以及何时开放有了法律依据。由于政府机关形成与保存的档案一般应在其机关内部档案室保存 10 年或 20 年后才可向档案馆移交，因此，《政府信息公开条例》对处于从形成到进入档案馆之前这一期间的政府文件与档案信息（即处于现行与半现行期的文件信息）的开放利用发挥着重要调控作用。事实上，由于《档案法》在法律位阶上高于《政府信息公开条例》，因此，它关于档案信息公开范围、时限等规定实质上具有对《政府信息公开条例》的部分否定作用。例如，《档案法》及其实施办法赋予档案保存单位的档案开放决定权事实上就可以对《政府信息公开条例》中明确的有关信息公开范围进行否定；《档案法》第十九条关于"国家档案馆保管的档案，一般应当自形成之日起满三十年向社会开放"的规定，可能会使行政机关将有关政府档案信息提前移交给国家档案馆，从而使这些进入国家档案馆的档案是否开放适用《档案法》而不是《政府信息公开条例》，进而使档案馆可能成为政府信息公开的"避风港"。问题的复杂性还不止于此。为了配合《政府信息公开条例》的施行和推进，国务院办公厅出台了两份相关配套文件，即《国务院办公厅关于做好施行〈中华人民共和国政府信息公开条例〉准备工作的通知》（国办发〔2007〕54号）、《国务院办公厅关于施行〈中华人民共和国政府信息公开条例〉若干问题的意见》（国办发〔2008〕36号）。上述文件规定虽然并不具有法律规范的特征和本质，但依"文件"来治理国家的做法在我国仍具有一定市场，我们也不能低估这些文件可能产生的影响力。也恰恰是上述两份文件使我国本来就已很复杂的档案开放利用政策又出现了新的变数，它们的出现可能会使我国业已初步形成的贯穿文件与档案管理全过程的开放利用政策重新回到《政府信息公开条例》颁布以前的时期。

国务院办公厅关于施行《中华人民共和国政府信息公开条例》若干问题的意见第八条规定：已经移交档案馆及档案工作机构的政府信息的管理，依照有关档案管理的法律、行政法规和国家有关规定执行。这意味着只要有关政府信息移交给档案馆或档案工作机构，其公开与否以及如何公开等将不再受《政府信息公开条例》的制约。从上述规定看，它无疑是给政府机关及公共企事业单位（即信息公开义务主体）规避政府信息公开的风险和责任提供了一个极好机会。特别值得关注的是，"若干意见"中关于"档案工作机构"的提法十分模糊。

从档案学理论看，档案机构一般分为综合档案馆和内部档案机构两种基本类型，政府机关和企事业单位内部的档案管理机构显然也属档案工作机构范畴，这是否意味着有关机关只要将其形成或获得的政府信息在第二年6月底以前（这是有关规定明示的政府信息移交机关档案管理机构的时间）移交给机关内部档案室后，它们是否将不再受《政府信息公开条例》的制约？如果沿着这条思路，我们发现，有关档案法律、法规或规定中只对办理完毕的政府信息移交档案工作机构的下线时限（即第二年6月底以前）作了规定，而对其移交的上线时间没有具体要求。这就给有关义务主体规避政府信息的公开责任提供了这样一个"机遇"，即任何政府信息只要办理完毕（指文书处理程序办理完毕而不是其针对工作内容的办理完毕）并具有一定的保存价值就可以即时移交给机关内部档案工作机构，它们开放与否即适用有关档案法律、法规而不是《政府信息公开条例》的规定。换言之，有关档案工作机构也就可能成为政府信息公开的"避风港"。由此可见，国务院办公厅关于施行《中华人民共和国政府信息公开条例》若干问题意见的第八条规定和档案法律、法规与有关规定中关于档案开放范围和时限的规定实际上已将《政府信息公开条例》中关于公开范围、方式和程序等规定置于"虚设"的尴尬境地。因此，笔者认为，虽然《政府信息公开条例》在信息法体系中的"补位"功能十分明显，也正是以此为标志，我国初步建立起覆盖文件信息从生成到永久保存阶段的开放利用政策，但由于其在法律位阶上明显低于有关法律，而且有关文件精神都可能对其内容进行蚕食，这就使《政府信息公开条例》的法律效应比较有限。正是由于政府信息公开的客体对象范围受到了这种来自多方面因素的蚕食，它一定会使有关主体信息利用权利的实现程度严重受损。

3.4.2.3　信息利用权利实现方式上的限制

信息利用权利的实现在很大程度上取决于档案利用方式有多大的自由度。从目前我国有关法律规定看，它一般采取了限制档案利用形式的做法。《档案法》及其实施办法明确规定，我国公民或组织对国家档案馆已开放档案的利用只能采用阅览、复制和摘录三种基本形式，利用者可以在正式或非正式出版的著述中引用档案，但不得公布档案，有关利用主体没有公开传播档案信息的权利（王改娇，2006）。这表明，从提出档案利用问题始，档案利用与档案公布的关系就已成为政策界定的一个中心问题，档案公布、传播、汇编、开发等均不是档案利用的基本形式。

事实上，为了界定和处理上述关系，相关档案开放政策对其均作了不同规定。1982 年我国首次明确提出档案公布权"属于党和国家，其他任何部门和个人均无权公布和出版档案。"国家档案局 1986 年发布的《档案馆开放档案暂行办法》第十六条规定：开放的档案，利用者可以在著述中引用，如需全文公布或汇编出版，应征得档案馆同意并签订出版合同。1987 年，《档案法》按照所有权不同划定了档案的公布权限，属于国家所有的档案"未经档案馆或者有关机关同意，任何组织和个人无权公布档案的原文或复制件。"1991 年有关政策规定"利用者摘抄、复制的档案，如不违反国家有关规定，可以在研究著述中引用，但不得擅自以任何形式公布。"1999 年则提出利用属于国家所有的档案的单位和个人，"未经档案馆、档案保存单位同意，或主管机关的授权和批准，均无权公布档案的全部或者部分原文，或者档案记载的特定内容"。这里档案的公布，不仅仅是 1987 年的"原文或复制件"了，"档案记载的特定内容"也包括在内。从历次关于档案公布权问题的规定可以看出，有关立法与政策制定机关显然也对已开放档案的公布权、利用权处理表现出一定程度的无所适从（王改娇，2005），而且上述档案开放政策在执行上的矛盾也是显而易见的。例如，一方面利用者可以在著述中引用档案，而另一方面著作出版则又可能是非法公布档案，这种政策执行上的困惑必须而且也可以得到解决。

从上述档案法律中关于档案公布权归属和已开放档案利用形式的规定看，不管其具体表述如何，其指向目标都是对公民或组织的档案利用方式进行一定限制。笔者认为，档案开放与档案公布两者均是指"档案首次向社会公开"，它实质上是有关主体（档案馆、各单位档案机构或其他档案所有者）从源头上遵守利益平衡原则，依法对档案信息开放或不开放的范围等进行确认，从而达到保护某些权利或适当限制某些权利的目的。从"源头"上设计档案开放与公布权利的行使机制有利于科学控制档案开放与公开程度。如果忽略了这种源头上的机制设计而片面强调从过程或终点上对利用者的"利用目的"或"利用方式"等进行限制则无助于信息权利的全面平衡与保护，它也会出现大量因事前预防不足而导致事后救济困难的案例。

3.4.2.4 信息利用权利行使目的的限制

从我国现有档案法律法规的内容看，对档案利用目的是否作出限制在不同文本表述中充满了矛盾性规定。档案工作基本原则指出档案工作的根本目的是"便于社会各方面的利用"，其言下之意就是所有主体（团体用户或个人用户，乃至包括国外、境外用户）可以因各种需要（公务或私人目的）利用档案。这一理念在《档案法》中得到了一定程度的体现，《档案法》针对机关、团体、企事业单位和其他组织（上述利用主体均为团体用户）利用开放档案和未开放档案均未明确限制其"利用目的"。但有关规定显然未将公民个人因"个人休闲"、"个人利益"等不属于"各项工作需要"范围的档案利用目的包括在内。这就意味着出于"个人休闲"、"个人利益"等利用目的的公民利用未开放档案的行为不能受到法律保护。

与此相类似，《政府信息公开条例》第十三条规定：除主动公开的政府信息以外，公民、法人或者其他组织还可以根据自身生产、生活、科研等特殊需要申请获取政府信息。这意味着对政府机关主动公开的政府信息，公民、法人或者其他组织可以贯彻自由使用原则，但自由使用原则并不适用于被动申请公开的政府信息，"生产、生活、科研等特殊需要"的信息公开申请限制极大地蚕食了公民、法人或者其他组织的信息利用范围。

我国有关法律法规有意或无意对档案利用目的的限制，一方面极大地影响了信息利用权利的实现程度，另一方面也限制了相关主体进入档案信息资源开发领域的可能，从而使我国信息资源产品供给质量与水平无法提高，并最终影响到信息利用权利的实现。因此，鼓励公民、法人或组织对依法获得的政府文件与档案信息进行包括信息资源再开发在内的自由利用就应成为我国档案利用政策设计的应有内容，而且它也符合国家有关部门关于进一步加强信息资源开发利用的政策导向。可喜的是，上述精神在我国一些地方性立法中已经得到尝试。《江苏省政府信息公开暂行办法》第二十八条规定：政府信息公开权利人可以开发、利用依法获得的政府信息，但不得歪曲、篡改原意，不得损害国家利益和社会公共利益。可以预见，"依法自由利用"将会成为我国档案开放政策中对档案利用目的的合理表述，建立在"依法自由利用"基础上的信息利用权利实现水平无疑也会得到极大提高。

3.4.3　信息利用权利适度扩展及其实现的基本途径

随着公民权利意识的觉醒和权利要求的提高，信息利用权利也应进行适度扩展。这种权利扩展首先体现在对信息法律与政策设计的要求上。

3.4.3.1　设计覆盖信息管理全流程的信息开放法律与政策

《政府信息公开条例》中指向的客体对象是处于形成、处理或保存等所有阶段的政府信息，某一政府信息只要属于主动或被动公开的范围，不管其运动到什么阶段或收藏与保存在什么地点均应公开。这就意味着保存在机关业务部门或文书处理部门、机关内部档案部门和国家档案馆等不同地点的政府信息均应执行统一的开放政策。但与此不相容的是，《档案法》对处于国家档案馆保存阶段的档案开放政策另有具体规定，而且这些规定又与《政府信息公开条例》的规定存在矛盾冲突，对此前文已经有了较详细的分析。从法律位阶和政策效应上说，《档案法》对《政府信息公开条例》中的相关内容具有否定作用，这就导致了在文件全流程管理中，现行、半现行文件的开放政策适用《政府信息公开条例》，而非现行文件的开放政策适用《档案法》。由于《政府信息公开条例》是以"公开为原则，不公开为例外"作为立法指导思想，而《档案法》及其实施办法和有关规定强调的是以"档案保管和控制"作为立法指导思想，《政府信息公开条例》的开放度明显高于《档案法》及其实施办法和有关规定。这就导致了在现阶段我国文件与档案开放利用政策中存在着明显的前松后紧现象，即处于现行与半现行阶段的文件开放利用政策相对宽松，而处于非现行期的文件（即国家档案馆的档案）开放利用政策却相对严格，显然，这不符合伴随着时间推移，信息机密性递减而其作用范围应该逐步扩大的一般规律。因此，提高《政府信息公开条例》的法律位阶或制定《文件与档案法》将有利于从文件管理全流程上统一文件与档案的开放政策。从世界各国的实践成果看，新西兰制定了《公共文件管理法》（2005 年）、《公共文件法指南》（2006 年）并取代了《档案法》（1957 年），而韩国也制定了《公共文件管理法》（2006 年）等，它们都是覆盖文件管理全流程的立法成果，这对我国进行有关文件与档案开放政策的制定具有重要借鉴作用。

3.4.3.2　形成对信息利用权利科学控制的基本机制

正如前文分析的一样，信息利用权利是有限度的，对信息利用权利的限度必须进行科学的分析和控制。对信息利用权利的科学控制可以分别从两个层面上进行：一是对信息合理利用行为进行合法化确认；二是从源头上设计档案开放与公布权行使机制。

对信息合理利用行为进行合法化确认是在对信息利用行为的合理化程度进行分析的基础上，通过法律法规对这些合理利用行为进行认可的过程，它影响和决定着信息利用权利本身的内容及其可能实现的广度和深度。由于信息利用过程中不同信息权利之间矛盾冲突的普遍存在（如信息控制权与获取权的冲突、信息开放权与保密权的冲突等），决定了信息利用应是合理和合法的利用，并且合理的信息利用行为也应得到有关法律法规的确认。这种合理与合法的信息利用权利控制机制突出体现在对信息家族中具有著作权性质的档案内容与成分的依法合理使用或许可使用上。档案中可能享有著作权保护的对象主要是私人档案、科技档案或其他专门档案等（张世林，2002）。由于《著作权法》依法对著作权人的有关权利进行保护，因此，利用者对上述档案的利用一般应控制在合理使用的范围内，或者利用者应取得著作权人的许可使用（刘青，2008）。

在判断享有著作权的档案信息合理使用原则时，档案管理部门主要应掌握以下特点。

一是档案部门开放的法律、法规，国家机关的决议、决定、命令和其他具有立法、行政、司法性质的文件及其官方正式译文等均不受著作权保护，对其可以自由使用。

二是享有著作权的档案信息，其合理利用范围在《著作权法》第二十二条中作了详细规定，具体为：为个人学习、研究或欣赏；为介绍或评论某一作品；为报道时事新闻在有关媒体中再现或引用作品；国家机关为执行公务在合理范围内使用；图书馆、档案馆、纪念馆、美术馆等为陈列或者保存版本需要复制作品；免费向公民表演某作品，未向公民收取费用也未向表演者支付报酬；将中国公民、法人或者组织已经发表的以汉语言文字创作的作品翻译成少数民族语言文字作品在国内出版发行；将作品译成盲文出版等。

三是对享有著作权的档案信息利用可以在其著作权人权利保护期（个人作者终生及其死亡后五十年；法人、其他组织作品发表五十年后或作品自创作完成未发表五十年后）以外进行合理使用。

2006 年 7 月 1 日起正式实施的《信息网络传播权保护条例》第七条也首次对档案馆合理使用数字著作权问题作出了明确的规定，它实质上也是通过对档案馆档案合理利用行为的法律确认来实现对信息利用权利科学控制的目的。《信息网络传播权保护条例》规定，档案馆"可以不经著作权人许可，通过信息网络向本馆馆舍内服务对象提供本馆收藏的合法出版的数字作品和依法为陈列或者保存版本的需要以数字化形式复制的作品。不向其支付报酬，但不得直接或者间接获得经济利益。当事人另有约定的除外。"其主要含义是：强调档案馆合理使用数字著作权的范围是在"档案馆实体建筑内"；档案馆合理使用的作品是已经"合法出版"，档案馆收藏的许多档案资料，如个人书信、照片、札记、传记、未出版的作品手稿、内部演出影像资料等都是享有著作权的作品，对这些作品的数字化利用不属于合理使用的范畴；档案馆合理使用的作品必须是"本馆收藏"；档案馆向馆内服务对象提供的享有著作权作品的原始形态就是数字作品，或是"为陈列或者保存版本的需要"而合理使用的数字化与非数字化作品；档案馆有责任在向馆内服务对象提供数字浏览服务的同时，通过功能限定软件等控制使用作品的技术措施，防止服务对象对数字作品的打印、保存文件等复制行为。上述规定虽然是针对档案馆开放与公布权利的行使而言，但它却间接地实现了对信息利用权利的控制。从以上规定可以推导出如下结论：档案利用者对享有数字著作权的作品档案的使用应在档案馆实体建筑范围内进行；档案利用者只能使用已经"合法出版"的享有著作权的作品档案；档案利用者对享有著作权作品档案的使用方式只能是浏览和阅读。

如果仅就信息利用权利本身设计信息利用控制机制是一种片面思维。由于信息利用是对已开放信息和未开放信息的利用，信息利用权利的实现在很大程度上受制于信息开放程度，因此，建立和完善信息开放审查机制就可以从源头上超前控制信息利用权利实现的水平。笔者认为，在信息开放审查机制中起决定作用的是信息开放审查与决定主体的政策执行意识、能力与水平。从开放信息的义务与责任压力、对信息的理解力等方面看，信息开放决定和审查主体不仅包括国家档案馆、公共图书馆等，而且应包括所有政府信息公开的义务主体。只要是政府信息公开义务主体依法开放与公布的信息，任何享有政治权利的公民、法人或组织无论出于公务或私人目的均可对其进行自由利用。上述设想与我国档案工作基本原则中提出的"便于社会各方面的利用"的理念和《政府信息公开条例》中贯穿的自由使用原则是吻合的，它也适应了我国非公务利用信息需求逐步攀升的趋势（公民个人为学术研究以及解决财产继承、经济纠纷、婚姻关系、学历资历证明、工作调动、劳动保险等问题查阅政府信息的情况越来越多）。从具体利用方式上看，利用者在不损坏档案原件、保持信息内容完整正确和遵守《著作权法》规定的前提下，可以对已开放政府信息采用阅览、复制、摘录、汇编、再开发等不同方式进行利用。

3.4.3.3 制定未开放档案信息申请利用的科学程序

信息利用权利指向的客体对象既包括对已开放信息的利用，也包括对未开放信息的利用。《政府信息公开条例》中对已开放和未开放信息的利用均设计了具体程序，其中关于被动开放申请的程序设计就显然比档案法律法规超前了一步。《档案法》第二十条明确规定："机关、团体、企业事业单位和其他组织以及公民根据经济建设、国防建设、教学科研和其他各项工作的需要，可以按照有关规定，利用档案馆未开放的档案。"而且，该条款同时明确，"利用未开放档案的办法，由国家档案行政管理部门和有关主管部门规定"。但从具体实践看，现阶段我国利用未开放档案的办法始终没有出台，档案利用工作的着力点集中在已开放档案利用上，而相对忽视未开放档案的利用工作，这无疑在一定程度上影响到公民信息利用权利的实现水平。针对公民档案信息个性化需要不断增多、公民信息利用权利的实现要求和进一步提高综合档案馆管理绩效的客观形势，综合档案馆和有关其他档案机构均应适时启动未开放档案的申请利用。从保障未开放档案申请利用的程序合法要求看，综合档案馆和有关档案机构可以参照《政府信息公开条例》中关于信息申请公开的规定执行。从政策衔接要求看，对处于不同运动阶段的文件信息适用相同的依申请公开程序既是合理的也是合法的。可喜的是，这种针对未开放档案申请利用的有关规定或办法已经在我国一些地方性档案立法中出现。2008年修订的《上海市国家综合档案馆档案利用和公布办法》在第八条就详细规定了公民和组织利用档案馆未开放档案的程序办法，它对极大地保障公民和组织的信息利用权利起到了积极作用。

3.4.3.4 开发保障信息利用权利实现的文件信息管理系统

信息利用权利的实现依赖于数字档案馆或电子文件管理系统的功能完备。由于电子文件数量不断增长、种类日趋复杂，因此，开发建设功能完备的数字档案馆与电子文件管理系统就成为文件与信息利用权利实现的基本保证。从世界范围看，一些国家的数字档案馆或电子文件系统项目均将保障利用作为其建设的重要目标之一。2005 年 9 月 8 日，美国国家档案文件管理局（NARA）宣布，经过世界级的信息技术承包商哈里斯公司与洛克希德·马丁公司一年的设计竞争，洛克希德·马丁公司最终获得为 NARA 建立电子文件档案馆（ERA）系统的 3.08 亿美元的合同。根据合同计划，ERA 分期建设，2012 年完成，届时将提供对联邦政府部门电子文件的管理、保存和在线利用。由此可见，ERA 的重要目标之一就是在任何地点、任何时间为具有合法权利的政府部门及公民提供文件与档案利用。突出"在线利用"的文件管理系统功能（而不仅是保管或备份功能）设计对推进有关主体信息利用权利的实现将产生重要保障作用。

3.5　基于信息开放的信息资源开发政策及其创新

信息资源开放与开发的实际推进，除了应从法律法规层面进行强制性规定并处理好有关规定的协调外，还应有相应配套政策的设计。从宏观层面上对信息资源开发政策进行评估和创新，有利于拓展信息资源开发服务政策研究的思路。

3.5.1　我国信息资源开发服务政策现状及其评估

我国信息资源开发服务政策的制定已有多年历史（王素芳，2004）。早在 1984 年，邓小平同志就提出"开发信息资源，服务四化建设"，这指明了信息资源开发服务的目标和方向。在 20 世纪 90 年代以前，关于信息资源开发利用方面的零星规定散见于有关政策文件之中，90 年代以后，在国家信息化政策文件中开始出现关于信息资源开发利用的系列性政策。例如，1996 年国务院信息化工作领导小组制定的《国家信息化"九五"规划和 2010 年远景目标（纲要）》中提出了国家信息化体系的六个要素，信息资源要素就列于六大要素之首。此外，我国各级人民政府及其各部委还颁布了一系列政策来指导信息资源开发利用活动。例如，1997 年国家科学技术委员会科技信息司正式下发了《关于加强信息资源建设的若干建议》（国科发信字 [1997] 199 号）文件，标志着信息资源开发利用在科技领域得到了充分重视。但总体而论，我国信息资源开发服务政策取得突破的标志性文件则是 2004 年 12 月中共中央办公厅、国务院办公厅《关于加强信息资源开发利用工作的若干意见》（中办发 [2004] 34 号）和《关于加强信息资源开发利用工作任务分工的通知》。这两个文件第一次突出了信息资源公益性开发服务的政策内容，对信息资源公益性开发服务的重要性与紧迫性、总体任务、对策措施和保障环境等作了全面阐述，从政府信息公开、政府信息共享、鼓励社会力量参与开发、增强信息资源公益性服务能力等方面明确提出了一个系统完整的政策思路。

与信息资源开发利用政策的基本思路相呼应，信息资源开发利用政策及其实践也取得了一定进展。近年来，国家档案局制定发布了《全国档案信息化建设实施纲要》、《关于加强档案信息资源开发利用工作的意见》（档发［2005］1号）等重要政策文件。为了进一步落实关于信息资源开发利用的政策精神，2006年10月25～26日，国家档案局、中央档案馆和国务院信息化工作办公室在北京联合召开档案信息资源开发利用试点工作会议，会议确定档案信息资源开发利用试点工作的主要任务从6个方面展开，即传统载体档案数字化、政务信息资源管理、已公开现行文件利用、企业档案信息资源开发利用、公共文献基础数据库建设和档案信息资源社会化服务。应该说，这是新中国成立以来信息资源开发政策制定及其实际推进的最大亮点。但也应注意到，我国信息资源开发利用政策仍然存在一定的局限性，参与信息资源开发服务的主体仍然较为单一，信息资源开发服务政策的实际成效也有待检验。笔者认为，上述宏观或微观信息资源开发服务政策目标与思路的实现，一方面要求梳理和修正当前我国信息政策（含档案政策）中与信息资源开发服务目标不相称的有关规定，另一方面也要求加大信息资源开发服务政策的创新力度。

对照社会对信息资源开发服务的需求和信息资源开发服务政策的目标要求，当前我国已有信息政策从设计到执行均存在不同程度的偏差现象，也缺少行之有效的政策工具。

3.5.1.1　政策设计盲点

根据社会学的有关研究成果（陶传进，2005），我们可以将信息资源开发服务分成三种类型，即信息资源的纯公益开发服务、制度公益开发服务和客观公益开发服务。信息资源的纯公益开发服务是指由社会纯公益人（如NPO，它就是一种受利他动机驱动的、理性决策的、意欲提高社会福益的组织）出于自愿动机，通过开发信息资源产品，理性地追求公共利益最大化的行为过程；制度公益开发服务是指由制度公益人（指在制度约束下提供公益服务的组织，政府就是典型的制度公益人）根据法律法规的规定，用制度化的方式实施信息资源开发服务。制度化方式不仅指以制度化方式聚集、开放和开发信息资源，而且也强调在公益性开发服务中接受社会的有效监督，从而保证信息资源开发服务的公益方向，避免政府机关及工作人员信息寻租行为的发生；客观公益开发服务是指在信息资源产品供不应求的前提下，营利组织加入供给渠道以增加信息资源产品供给而满足社会需求，从而使营利组织在主观上追求自身利益的同时在客观上产生社会公益。对应于信息资源开发服务的上述类型，理应从三个不同路径上设计信息资源开发服务的推进与规范政策。但遗憾的是，这种分层的政策设计在我国仍处于空缺状态，具体表现在以下方面。

第一，针对信息资源的纯公益开发服务，我国尚未出台鼓励、支持和规范NPO 等纯公益人参与信息资源开发服务的政策措施。鉴于目前我国社会志愿机制本身具有的缺陷、我国社会公益性事业发展的现状以及我国信息开放的程度，应明确对信息资源纯公益性开发服务的重点"扶持"政策。这种扶持政策主要侧重于在扩大纯公益人的规模、健全纯公益人运行与管理机制的基础上，进一步确立和强化其在信息资源开发服务中的角色和功能。

第二，针对信息资源的制度公益开发服务，我国尚未出台聚集、开放、开发、共享和使用信息资源的系统化制度，信息资源开发服务的推进、监督和问责等制度基本上处于空白状态。由于档案开放与政府信息公开是信息资源开发服务的前提，因此，在目前已经出台的档案开放与政府信息公开法律法规基础上，根据工作实际尽快进一步扩大开放范围，加快开放工作的监督与问责政策设计，进一步明确信息资源开发服务的制度公益人主体（究竟由哪些政府机构担当必要的公益开发服务任务）就是当务之急。应注意的是，在制度公益开发服务中政府虽然是典型的制度公益人，但它并不是制度公益人的全部，制度约束下提供公益服务的组织都可能成为制度公益人。因此，这就意味着信息资源开发服务也可由 NPO 或营利组织来运作，政府可以将公共资金与信息资源公益开发服务项目一同委托给 NPO 或营利组织来运作，但政府必须利用政策对信息资源开发服务的公益性方向进行控制。这种系统化政策的设计也是当前的政策盲点。

第三，针对信息资源的客观公益开发服务，我国尚未出台营利组织参与信息资源公益开发服务的促进、引导与管理政策。在信息市场的经营行为中，虽然营利组织产生的客观公益效果具有一定附属性质，但它并不意味着政府对营利组织的客观公益行为过程就完全无所作为。政府可以通过政策引导，推进营利组织在特定信息需求领域进行重点投资与开发服务，从而使其信息资源经营性开发服务行为所可能产生的客观公益效果得到有效放大。此外，设计科学的信息商品价格政策和信息产品质量评价政策，规范营利组织的信息商品收费行为和质量行为，也有利于极大地提高营利组织信息资源开发服务的客观公益效果。从当前的信息政策设计看，内容虽开始涉及此方面，但仍比较薄弱。一些信息内容服务商利用获得信息资源的优势和垄断地位，开发了相关信息内容产品并以高价销售获得了巨大利益，这在一定程度上已经损害了社会公平，它实质上产生的客观公益效果也极为有限。从这一意义上看，尽快出台信息内容产品的价格与质量管理政策已是当前信息政策制定的重要内容。

3.5.1.2 政策手段单一

长期以来，我国信息政策以科技信息的开发服务为主要政策目标，并以行政手段作为主要的政策手段（李丹，2004）。近年来，在国家信息化规划和国家信息化战略的制定中，信息政策目标已经从单一的科技信息开发利用扩展到包括档案信息资源在内的社会信息资源开发利用，但从总体上看，推进信息资源开发利用的主要政策手段仍是行政手段。虽然在中办发〔2004〕34号文件和《2020年国家信息化战略》中均明确提出要进一步引导和规范政府信息资源的社会化增值开发利用，鼓励企业、个人和其他社会组织参与信息资源开发服务，但目前尚未明确上述政策的具体实现工具，其结果是导致政策目标与政策效果之间必然存在较大的政策偏差效应（周毅，1994）。这种现象同样体现在《关于加强档案信息资源开发利用工作的意见》的精神中。该文件虽然从不断充实档案信息服务的内容、充分利用网络提供利用服务、构建政府内部档案信息共享平台、加强利用场所和设施建设等方面提出了促进信息资源利用的目标，并从推进档案信息产品专题开发和加工、加强企业档案信息资源开发、重视档案信息增值服务工作、促进档案信息服务业的形成等方面提出了深化档案信息资源开发的目标，但从实现上述目标的具体政策工具或手段上看则明显存在不足。从某种意义上讲，政策工具的设计和运用不足属于政策规划与执行中的人为偏差，它们应该也完全可以避免。

3.5.2 推进信息资源开发服务政策的创新

3.5.2.1 信息资源开发服务政策创新的内涵

信息资源开发服务政策是政府为了促进信息服务而制定的一系列干预、规制和引导信息产品开发与服务的政策总称。所谓信息资源开发服务政策创新，是指由于信息服务政策的生态环境发生了变化，从而对信息服务政策产生了新的需求，此时政策主体以创新的价值理念为指导，突破传统信息政策体系的主体、内容、手段、程序，以期有效地解决社会信息内容产品供应与公共信息服务不足或质量不高的问题，从而实现对相对稀缺的信息资源进行最优化配置。在理解上述表述时重点应突出以下内涵。

第一，政策生态环境变化是信息资源开发服务政策创新的内在动因。

在公共政策理论研究中，内在决定因素模型和政策推广模型是两种较具代表性的政策创新模型。内在决定因素模型认为政府创新有关政策是源于政府的政治、经济和社会等方面的特征。内在决定因素包括资源和要素条件、政治架构、现有制度和政策以及社会文化；政策推广模型则认为政府创新政策是学习并借鉴了他人经验的结果（严荣，2006）。笔者认为，运用公共政策理论中的内在决定因素模型可以很好地解释信息资源开发服务政策创新的基本动因。

资源和要素条件是指政府在信息开发服务政策创新中所面对的资源可用状况，具体包括信息服务基础设施、信息资源存量与增量状况、信息管理人员及其水平、信息资源管理水平等。随着近年来我国电子政务工程、电子商务工程和档案信息化工程等的实际推进，我国信息服务基础设施水平得到了前所未有的增强。据抽样调查统计，目前我国政府网站拥有率正稳步提高：主要部委为96.1%、省级单位96.9%、地市级单位96.7%、县级单位87.1%，总体平均拥有率达到85.6%，我国政府网站已经完成了由技术导向阶段向内容导向阶段的转变，政府网站内容正逐步形成以信息公开、在线办事和公民参与三大功能定位为主的格局。[①] 从我国信息资源分布的基本状态看，政府机关占有全社会约80%的信息资源。伴随着我国政府信息公开制度的正式确立和开放进程的实际推进，它已经明显对政府信息资源管理和政府信息服务工作产生了一种倒逼效应，我国政府信息资源管理与服务工作水平正经历着质的飞跃。

政治架构是指政治权力在地方政府层面的配置状况，包括行政级别、辖区类别、与其他辖区政府的竞争程度、政府换届时间及新上任领导的偏好等。政府架构中的大部分变量在相当长的时间内会维持稳定，唯有政府换届和新上任领导的偏好是一个经常变动的变量（严荣，2006）。从党的十七大报告所指明的新一届政府的政治意愿看，进一步扩大公民政治参与，加快行政管理体制改革，建设服务型政府已成为一个基本取向。由于政府信息公开与信息增值服务是保障和扩大公民政治参与的前提（现代民主政治的两大基本要素是公开和参与，其中公开又是参与的前提），并且普遍性的政府信息公开服务和个性化的信息资源开发服务都属政府公共服务范畴。因此，推进信息资源开发服务政策创新已经成为决定民主化程度和服务型政府能否实现的决定性因素。

现有制度和政策是指信息政策体系的均衡和相关状况。从现有制度与政策维度看，信息资源开发服务政策是对《中共中央办公厅、国务院办公厅关于加强

---

　① 　政府网调研现状，http://www.xyjjlt.net/bbs/dispbbs.asp? boardID=57&ID=34519。

信息资源开发利用的若干意见》（中办发［2004］34号）、《政府信息公开条例》等已有信息政策法规的配套支持，它属于一种配套性政策创新。在《政府信息公开条例》等政策法规颁布之前，我国虽然也以多种不同形式进行了不同程度的政务信息公开尝试，但从总体水平看，我国政府信息透明度仍然不高，这就决定了以政府信息源为基础的信息资源开发服务也基本属于零供给或弱供给水平。从时序上看，我国政府信息开发政策出台在前，政府信息公开政策出台在后，这就意味着在实际操作中，因政府信息源不公开必然产生无法对政府信息资源进行增值开发的现象。这是典型的政府信息政策时序偏差效应。随着《政府信息公开条例》在2007年4月的颁布和2008年5月的生效，以及《关于加强信息资源开发利用的若干意见》中对信息资源开发政策的明确，信息资源开发服务政策创新已经具备了累积基础。从某种意义上看，一方面，政府信息开放与开发政策从根本上决定着信息资源开发服务政策能否创新及其创新的内容与力度；另一方面，信息资源开发服务政策又是对现有政府信息开放与开发政策的深化。

社会文化是指社会民主文化、信息消费文化等对信息资源开发服务政策创新所产生的影响。随着我国民主政治进程的不断加快，社会公民的民主参与意识逐步加强，而公民民主参与的前提是公开和知悉，因此，公民对政府信息的需求显著增多。从全社会消费文化的基本走向看，信息消费已经成为一种时尚，这表明各类信息资源开发产品（包括政府信息增值产品）的消费需求和潜在市场业已形成。利用政策创新来增加信息资源开发服务产品的供给不仅可以满足公民的政府信息消费现实需求，而且可以唤起和激发公民的政府信息消费潜在需求，从而进一步推动我国信息内容产业的发展和信息产业内部结构的调整。

第二，信息公平理念和多元政策要素是信息开发服务政策创新的基础和具体路径。

新的政策生态环境不仅呼唤着信息资源开发服务政策的创新，而且要求这种政策创新必须符合当今社会的基本价值理念。和谐社会的核心价值理念是公平正义，它反映在信息服务领域就是信息公平与正义的要求。信息公平与正义就是信息主体之间在获取、分配和应用等信息利益关系中处于权利公平、机会公平、过程公平和结果分配公平的状态，其实质就在于将信息资源进行合理有效地组织和分配。它一方面要求通过政策与制度构建消除信息资源公共获取的障碍，保障有关主体获取与利用信息的机会公平和以此为基础的发展机会公平；另一方面它也要求信息资源配置的公平，即信息资源在不同信息主体之间的分配处于合理状态。由于不同主体对信息资源的需求各不相同，因此，信息资源在不同主体之间的配置不应该是平均化的。在这种情况下，信息资源的配置公平是指不同主体对所需的信息资源处于"各取所需"和"所需能取"状态（蒋永福和刘鑫，2005）。由于当前我国各类主体对政府信息需求的层次与类型已经出现了一定程度的分化，政府信息公开这类普遍信息服务已经不能实现信息资源配置公平所要求的"所需能取"状态。因此，这就迫切要求进行信息资源开发服务政策创新，并以此增强政府信息资源产品的供给能力和对个性化政府信息消费需求的服务能力，从而有效保证有关主体的信息消费权利并推动信息资源配置的公平。从我国信息政策制度的构建看，保障信息资源公共获取的制度已经有了一定发展，但保障信息资源公平配置的政策制度尚不完善。因此，以和谐社会中的公平与正义理念为基础进行信息资源开发服务政策的创新将可以极大地提升我国信息资源的总体配置水平及其合理化程度（周毅，2002）。

信息政策要素的构成是多元的，它具体包括政策主体、政策内容、政策手段和政策程序等方面。信息资源开发服务政策的创新就应沿着上述不同路径分别进行。从具体操作上看，信息资源开发服务政策的创新要走政策主体多元、政策内容丰富、政策工具可行、政策创新程序合法等多维路径。对此下文将作具体分析。

第三，扩大信息资源开发产品供给以满足社会信息需求并优化信息资源配置状态是信息资源开发服务政策创新的目标。

当前我国政府信息资源供给存在着原始信息多、增值信息少，开放信息多、开发信息少等基本特点。因此，政府信息资源供给结构存在一定局限，社会对个性化、增值类政府信息服务的需求很难得到满足。与此形成鲜明对照的是，文化学术信息、生活服务信息、企业商情信息等领域的增值类信息服务已经日渐丰富。分析产生上述反差的原因，可以发现，一方面是由于长期以来政府信息不公开与不开放制度影响了政府信息的增值开发；另一方面也由于政府信息增值开发的政策敏感性更强，在无明确政策规定"可为"或"不可为"的情况下，有关主体参与政府信息增值开发的风险无疑将进一步增大，它们不仅可能承担增值开发的投资风险，而且会承担一定的政治风险。从新公共管理理论的基本理念看，由政府机关主体全部承担面向全社会的普遍信息公开服务和个性化信息增值服务显然已经不符合有限政府与效率政府建设的要求。因此，通过政策创新实现信息资源开发服务产品的多元化有效供给就成为一个必然选择。

3.5.2.2　信息资源开发服务的政策内容创新

（1）信息资源开发服务主体的多元选择政策

建立在政府信息公开和档案开放基础上的信息资源开发服务是一种差别化与

个性化的信息服务，其服务主体存在着政府主体、社会主体和市场主体等多种选择的可能性（周毅，2007c）。事实上，政府在信息开发服务中的作用体现在提供者、推动者、掌舵者和监督者等不同角色上。目前政府在信息服务中主要发挥着信息生产者与提供者的作用，它不可避免地会产生一系列政府失灵现象。这具体表现在：一是政府提供信息服务的数量与质量一般是由政治决策过程决定的，这对满足社会公民的信息公开和开放等普遍服务需求较为有利，而对具有明显个性化和差别化特点的信息资源开发服务需求则很难作出应有回应；二是由于政府目前在政府信息服务中具有一定的垄断权，因此，即使其能够提供一定数量与质量的信息资源开发产品，但因其没有竞争对手，就可能导致用户无法对信息资源开发服务及其有关信息产品的质量进行监督，并引发政府信息服务职能的无限扩张、财政预算的膨胀和对免费服务政策的执行走样。因此，从这个意义上看，信息资源开发服务中的政府角色适宜由直接介入变为间接参与，并主要发挥推动者、掌舵者和监督者的作用。政府主要应通过政策设计来引导、培育和规范其他各类服务主体参与信息资源开发服务过程。

由于信息资源是重要的经济与战略资源，其本身具备了一定的市场增值服务价值，这就给市场主体介入信息资源开发服务提供了可能。市场化模式在满足用户的多样化和个性化信息需求方面具有得天独厚的优势，而且市场化模式也给有效解决因差别化信息服务产生的信息成本分担和信息公平问题提供了新的思路。有关学者在具体分析公共信息资源市场化配置形式时将目前国际范围内的实践概括为三类：一是政府部门不直接参与市场化运作，即使是有限的政府信息服务收费也只是象征性的低成本收费，但鼓励私人信息机构开展公共信息资源开发建设；二是政府部门直接开展市场化公共信息服务，国家财政全额划拨公共信息管理经费，其收费全部上缴国家财政；三是政府部门下属的国有市场型信息组织凭借行政隶属关系和专业化优势开展市场化公共信息服务，但收费不上缴国家财政，而归所在政府部门及相关信息机构所有，以弥补国家在行业性公共信息资源开发建设经费上的不足（夏义堃，2007）。

上述关于实践形式的概括显然并未区分普遍化信息公开服务和个性化信息增值服务在实现机制与政策取向上的不同。笔者认为，在我国政府信息服务主体的政策选择上，应以普遍信息公开服务和个性化信息增值服务为两条主线分别设计和界定有关主体的行动指南。普遍信息公开服务的主体选择及其政策设计应以最大限度地实现社会公共利益作为基本立足点，虽然市场主体也可以参与这类服务，但政府应以合同外包、特许经营、政府采购等形式具体落实成本收费原则，以保证普遍信息公开服务的公益性方向；个性化信息增值服务的主体选择及其政策设计则应以最大限度地满足用户信息需求作为立足点，各类市场主体的参与度将会极大提高，而且其信息资源开发产品的生产经营行为也可以适当放开。

这种政策上的放开主要侧重在以下内容上：一是个性化信息资源开发产品的类型与内容可以适当放开。为了充分发挥市场主体在信息服务产品经营上的灵活性特点，市场主体在遵守我国已有法律法规（主要是有关信息权利保护的法律法规）和保证其生产的信息增值产品具有基本质量品质的前提下，可以对其信息资源开发产品的类型与内容进行多样化选择；二是个性化信息资源开发产品的价格可以适当放开。个性化信息资源开发服务虽然仍属政府公共服务范畴，但这并不一定意味着它就是一种纯公益性服务。显然，由全体社会成员共同分担针对个别用户而开展的信息资源开发服务成本违背信息公平与正义的要求。因此，在市场化生产经营行为的价格策略上可以适当放开，用者付费就不失为一种可行策略，对此下文一并分析；三是个性化信息资源开发产品的产权保护政策可以进一步明确。由于增值信息服务产品具有一定的非排他性和共享特性，这就使得在信息资源开发服务产品生产和消费过程中难免会出现"搭便车"现象（蒋永福，2006），其结果是可能影响到部分市场主体参与个性化信息资源开发产品开发服务的热情。因此，明确有形信息资源开发产品的产权归属对保护市场主体的参与积极性具有重要作用。

作为一种公共服务，信息资源开发服务可能会无利可图或只有低收益，因此，它需要一种奉献精神，以志愿求公益的第三部门恰好体现了这种精神。因此，制定政策并推进非政府与非营利组织进入信息资源开发服务的相关领域就成为政府"涉入"信息增值服务的主要方法。考虑到当前我国第三部门的发育水平和运行状况，在政策设计上可以首先考虑采用合作模式，即由政府提供资金，第三部门实际负责信息增值服务的生产和提供。当第三部门发育及其运行机制完善后，也可以再推出双元模式与第三部门主导模式。所谓双元模式是指政府与非营利组织各自提供信息资源开发服务，二者的服务提供与经费来源各有其不同的明确范围，双方各有其自主性存在；所谓第三部门主导模式是指非营利组织同时扮演资金提供者和服务提供者的角色，不受政府的限制，自主针对特定服务对象的需求提供与发展信息资源开发服务。

（2）信息资源开发服务主体的准入与退出政策

为了保证信息资源开发服务的基本公益性质和服务质量，应制定完善的信息资源开发服务主体准入与退出政策。

信息资源开发服务的准入政策主要从以下几个方面进行设计：一是领域准入

限制，主要是严格规定社会化和市场化主体的准入领域，如根据信息资源开发服务的类型与内容，对一些政策性较强的增值服务内容可以限制有关主体的进入，又如危机事件与突发事件信息的增值服务、军事信息与重大科技信息的增值服务等可以不包括在向社会和市场开放的增值服务项目中，从而限制有关主体开展信息资源开发服务的领域和范围。二是形式准入限制，主要是对开展信息资源开发服务的实体进行准入规定，从而限制信息资源开发服务的活动形式。形式准入限制可采用非独立准入和非实体准入等形式。非独立准入是实行有关政府机构、公共服务机构和社会化或市场化主体在信息资源开发服务中的合作准入；非实体准入则是不确认社会化或市场化主体的信息资源开发服务主体身份，而是通过有关政策实行信息资源开发服务项目的合作准入，如对政策与法规信息增值服务、人口数据信息增值服务、空间信息增值服务等可由政府机构、公共服务机构邀请有关社会化或市场化主体参与，从而最大限度地保证信息资源开发服务的质量和公益性质。三是性质准入限制，主要是对有关主体实行非经营性准入，以限制其活动性质，如对非营利组织这类社会化服务机构涉入信息资源开发服务活动就应明确规定其不得以赢利为目的。四是条件准入限制，主要是对社会化和市场化主体涉入信息资源开发服务设置相关条件要求，以限制其在信息资源开发服务中的活动权限，如有关主体必须有从事信息服务等相关行业的经验、基本的信息增值服务条件、工商许可、人力资源保证、定价限制等。

信息资源开发服务的退出政策主要从以下方面进行设计：一是违规性退出政策。由于进入信息资源开发服务领域的主体具有多元化特点，从源头上虽然有准入政策的控制，但这很难避免信息资源开发服务中各类违规情况的发生。从属性上看，有关主体可能出现的违规现象主要有：增值信息服务质量问题、信息安全与内容问题、免费与价格政策执行问题、增值服务范围问题、知识产权问题等。如果有关主体在上述领域中出现了程度不等的违规现象则应启动相应退出政策，从而维护信息资源开发服务的正常秩序。从这类退出机制的动力源看，它属于一种外部强制性退出。在具体操作上，可以视有关主体的违规程度实施终身强制退出和暂停经营两种具体方式。二是引导性退出政策。由于信息资源开发服务产品类型多样，在不同发展阶段社会需要的增值信息产品也明显不同，政府应对出现的适销并不对路的信息资源开发产品适时启动退出政策，引导相关主体重新选择增值服务项目。这类退出机制的动力源是信息增值服务主体的主动退出，引导其作出退出选择的信号既可以是政府援助基金等政策信号，也可以是增值信息服务产品价格波动等市场信号。

（3）信息资源开发服务的定价政策

信息资源开发服务不是政府部门在履行其职责过程中提供的保障公民基本信息知情权的普遍信息服务，而是以满足用户个性化信息需求为出发点，以对政府信息的再加工、再开发和再利用为基础的差别化服务，它虽然仍是一种公共服务但并不完全属于纯公益性的服务。因此，对其采取何种定价政策就极为敏感。笔者认为，对属于普遍服务性质的政府信息公开和属于个性化服务性质的信息资源开发服务在定价政策上也应区别对待。

目前国际范围内针对政府信息公开有三类收费政策：一是收取边际成本，即提供服务如数据处理、拷贝及相应的材料费；二是收取（或试图收取）全部成本（包括信息的生产成本）；三是介于两者之间的回收部分生产成本。美国采取的是收取边际成本的方法，表现了信息供给的极大福利化。澳大利亚采用部分成本回收（主要是信息分发成本）的政策，在英国则采取信息成本完全回收的收费政策，即将信息的采集、处理和信息系统建设等完全作为商业行为来运作。从政府信息公开过程中各国不同收费政策产生的实际效果看，美国的边际成本（只收取信息分发成本，不收取最初的信息采集和加工成本）和低成本收费政策兼顾了公共利益和行政效益，也最大限度地发挥了政府信息的社会效益。应该说，我国《政府信息公开条例》中所提出的免费政策实质上就是对这种边际成本政策的借鉴，它也促进了公民基本信息需求的实现。但对信息资源开发服务而言，因其信息增值开发加工将耗费更多的公共资源，而它又不能让社会公民普遍受益，因此，由全体社会成员共同承担政府信息增值产品的费用显然就有失公平。

基于上述认识，信息资源开发服务的定价政策就应考虑将政府信息增值产品生产过程中发生的信息采集成本、信息加工成本、信息分发成本等全部成本计入其中。考虑到信息资源开发产品的生产与消费特性，一次性高成本投入和可能的多次低成本复制消费，在定价政策上也应具有一定灵活性。此外，还应注意到，信息资源开发服务仍属政府公共服务范畴，因此其公益性属性仍然存在，这就要求在定价政策中体现出有关主体的非营利政策目标。综合上述影响定价政策的因素，笔者认为，在信息资源开发服务中可取的定价政策思路是以全部成本和差别定价为基础实行政府最高限价。

（4）信息资源开发服务的信息产权保护政策

法学界有专家认为，信息产权脱胎于知识产权，是知识产权的完善、发展与升华，它继承了知识产权的特质并包含了原有知识产权制度的内容。与此同时，信息产权在客体范围上拓宽了视野，将知识产权理念与制度上无法容纳的一些待调整对象纳入其中，承认信息本身就可以成为财产权利的独立客体（李晓辉，2006）。因此，信息产权是为解决信息作为一种财产的归属问题而产生的一种新型信息权利类型，具体包括对信息财产性质的确认、信息产权权利人的确认和信息产权具体内容的确认等要素（杨宏玲和黄瑞华，2003）。为了有效解决当前信息资源开发服务产品供应不足的现状（保障公民信息获取权），极大地鼓励有关主体参与公益性信息资源开发服务的热情（保障信息产权权利人的利益回报），必须通过信息产权保护政策使增值服务主体的合法权利得到尊重和保护。从当前的政策思路看，建立以信息产权保护为基础的法定许可和政府付费政策就成为可行方法。对此在后文中还将进行具体分析。

3.5.2.3 信息资源开发服务的政策工具创新

政策工具是组成政策体系的元素，是由政府所掌握的、可以运用的达成政策目标的手段和措施。信息资源开发服务政策最终就是集中表现为各种信息服务政策工具的组合。

（1）信息资源开发服务政策工具的结构层次

信息资源开发服务的政策工具由基本层、综合层和战略层所构成。基本层的政策工具是信息资源开发服务政策体系中数量最多和利用率最高的政策工具，具体包括税收优惠、教育培训、财政投入、知识产权、信息源保证、公共采购等形式。虽然上述政策工具并不是信息增值服务政策所独有的工具，但它们更多地融入了信息服务政策的特点。综合层的政策工具是一种中观层面的政策工具，它一方面对战略层政策工具进行细化和具体化，另一方面又对基本层政策工具进行组合。创新基金、特许经营、扶持信息服务中介和专业信息内容供应商的发展等都属于综合层的政策工具。战略层的政策工具是指与信息增值服务相关的具有前瞻性和指导意义的宏观政策、理念及目标。由于我国政府信息公开制度刚刚建立，信息资源开发服务尚处于酝酿阶段，目前只对"信息源保证"这一最基本的政策工具进行了有限运用，从基本层、综合层和战略层三个层面上科学组合我国信息资源开发服务政策工具的思路尚未形成。针对这一现状，从基本层、综合层和战略层三个层次分别进行有关政策工具设计就显得十分必要。

（2）政府信息开发服务政策工具的基本类型

基于政策工具对信息资源开发服务的作用方式不同，可以将其分为供给型、环境型和需求型三种。供给型政策工具是指政府通过对人才、信息、技术和资金等的直接支持，改善信息资源开发服务相关要素的供给，从而推动信息资源开发服务产品的开发，它又可以细分为教育培训、政府信息源提供和支持、专项信息服务资金投入（如建设信息资源开发服务专项援助基金，援助有关主体进入一些信息资源开发产品明显缺少的领域，改变目前存在的信息资源开发产品供不应求的态势）、相关服务等；环境型政策工具是指政府通过财务金融、价格税收、法规管制等政策影响信息资源开发服务发展的环境因素，为信息资源开发服务提供有利的政策环境，它又可细分为目标规划、金融支持、定价方法、税收优惠、知识产权、法规管理等；需求型政策工具是指政府通过采购与定制等措施减少信息资源开发服务的不确定性，推动和保障政府增值信息服务产品的开发，它又可细分为政府增值信息产品采购、信息资源开发服务项目外包与定制等方面。综合看来，供给型政策工具对信息资源开发服务具有推动力，环境型政策工具对信息资源开发服务具有保障力，需求型政策工具对信息资源开发服务具有拉动力。目前我国政府信息服务政策大部分是环境型的政策工具，很少有供给型和需求型的政策工具，而且在环境型的政策工具中目标规划和法规管理又占了相当大的比例（马费成和杜佳，2004）。这一特点集中体现在《中共中央办公厅、国务院办公厅关于加强信息资源开发利用的若干意见》（中办发〔2004〕34号）、《政府信息公开条例》和有关知识产权保护立法等政策文本中。这表明，在信息资源开发服务政策工具的创新中，增加供给型和需求型政策工具的运用应成为政策创新的重点。

（3）政府信息开发过程中可以选用的主要政策工具

信息资源开发服务的运作主要涉及融资、信息源和开发服务等若干阶段，在上述不同阶段中政府可以选择不同的政策工具。笔者认为，政府可以选用的政策工具主要有四类：无条件的现金支付、提供物品与服务（包括信息，特别是政府信息）、法规保护、限制或惩罚措施。

无条件的现金支付主要是指政府对有关信息资源公益性开发服务机构提供开发服务专项资金、财政和税收等政策上的帮助。按纯公益人、制度公益人和客观公益人的不同身份，有关政策在支持力度与内容上也各有不同。针对纯公益人而言，如果有关非营利组织参与信息资源开发服务，则政府可以通过委托合同承包方式支付一定的金钱进行支持，并辅以成本收费、会员制缴纳会费等政策工具。具体来说，合同制承包方式主要是非营利性组织按照非营利原则，承接政府信息资源的公益性开发服务项目；成本收费是指非营利组织提供公共信息产品时可以按成本收费，如收取信息复制费、邮寄费等；会员制缴纳会费是指有些"自理型"、"互利型"的非营利组织只给本组织成员或支持者提供公益性信息开发服务，而其费用则由本组织成员或支持者缴纳，以保证所提供服务的质量并控制成本。虽然这种会员制服务形式在公益性上大打折扣，但它仍能发挥一定的作用。针对制度公益人而言，政府应在财政拨款上对公共图书馆、综合档案馆等公益供给主体给予重点倾斜，在现行拨款构成中增加政府信息资源公益性开发专项基金，建立专项基金运行管理制度，并对政府机关内部信息管理部门参与信息资源公益性开放与开发服务的经费项目及经费预算作出明确要求；对营利组织等客观公益人而言，政府的帮助则主要来源于税收优惠政策，也可用项目"外包"的形式（这也是一种现金支付形式），将信息资源开发服务项目委托给有关营利组织进行运作，但政府必须加强对外包项目的管理以保证其公益性方向和公共资金投入的效益。

提供物品与服务主要体现在政府对三种公益人都应大量提供可供开发的政府信息。针对信息资源的公益性开发和商业性开发，"提供物品与服务"这一政策工具的运用应具有一定的灵活性。在具体操作上，可以在划分公益性与商业性开发服务的界限基础上，重视对商业性开发服务中的政府信息需求给予支持，以进一步扩大商业性开发服务中的客观公益效果。例如，美国联邦统计局的有关信息在由政府出版局出版后免费提供给贸易协会并由其出版并发售的做法就值得我国政府借鉴（陈能华等，2006）。但值得注意的是，为了保证政府信息资源开发服务的客观公益效果，政府部门应在运用"提供物品与服务"这一政策工具的同时，注重其他政策工具的协调运用。从某种意义上看，商业化运作开发的信息资源产品与服务也可以通过政府投资、购买或减免税收等工具的运用以保证其开发服务的客观公益效果。

法律保护主要是指对政府信息资源公益性开发产品实施信息产权保护。虽然世界各国普遍认为政府文件与信息不享有著作权保护，但政府信息资源开发产品（这是一种典型的增值信息产品）明显有别于原始的政府信息与文件。因此，明确信息资源开发产品的著作权归属就成为鼓励公益开发服务的重要保证。我国在2001年修改的《著作权法》中明确规定，国家工作人员在职期间生产的作品（信息），实行个人产权和所在单位版权（王正兴等，2006）。但现有法律并未就公共资助生产的信息是否属于"政府信息资产"或"公共资产"进行明确。在信息资源开发服务中，加强对"政府信息资产"的控制与管理已经成为一个重要的法律保护内容。

由于信息资源开发服务是一个多主体、多渠道的机制体系，因此，提出严格的限制或惩罚措施是保障开发服务公益性、有序性和科学性的基本前提。这种限制或惩罚措施的内容主要涉及：制定提供信息资源开发服务主体的资格认定方法和进入机制；对各类公益人信息资源公益性开发服务质量与规则执行情况的监管方法；预防政府信息资源开发服务中有关公益人信息寻租行为发生的具体方法；违规公益人（特别是客观公益人）在政府信息资源公益开发服务中的退出机制及其管理方法；限制与惩罚措施执行中的政府角色及政府问责制度等。

3.5.2.4　信息资源开发服务的政策程序创新

信息资源开发服务的政策程序创新主要是指信息资源开发服务的政策程序（包括制定、传导、执行、调整、终结、监督和反馈评价等过程）要完善，并形成健全的政策运行体系。作为一种公共政策，信息资源开发服务政策是为了满足社会信息消费需求而产生的，其制定与运行也会因社会信息消费需求特点变化而变化。因此，它必须权变性地应对供给与需求、公益与有偿、公平与效率等相互关系，这就要求信息资源开发服务政策的制定必须充分反映民意和社会呼声。从信息资源开发服务的多元化运行机制（政府机制、市场机制和社会机制）和服务对象看（周毅，2005），其政策程序上的创新就是要求吸纳更多的政策主体参与创新过程，这不仅体现在政策制定过程中的民意表达（如召开听证会），而且还体现在信息资源开发服务政策的执行、监督和评价等各个环节上。

综上所述，我国信息资源开发服务的政策创新主要可以围绕政策内容、政策工具、政策程序等多个方面有序进行，其中政策内容创新又是难点和重点。除上文论及的有关政策内容创新思路外，在有关研究和实践工作中仍须积极探索以下领域：明确政府部门在信息资源开发服务中的主体地位与具体任务，对企业、个人和其他组织进入和退出信息资源开发服务领域的具体政策进行细化；明确信息资源开发服务的监管部门及其职责；制定信息资源开发服务的专项基金政策与管理制度，改革并完善对有关制度公益人的财政拨款制度，明确对参与信息资源开发服务的营利组织的各种优惠政策；制定信息资源开发服务项目"外包"的运作与管理政策；制定信息资源开发服务的质量责任制度，出台有关服务质量评价标准；有效保证政府信息资源产品得以全社会共享的技术标准与管理标准。

信息资源开发服务政策作为信息资源开发服务政策的组成部分，其政策设计与创新思路可以在上文论及的框架范围内进行。针对信息资源开发服务的特点，有关政策制定部门也可以在信息资源开发服务政策创新之路上走得更远。

本 章 小 结

信息资源开放与开发法律和政策体系的构建是确认和保护有关主体信息权利的基本保障。本章从信息资源开放服务的发端——档案资源开放服务的基本状况入手，对现有信息资源开放与开发法律或政策中涉及有关主体信息权利的矛盾冲突进行了系统梳理。结合信息权利现状和社会权利需要，提出当前信息资源开放与开发法律和政策制定的重点是要确认网络信息存档权和信息利用权利两类信息权利，如何促进有关信息权利的实现则依赖于信息资源开发服务政策的设计和创新。本章对信息资源开发服务的政策创新路径进行了研究。

第 4 章　信息权利保护视窗中的信息管理制度体系建立

管理制度层面旨在建立推动信息权利全面保护得以实现的信息管理制度体系。信息管理制度体系是政府为了保障有关主体的信息权利而作出的一系列管理制度安排。它主要包括与政府信息公开配套的信息管理制度、信息资产运营管理制度、信息资源整合开发管理制度等。从信息管理制度体系与信息法律政策的关系看，信息法律与政策依赖于具有可操作性的管理制度去推动落实。以信息权利全面保护为基础构建的信息资源开放与开发法律和政策是解释性的，它能为人们提供一种信息管理领域信息权利保护的认识框架，而信息管理制度体系则是实践性的，它通常是回答解决信息资源开放与开发的技术问题，即回答怎么办的问题，而不是为什么的问题。"制度构建与完善"应成为变革时期（包括社会法律环境的变革）信息管理学科研究边界拓展的重要领域之一。

4.1　建立与政府信息公开制度配套的信息管理制度

2008 年 5 月 1 日起正式施行的《政府信息公开条例》以信息公开是政府机关的义务为基础，从公开主体、公开范围、公开方式等方面对我国政府信息公开行为作出了明确的制度安排。尤为引人注目的是，《政府信息公开条例》明确提出要构建我国政府信息公开工作的业务配套制度、工作考核制度、社会评议制度和责任追究制度等。这实际上是打开了政府信息资源管理的末端环节，它必然会产生一系列的"倒逼"效应，促使政府机关及有关管理部门完善整个政府信息资源管理制度。

政府机关档案室及综合档案馆是政府信息资源聚集的部门，同时也是政府信息公开查阅点，它们具体承担着政府信息资源管理与开放服务的任务，因此，如何根据《政府信息公开条例》的要求系统构建起与政府信息公开要求相配套的档案管理制度就成为一个紧迫的课题。笔者认为，政府机关档案室及各级综合档案馆（政府信息公共查阅点）应根据《政府信息公开条例》的要求，以档案管理配套制度建设为重点，实现机关档案室和综合档案馆内向型管理制度向开放型管理制度建设的转变，从而保证机关档案室和综合档案馆政府信息公共查阅点功能的实现。在政府机关档案室和各级综合档案馆的档案管理配套制度建设中，与政府信息公开趋势相呼应的制度建设内容主要集中在如下方面。

4.1.1　建立政府信息资源分级分类管理制度

政府信息资源分类是指把具有某种共同属性或特征的信息归并在一起，通过其类别属性或特征对信息进行区别，并有针对性地采取不同管理业务规范。对政府信息进行分类的标准可以是多重的，如从政府信息的涉及部门（如政府机关、第三部门、事业单位、具有公共服务性质的企业等）、政府信息的属性（内部共享的政府信息、公益性政府信息、商业性政府信息）、加工处理状态（原始数据、初步处理数据、精细加工数据、增值数据），以及政府信息用户进行的分级分类。一般来看，政府信息基本可以分为保密信息、公共信息（或公益信息）和增值信息等几类；从基本分级看，政府信息可以分为三级：社会公开类、依法专用类和部门共享类。在分级分类基础上，各级政府机关档案室、综合档案馆和公共图书馆应根据《政府信息公开条例》在公开范围上的总体要求，分别确立不同的政府信息管理与开放重点，并围绕这些重点内容组织日常业务管理工作，以确保《政府信息公开条例》提出的不同层级人民政府及其部门政府信息公开的重点任务得以顺利完成。

4.1.2　建立政府信息资源公开目录与指南的发布和更新制度

《政府信息公开条例》第十九条明确要求，行政机关应当编制、公布政府信息公开指南和政府信息公开目录，并及时更新。政府信息公开指南应当包括政府信息的分类、编排体系、获取方式，政府信息公开工作机构的名称、办公地址、办公时间、联系电话、传真号码、电子邮箱等内容；政府信息公开目录应当包括政府信息的索引、名称、内容概述、生成时期等内容。从政府信息公开指南与目录的构成内容看，各级档案业务机构应重点介入的工作是政府信息公开目录的编制与更新。政府机关档案室、综合档案馆和公共图书馆在参与或独立完成政府信息公开目录的编制过程中，应就编制与更新周期、公开内容与范围审查、公开目录发布审核程序、公开目录编制的岗位责任等建立相关制度，从而推进有关管理部门实现由现行公务目录向开放目录编制工作的转变，并确保开放目录的编制质量。

4.1.3　完善政府信息公共查阅点的信息管理制度

《政府信息公开条例》第十六条规定，各级人民政府应当在国家档案馆、公共图书馆设置政府信息查阅场所，行政机关可以根据需要设立公共查阅室、资料索取点。

上述规定明确了国家档案馆在政府信息公开中的地位。与此相对应，考虑到当前行政机关内部机构设置的现状和业务工作的天然联系，机关档案室也应是政府机关信息公共查阅室的首选地点。

由于机关档案室和综合档案馆正从收藏和管理政府信息中的非现行文件向多类型的政府信息收藏和管理发生着转变，服务范围也从局部与有限服务向全方位的开放服务转变，这都要求机关档案室和综合档案馆的管理制度作出新调整。

从综合档案馆管理制度的调整看，它不仅要完善其自身的信息公开制度（综合档案馆也是政府信息公开的义务主体之一），而且还应形成其作为政府信息公共查阅点的科学管理制度：在权限归属上，综合档案馆应明确其政府信息查阅的内部业务部门，并对其日常政府信息管理行为提出明确规范，特别是具体制定被动申请开放的受理程序规范和申请转递制度；在政府信息集中时间上，应要求有关义务主体按照《政府信息公开条例》的要求，在政府信息形成、发布或更新的同时及时抄送综合档案馆，以便公民集中查阅；在政府信息报送单位上，应要求凡具有行政管理职能、公共服务职能的党政机关、企事业单位等均应及时报送相关信息和文件；在政府信息报送内容上，应根据《政府信息公开条例》明确的不同层级政府机关的公开重点，具体确定有关机关报送的政府信息内容；在报送手续上，综合档案馆应及时与有关机关办理政府信息交接手续，以确认政府信息公开的数量与质量；在政府信息公开准备上，综合档案馆应采取有效措施保证公开信息的有序，对有关政府信息和文件进行必要的分类整理，法规性、政策性文件、公报、政报、志书和期刊等应上架有序排列，同时政府信息查阅点应配备必要的检索工具，完善查阅检索体系，并提供有关政府信息公开的辅助性资料；在政府信息公开协作上，综合档案馆为了保证其提供政府信息的一致性和公开申请受理的及时性，应及时沟通并协调有关政府机关的关系。

从机关档案室档案管理制度的调整看，它应重点加强以下制度建设：以《机关档案室业务建设规范》为基础，进一步明确机关档案室在政府信息公开中的职能与职责，重新制定有关管理人员的岗位责任和考核方法；以归档制度为基础，建立可公开政府信息向机关档案室和综合档案馆的移送制度，它应包括政府信息移送的内容、时间、载体、安全等具体要求；以机关档案室档案查阅与利用制度为基础，建立机关档案室的社会开放制度，就机关档案室对社会公民服务的时间、手续、义务和公开申请的受理方法等进行规定，从而确保机关档案室作为政府信息公开工作机构的规范运作。

4.1.4　建立政府信息查阅点的服务规范制度

作为政府信息查阅点的机关档案室、各级综合档案馆和公共图书馆虽然已经不同程度开展过信息服务活动，积累了一定服务经验，也有一系列的服务规范制度，但成为政府信息查阅点后，机关档案室、综合档案馆和公共图书馆的服务特点发生了很大变化，其服务内容更加丰富、服务范围更加广泛、服务时效更加明确。上述服务特点的新变化，给机关档案室和综合档案馆的服务制度也增加了新内涵。

一是机关档案室、综合档案馆和公共图书馆在政府信息公开中应对公民履行一定的帮助服务义务。具体内容是：提供必要的检索服务；解答有关利用咨询的义务（而非信息内容的解释义务）；提供邮寄、复制等帮助服务；对特殊人群，如视听障碍者的帮助义务；对信息申请者的指引服务；参与和指导有关公开义务机关主体的政府信息密级审查；接受有关人员的来电、来函查询服务；对实施政府信息公开的义务机关无偿提供政策与方法的指导和培训等。

二是机关档案室、综合档案馆和图书馆在政府信息公开服务中应更加严格地遵守如下服务规范：公开服务工作应公平、公正、便民，不得因利用者差异而提供程度不同的服务；主动热情，理解和支持利用者的求准、求全、求快、求新的心理；作好服务登记和利用者需求类型统计分析，力求主动开展高效信息服务；在服务时应按法律法规的要求和机关委托进行信息开放，不得越权开放；对被动公开服务要作出及时响应，被动开放申请应在 15 个工作日内作出可以公开或不予公开的决定。对一些特殊需求，如果需花费较多的搜寻时间应及时向利用者说明，但延长答复的时间不能超过 30 个工作日；档案工作人员不得利用优先知悉的政府信息进行信息寻租。

4.1.5　建立政府信息公开的开放责任和安全审查责任制度

政府信息开放的开放责任与安全责任归属有关义务主体，各机关档案室、综合档案馆和公共图书馆作为政府信息公开查阅点也应认真作好公开的安全审查，承担连带的开放与安全保密责任。在机关档案室和综合档案馆的有关管理制度设计中，应从开放责任与安全责任两个侧面分别提出管理制度要求。例如，政府信息查阅点应对照《政府信息公开条例》和《保密法》等相关法律法规的规定，具体审查公开或不公开的政府信息内容范围，并在具体公开过程中平衡因公开而可能出现的公共利益、商业利益或个人利益之间的冲突；应加强对有关公开信息的安全保管，保证信息的物质安全以实现长期公开利用；针对有关机读文件物理寿命有限的问题，集中查阅点应有针对性地采取一定的保护措施，并定期检查其安全性能和复制相关信息；针对有关公民、法人或其他组织向行政机关申请与其自身有关的政府信息的，应由政府信息查阅点验明申请者的有效身份证件或者证明文件，并确保其使用过程处于安全监控之中。

4.1.6　建立起政府信息查阅点的政府信息公开工作年度报告制度

政府信息公开工作很大程度上是在机关档案室、综合档案馆和公共图书馆等政府信息查阅点的具体行为中得以实现的。因此，政府信息查阅点的信息公开工作年度报告制度对总结、考核和评议机关政府信息公开水平和发展趋势等具有重要意义。政府信息查阅点的公开年度报告除就查阅点主动与被动公开政府信息的情况、不予公开政府信息的情况、收费与减免情况、公开中的行政复议、行政诉讼情况、公开中存在的问题等提出报告外，还应就政府信息查阅点的目录编制、信息收集与加工、部门协作等管理情况提出报告，从而为政府信息查阅点公开工作的持续改进提供依据。对综合档案馆和图书馆而言，它还应就有关义务主体移送政府信息的数量与质量等具体事项提出报告，并向社会公布，从而使社会各界在评议机关政府信息公开水平时能有充分有效的依据。

4.1.7　建立政府信息查阅点的政府信息收费管理制度

根据《政府信息公开条例》的规定，行政机关依申请提供政府信息的，除可以收取检索、复制、邮寄等成本费用以外，不得收取其他费用，有关成本费用的标准由有关价格主管部门会同财政部门制定。对机关档案室、综合档案馆和公共图书馆等政府信息查阅点而言，应在上述有关收费政策框架内具体明确检索、复制和邮寄费的收取方法，重点是应就城市贫困人群的收费减免政策等形成规定。

4.1.8 建立政府信息查阅点的工作考核、社会评议和责任追究制度

建立政府信息查阅点的工作考核、社会评议和责任追究制度是切实保障机关档案室和综合档案馆工作效能的必要措施。《政府信息公开条例》明确规定综合档案馆等是政府信息公共查阅点，这不仅给档案工作带来了贴近社会大众的发展新机遇，同时也给档案部门赋予了更多的社会责任，带来了一系列管理新挑战。政府信息查阅点的工作考核、社会评议和责任追究制度看似是三个独立的组成部分，但它们却统一在相同的评价指标体系之下。

笔者认为，这个评价指标体系的关键性指标包括公民满意性指标与机关成本和效益与效率指标两个组成内容。公民在搜寻并利用政府信息的过程中对政府信息查阅点的管理与服务水平有其特定的评价角度。公民对政府信息公开需求的构成包括功能需求、形式需求、外延需求和价格需求四个基本内容。功能需求是指政府信息公开能否帮助公民明确或解决某一管理或现实生活问题；形式需求是公民对政府信息开放的载体、形式等的需求；外延需求通常表现为公民在利用开放的政府信息过程中还有一定的附加服务或心理需求，如在必要时开放主体能为其提供一定的信息咨询与指导服务，并满足其求尊、求快等正常心理需求；价格需求是指公民对免费原则基础上的成本价格收费有不同的敏感度。建立在上述认识基础上，笔者认为，公民对政府信息公开的功能需求指标主要包括及时性（主动与被动开放的响应时间标准、更新水平）、充分有效性（如政府信息的可理解性、开放程度、社会公平性等）两个具体方面；形式需求主要包括载体与开放手段多样性、利用便利性等指标；外延需求主要包括附加服务项目（如信息检索与指引工具、开放大纲与指南、政府信息的深度开发等）、服务态度等指标；价格需求则包括成本定价是否合理及执行情况等指标。

机关成本效益指标是指围绕政府信息公开和现行文件开放应具体考察政府机关的成本投入是否合理以及机关工作效率是否受到影响。从具体指标设定上看，主要包括专门负责开放工作的人员设置、开放过程中的成本开支与成本收费比较、机关社会形象、主动与被动开放的信息比例、开放信息后的实际社会效果反馈等。在利用上述指标进行有关工作考核、社会评议和责任追究制度的设计时，应将重点放在公民满意水平的测度上，并适当兼顾机关成本效益与效率指标，即考虑上述两大指标的不同权重。在参照情感梯度理论的基础上，可以将政府信息公开评价结果划分为不同水平级度，只有这样，才能保证有关考核与评议工作建立在可行的制度保障基础上。

4.2　建立健全信息资产运营管理制度

信息资源是重要的生产要素、无形资产和社会财富,这已经成为社会各界的共识。[①] 但是,信息资源并不就是信息资产,信息资源转化为信息资产需要一系列的制度安排,信息资产也需要科学运营才能产生一定效益。

4.2.1　信息资产的内涵分析

近年来,会计学领域内的资产概念正在逐步清晰。综合学界的各种观点,可以对资产概念作如下理解:资产在本质上是一种经济资源,它能够直接或者间接地带来经济利益;资产是某个实体(主要指企业)所拥有或者控制的资产和财物;资产是由过去的交易或事项形成的。以此作为认识基础,笔者认为,信息资产在本质上就是信息资源的"资产化",它是有关机构或组织将其在履行职责过程中制作、获得与控制的信息资源进行科学管理与运作,使其能够成为有关主体谋取经济利益的凭借。由于对信息资源有广义和狭义两种理解,与此相对应,信息资产既可以指机构或组织占有的计算机硬件、软件及各种通信设备等广义信息资产,也可以是指以信息内容资源为核心的狭义信息资产。由于信息内容在信息资源中居于核心地位以及它可能带来经济利益的广泛性,因此,在此仅以狭义信息资产作为研究对象。

笔者认为,信息资产主要包括以下几个基本内涵。

一是信息资产是一种生产要素和经济资源,它能给有关主体带来一定的经济利益。信息之上存在着利益,这种利益可分为直接利益与间接利益。信息之上的直接利益是指其能够为利益主张者带来物质财富的增加和精神需求的满足。例如,有关主体通过行使信息资产或财产权能为其带来一定的直接经济利益;信息之上的间接利益是指通过占有和支配信息所带来的增加物质和精神利益的便利和优势。这表明,在信息之上存在的直接或间接利益中既包括财产利益(经济利益),也包括人身利益。在现实社会中,信息资源正作为一种生产要素和经济资源被广泛用于各类经济或管理活动。从其实现经济利益的具体途径看,它主要可以预防、减少和消除有关主体的管理风险,为有关主体的管理控制和科学决策提

---

① 引自《中共中央办公厅、国务院办公厅关于加强信息资源开发利用工作的若干意见》(中办发 [2004] 34 号)。

供合理依据，从而为有关主体带来直接或间接的经济利益。在信息资源家族中，信息资源因具有其原始性、系统性等特性，因此其对社会经济发展的综合贡献力更为突出（冯惠玲，2006）。

二是信息资产的构成具有多样性和丰富性。资产既可以是实物型资产，也可以是非实物型的无形资产。有关机构或组织在履行职责过程中获得或控制的计算机硬件、通信设备等是有形的实物型信息资产；而计算机软件和大量的信息资源则属于典型的无形资产。从某种意义上看，实物型信息资产主要是为了满足机构或组织履行职能时的需要，在使用过程中它主要发生有形损耗，其价值会转移到其他形态的资产上去，价值也一般不会增加；而信息或档案文件等则是机构与组织产出的一种形式，它可以作为生产要素重新投入到管理与生产活动，从而带来有关主体经济利益的增长。随着时间推移和条件变化，信息既会发生无形损耗同时也会发生信息增值，作为具有历时性特征的档案信息资产更会因其稀缺性而发生价值增值。因此，从这个角度看，信息资产中更具运营价值的资产内容是信息内容资源这类无形资产形式。这也进一步验证了信息资源管理理论中将信息内容资源作为核心信息资源进行科学管理的基本结论。

三是信息资产是一种权利型资产。根据信息资产的所有权性质进行划分，信息资产有国家所有权、集体所有权和个人所有权三种基本类型。与不同所有权性质相对应，不同信息资产的权利内容也不尽相同，在此仅以政府信息资产的权利表现为例进行分析。根据信息资源的经济学特征，可以认为作为信息资源主要组成部分之一的政府信息资源（包括保存在综合档案馆的档案信息资源）同其他国有资产一样，具有公共产权（王芳，2005）。从所有权角度看，全体公民委托政府机构（综合档案馆可以被看做一种准政府机构）管理信息资源，而委托人的分散性（由于政府信息资源是政府产出的一种形式，政府的公共性决定了其产出的政府信息资源的公共性，并且这又决定了其产权主体的分散性）与"理性无知"意味着其在事实上的缺位，即政府信息资产的所有者缺位。同时，这又进一步决定了在信息资产所有权基础上派生出来的理应属于全体公民的相关信息权利（如获得权、加工权、受益权等）也未得到充分保障。正是由于这个原因，才导致政府信息资产运营相对薄弱。从委托—代理关系的角度来看，政府信息资产的收益权应该归诸于委托人，委托人的收益权既可以是资产收益也可以是非资产收益。委托人既可以通过代理人有偿转让政府信息资产获得收益（收益归国家财政），也可以无偿或低价获取所需信息服务，从而有助于其管理活动，并在此基础上获得收益与财富增值。从这个意义看，政府信息资产的获益主体不仅是政府机关本身（代理人），而且更应该是全体社会公民（委托人）。因此，笔者认为，为全体社会公民谋取最大利益就是政府信息资产运营的基本目标，获得并利用政府信息为自身谋取各种利益也是全体公民的基本权利之一。

四是信息资产具有自身的特性，这也决定了对其产出一般很难精确计量。信息资产是机关或组织控制的一项特殊资产，它既具有一般有形物质资产的特征，又兼具无形资产和信息资源的特征。从信息资产的特征看，它具体表现为非物质性、非排他性、累积性和高附加值等。非物质性是指信息不能脱离物质载体但又独立于物质载体，这类信息资产一旦出现，就可以在很大范围内交流和流通，这就使得信息资产本身的价值和效用测度变得复杂化，没有统一标准和固定模式可循；非排他性是指信息资产具有共享性。信息资产的获得者取得信息资产并不以其持有者失去信息资产为必要前提，二者在信息内容的使用上不存在竞争关系，信息资产可以被反复交换、反复使用。这就使对其使用与消费收益的统计与计量十分困难。累积性兼具两方面的含义：一方面是指伴随着社会活动持续开展，信息资产在数量和质量上都会得到持续改善；另一方面是指信息资产在满足社会需求的同时会不断产生信息增值。上述两个循环往复的过程都很难进行定量核算（李青松等，2001）；信息资产的高附加值是指其一旦被有关主体投入应用，就可能创造出巨大的和不可估量的现实和潜在利益。从某种意义上看，社会大众对档案信息及其管理工作在认识上存在的诸多误区也与信息资源效益的这种潜在性特点密切相关。

五是信息资源向信息资产的转化需要系统的制度安排。产权理论认为，资产是一系列制度安排的结果（刑定银，2006）。信息资源并不就是信息资产，资源向资产的转化依赖于各种制度安排。信息资产实质上就是关于信息资源使用权的制度安排结果。从理论上看，静态的信息资源只是一种潜在的生产要素，它只是具备了一种为有关主体带来经济利益的可能性。为此，只有进行一系列制度安排和科学运作才能推动信息资源由潜在生产要素向现实生产要素的转变，也才能实现信息资源的利益增值目标，从而完成信息资源向信息资产的转变。从制度安排的具体内容看，它由国家性制度安排、社会性制度安排和机关或组织内部管理制度安排三部分构成。国家性制度安排是指通过国家法律制度对信息开放与使用及其产权等进行强制性规范，从而对信息资源的所有权、使用权、开发权、转让权以及收益权等进行界定和分配，它是信息资源"资产化"实现的保证；社会性制度安排是一种更广泛、非正式和非强制性的制度安排，由价值观和规范、公民认知、社会伦理体系以及引导和激励性政策等构成。例如，在信息开放与开发服务中对公平、客观等规则的遵守，制定动员和促进各类主体参与信息资产化的开发政策等就是社会制度安排的表现；机关或组织内部管理制度安排（如上文提及的综合档案馆相关管理制度安排）是指为了促进信息资源向信息资产的转化，机关或组织应就信息开放、开发和集成服务等制订一系列的行为规则和工作机制。上述三类制度性安排对信息资源向信息资产的转化具有基础性作用，它也为信息资产运营提供了制度保障。

4.2.2 信息资产运营的主要策略

信息资源向信息资产的转化依赖于实际占有、控制信息的机关或组织和参与信息开放与开发的有关主体在制度保障下对其进行科学运营。从当前可行的运营策略看，它主要包括以下内容。

4.2.2.1 信息资产的激活策略：信息公开与档案开放

对静态信息的激活是实现信息资产化运作的首要任务，这种静态信息的激活既包括政府信息的公开，也包括档案的开放。在我国，政府机关是信息资源的最大拥有者，它所垄断的政府信息并没有转化为能够产生实际经济利益的政府资产，其主要原因之一就是政府信息未能被有效激活。笔者认为，信息公开和档案开放是激活信息资产的基本手段，它既是指政府机构将其在履行职责过程中形成、获得或占有的与行政运作有关的信息通过多种形式向社会公民提供利用的过程，也是指公共信息机构（含综合档案馆）将其收藏的档案信息根据法律法规的规定，定期或不定期地解除封闭向社会开放的过程。信息公开和档案开放在信息资产运营中产生的主要作用如下。

（1）信息公开与档案开放为各类主体利用信息资源并实现利益增值提供了更多可能

目前，政府信息形成或获得机关、档案收藏机构等是可能利用和消费信息并实现其利益增值的主体，这虽然在一定程度上也体现了信息资产的增值价值，但显然其利益增值途径极为有限。从信息公开与档案开放的实际运作机制看，它既可以是政府机关和档案机构相互之间开放信息，也可以是政府机关和档案机构向社会公众开放信息。前者是通过政府机关之间的信息共享从总体上节省政府运行成本，实现政府管理效能的整体优化；后者则是社会公众利用政府信息为其特定活动服务并实现利益增值或风险控制。占有或控制政府信息与档案信息的主体将有关信息向社会广泛开放，无疑极大地开辟了信息资产利益增值的可能空间。

（2）信息公开与档案开放为有关主体运用其他策略运营信息资产创造了条件

信息公开和档案开放是运营信息资产的基本手段，它也是进一步运用信息资源开发和整合等资产运营策略的前提条件。为了推动信息公开和档案开放，我国已形成了基本的国家性制度安排（《档案法》、《档案法实施办法》和《政府信息公开条例》等就是这种制度安排的集中体现）。从目前国家性制度安排的基本内容看，它虽然明确了全体社会公众可以获得和利用相关信息（"可以"获得和利用与"有权"获得和利用显然有明显区别），但其并未对公民享有的知情权与信息获取权、政府信息所有权、加工权、公布权、使用权和获益权等信息权利作出明确和全面的安排。从社会性制度上看，信息公开和档案开放也并未成为有关管理人员的共同认识和行为指南，而且，即使是在政府机关内部，落实政府信息公开的管理制度也远未全面建立。因此，加强制度建设仍是激活信息资产的首要任务。

4.2.2.2　信息资产的重组策略：信息开发与整合服务

从理论上看，信息供给有"原态"的信息公开与开放和"增值态"的信息开发与整合服务两种基本类型。"增值态"的信息开发与整合服务是由有关主体针对不同用户的信息需求，在对信息进行再加工、再开发与再利用的基础上，开发多种类型的信息资源产品（信息内容产品）并提供给有关用户的过程。由于"增值态"的信息开发与整合服务具有满足用户个性化信息需求和不一定属于纯公益性服务等基本特点（周毅，2008b），在一定程度上就使信息资源转化为信息资产的可能性大大增加。这具体表现在以下方面。

一是信息开发与整合服务是针对用户需求提供的一种差别机会与差别服务，这就极大地增加了用户利用信息获取各种利益的机会。此时，信息资产的受益主体是特定用户。

二是有关主体（包括政府机关和其他各类社会化与市场化主体）在参与信息开发与整合服务时可以形成具有知识产权的信息内容产品，并运用价格机制实现一定的利益目标。从理论上看，信息内容产品本身并不是一种纯公共物品，充其量只是一种准公共物品，属于可收费的范畴，因而引入价格机制对其实行收费不但可能而且易于操作。此时，信息资产的受益主体具有多维性，它既可以是政府机关，也可以是参与开发服务的非营利组织和其他市场组织，同时还包括消费政府信息内容产品的用户。上述主体围绕着信息内容产品的生产或消费均不同程度地实现了一定的利益目标。

三是跨组织或跨机构的信息开发与整合可以改变当前普遍存在的"信息孤岛"现象，从而在提高有关主体的自我服务效益、实现整体服务效能优化的同时，也极大地改善社会信息资产的总体结构状况。

四是信息开发与整合服务很大程度上依赖于有关主体的隐性知识，隐性知识在这一过程中实质上起着一种"组装"和"挖掘"信息资源的作用，这种个人知识资产与机构信息资产的融合，极大地改变了机构信息资产存量与增量变化的方式，提升了机构信息资产的相对质量，并增加了信息资产的获利机会。

事实上，学界对实现信息开发与整合服务已经进行了一系列有益探讨，其中建设政府信息工厂的设想就不失为一种可行之策（李晓翔和谢阳群，2007）。

4.2.2.3 信息资产的风险控制策略：信息分级分类与合理使用

在信息资产运营过程中，有关主体面临的资产运营风险主要来自以下方面。

（1）信息寻租风险

信息寻租风险是指有关机构及其工作人员可能会利用其对信息资源的垄断来决定信息公开的内容、时间、程度和范围，或者是运用其所处的信息优势地位和信息处置权来解释、处理公共信息，使其向有利于自身利益最大化的方向发展。在信息寻租中，有关机构及其工作人员可能的获利途径是：在信息公开和档案开放中违反免费原则收取用户的额外费用（执行国家统一收费标准的除外）；利用优先知悉与垄断的信息谋取市场机会及有关利益；将信息向特定主体公开，并作为利益相关者从中获取利益等。信息寻租一方面导致了信息资产的价值流失，助长了信息资产的产权私有化倾向，另一方面也极大地损害了公共利益和机构或政府形象。因此，从本质上看，信息寻租就是有关主体利用信息资产的调控权来改变或抑制信息资产的流动方向和作用范围，从而谋取个人或小团体私利的行为（夏义堃，2006a）。

（2）信息开放与开发的负外部效用风险

信息开放与开发的外部效用包括正外部效用和负外部效用。前者表示某件信息被开放或开发后，除了给当事者带来一定效用外，还会给其他人带来额外的效用；后者则相反，它表示某件信息的开放与开发过程会给当事者带来效用，但同时也会损害其他人的利益。通过开放与开发服务等策略运营政府信息资产，其可能产生的负外部效用风险是：国家安全利益风险、企业信息资产流失风险（企业信息秘密具有政府信息资产和企业信息资产的双重属性，政府信息资产的运营一定程度上会对企业利益产生影响）和个人隐私利益风险。

为了控制信息资产运营过程中可能产生的上述风险，可以采取以下对策对其进行科学运营。

一是对信息资产进行科学的分级分类。信息资产的分级分类就是把具有某种共同属性或特征的信息资产归并在一起，针对其类别的属性或特征进行运营。由于信息资源分级分类的标准是多重的（周毅，2007c），因此，信息资产的分级分类也可以采取不同方法。笔者认为，从信息资产运营风险控制的要求看，可以将信息资产分为保密信息资产、公共信息资产和增值信息资产三种类型。其中，保密信息资产是风险控制的重点领域，而公共信息资产和增值信息资产则是开放、开发与整合服务的重点领域。

二是加强信息资产的信息管理。信息资产的信息管理就是要全面记录各类不同机构信息资产及其运营情况，包括信息资产数量与质量及其功能、信息资产的使用权限、信息资产的密级、信息资产的使用状况与效益统计、信息资产重要度评估管理等。从当前看，由于信息资产分散保存在各政府机关、有关组织和公共信息机构，即使是在同一机关也会因各类信息处于不同生命周期而相应保存于不同地点，这就使国家对信息资产的控制力和运营力受到了极大影响。因此，通过加强信息资产的信息管理，可以摸清信息资产的数量与质量状况及其变化，这对加强信息资产的国家控制力和运营力等均具有重要作用。在目前的管理体制架构下，可以依靠各级统计部门的作用，并通过进一步明确各级信息资源主管部门及其所应承担的资产清查、管理和运营等职责来实现信息资产的信息管理目标。在这一方面，国家档案行政管理部门所作出的努力是显而易见的。有关文献所揭示出的我国信息资源数量与质量状况表明（付华，2005），国家档案行政管理部门在信息资源、档案信息资产的管理工作中已经付出了大量劳动。

三是规范信息资产的运营管理。在信息资产运营中，运营过程的规范化是有效防范和控制运营风险的必要环节。其中规范化运营的重点是应对信息开放与开发服务的主体（权利主体、义务主体、服务主体、监督主体）、客体（主动与被动开放对象、例外开放范围以及开发产品质量等）和程序等进行科学设计。由于信息开发服务主体具有政府主体、社会主体和市场主体等多种选择的可能性，因此，界定上述不同主体参与信息资产运作的边界和范围、制定信息资源的资产评估以及投资经营和收益处置规定等都是降低信息资产运营风险的有效途径。

四是建立集中统一的信息资产管理与运营机构。集中统一的信息资产管理与运营机构的建立主要适用于对具有公共产权的政府信息资产运营管理。在我国，对实物型的政府资产管理和运行已经总结摸索了一套基本制度。与此相比较，政府信息资产管理处于起步和分散失控状态。为了加强信息资产管理与运营，可以考虑建立一个集中统一的政府信息资产管理与运营机构，形成政府信息资产的分级所有与管理制度，逐步强化一级政府对其信息资产的监督管理权限，弱化政府所属部门占有支配信息资产的权力。采取上述对策可以产生两个方面的实际效果，即一方面能够全面掌控一级政府的信息资产及其运营状况，统一协调区域内政府信息资产运营活动，有力推动在一级政府层面上的政府信息资产共享；另一方面可以在信息集成基础上创造政府信息资产的新内容，从而不断赋予政府信息资产新的功能，实现政府信息资产的增值。从具体操作上看，一级政府只对应一个政府信息资产管理和运营机构，该机构是一级政府的信息资产所有者代表，对一级政府信息资产拥有完整的产权，其主要职能是：根据国家有关政策法规，负责一级政府及其所属部门政府信息资产的配置、占有、使用和监督管理；负责制定区域内政府信息资产运营管理制度和信息资产评估等。

4.3　信息资源整合开发管理制度

信息资源整合开发管理就是要改变信息资源开发中存在的主体单一、内容资源单一、成果形式（或表现形式）单一等局限性，从而实现信息资源开发从低端零散开发到高端系统开发的转变。

4.3.1　建立信息资源登记备份管理制度

信息资源登记备份管理制度是指县级以上档案行政管理部门和国家综合档案馆或其他信息资源管理部门，对本行政区域内的机关、团体、企事业单位和其他社会组织形成的、对国家和社会具有重要保存价值的信息资源，特别是重要民生领域的电子数据库、重大项目文档等进行登记和备份的基本工作制度。信息资源管理部门通过信息资源登记备份，可以掌握区域内信息资源的分布情况，可以通过备份技术建立区域信息数据库，达到区域信息资源有效整合和开发利用的目的。这种资源整合开发方式不是占有式的整合，而是合作式的整合，其目的是实现资源共享，形成一个以各级信息资源管理部门为主力，各机关、团体、企事业单位有关管理部门相配合的信息资源整合开发联盟。

信息资源登记备份管理制度的主要内容包括：一是由信息资源管理部门对本地区各单位有重要价值的信息资源的形成、保管状况进行登记认证；二是由各级国家档案馆或其他专业信息内容服务商对各单位形成的电子文件和数字化成果进行数据备份和规范管理，以便在形成单位发生安全事故、利用其解决纠纷时提供数据恢复和真实性认证服务。从信息资源登记备份工作对象看，主要有两大类：一类为强制性登记备份，工作对象主要为涉及民生和社会公共利益的信息资源，工作领域主要为列入进馆范围的政府主管部门、社会民生领域、重点建设项目领域；另一类为自愿性登记备份，主要为民营企业、其他社会组织以及个人形成的电子文件与数字档案（鞠建林，2010）。信息资源登记备份除可以确保信息资源的安全性外，一个重要功能就是可以为有效实现信息资源整合开发创造条件。

从我国已有实践看，浙江省已经初步建立了这种档案信息资源登记备份管理制度，它对摸清信息资源分布与质量状况，为实现信息资源的有效整合开发（从某种意义上看，这是一种信息资源的虚拟整合）创造了基本条件。

4.3.2　建立信息资源整合开发的实体化与项目化运作制度

信息资源整合开发的实体化运作是指由区域型综合档案馆或其他机构担当区域内信息资源集中收藏与整合开发的任务，从而有效改进信息资源分散收藏、分散服务和分散开发的状况。目前，我国国家信息资源在结构方面存在的问题主要有：国家公共信息机构的馆藏结构不合理，信息来源单一；信息内容以记载国家机关、社会团体职能活动方面的资源居多，贴近百姓生活以及著名人物活动方面的资源甚少；信息资源种类仍是科技信息居多，其他门类甚少。上述信息资源结构特点在很大程度上也制约了我国信息资源开发水平的提高。信息资源整合开发的实体化运作管理制度就是推进信息资源整合开发的一种全新尝试。信息资源的实体化运作管理就是为了解决实体布局的信息资源因受到地域限制而难以实现整合共享而采取的集成模式。

简单地说，实体化运作就是为了实现信息资源整合共享，把分散在不同地域内的信息实体统一集中到一个保管单位进行管理，这个保管单位是信息资源整合与集成管理的执行者。但是，实体化运作不是简单的信息搬迁，而是一次大规模的信息整理过程，在这一过程中，通过对信息内容资源的重新链接、组合等，实现对信息资源的深度开发利用。例如，备受关注并有一定争议的"安徽和县模式"事实上就是这种档案信息资源整合开发的实体化运作典范。从其具体运作制度的内容看，和县档案馆整合开发的客体对象是全县范围内属国家所有的各门类和载体的档案；其重点是城市建设、交通、土地、房地产管理等部门的重要专业档案；其整合开发的目标是改变信息资源分散管理的状态，加强综合档案馆在档案管理中的主体地位，或者说综合档案馆是整合开发的主体之一，丰富国家综合档案馆的馆藏，加大对信息资源的整合开发，满足社会需求，实现档案价值（高畅，2008）。虽然这种档案信息资源整合开发实体化运作管理制度的效果还有待实践检验，其内部运作制度也有待进一步完善，但其所提供的样本启示意义不容忽视。

信息资源整合开发的项目化运作制度即是由有关部门通过信息资源整合开发服务项目的立项、引导和科学管理，吸引社会或市场等多元主体参与信息资源整合开发活动，实现信息资源整合开发服务的外源化，从而推进我国信息资源整合开发服务的深入。信息资源整合开发的项目化运作可以借鉴项目管理流程与模式，从项目确立、项目计划、项目执行、项目评估等环节上对信息资源整合开发项目进行科学管理。这其中，最为关键的环节是信息资源整合开发项目的确立和项目完成者的选择。在信息资源整合开发的项目确立上，要综合考虑信息资源存量、社会关注热点和重点等相关因素，并注意信息资源整合开发项目的层次性，将短期项目和长期项目结合，难度较大的复杂性项目和简单项目相结合；在信息资源整合开发项目完成者的选择上，要注意发挥档案中介机构、专业信息内容服务商等在信息资源整合开发上的技术与人才优势。事实上，信息资源整合开发的项目化运作制度一定程度上就是政府或有关机构向社会、市场组织采购专业化信息服务产品的过程，它对形成信息资源产品的政府、社会和市场多元供给的机制无疑是有益的。对此，本项目在后文中还会有深入分析。

4.3.3　建立信息资源整合开发的创新培育与激励制度

信息资源整合开发创新可以有多种途径。推进信息资源整合开发全方位创新的关键是要综合运用项目资助、奖项评定、媒体引导等手段对整合开发活动进行培育与激励。在有关培育与激励制度运用中，当前应重点关注以下领域。

一是多来源（多种类）资源的整合开发。信息资源开发要求突破过去受信息资源地域、部门或种类的局限，根据社会热点、难点等开展大跨度的资源整合开发。围绕党和国家工作大局，围绕本地区、本部门、本单位的中心工作，经常性地编辑专题信息，主动为领导和有关方面提供参考，把信息服务融入人民群众的生产生活。目前一些基层业务部门对所保管的信息按专题进行系统、深度梳理，然后主动将相关信息提供给有关单位，为这些单位开展工作提供了极大的便利，深受有关单位的欢迎和好评。例如，为了帮助求职者尽快找到工作，帮助用人单位尽快找到合适的应聘者，有的档案馆主动对馆藏中特定群体求职人员的专业特长信息进行整理，并将这些信息提供给人力资源管理部门和用人单位，不仅提高了招聘工作效率，而且提高了求职者和用人单位的满意度。

二是多类型（多形成）成果的整合开发。根据社会需求，精心策划更多的信息内容产品是提高信息资源整合开发水平与效益的关键。编辑出版信息汇编、举办档案展览和有关主题活动、制作播放档案电视节目和发行信息音像制品等都是信息资源开发产品的表现形式。例如，过去我国信息资源开发产品多以静态档案汇编、档案图片与史料展览等为主，这种单一的信息资源开发产品形式已经不能满足大众多样化的文化消费需求。2009 年，国家档案局在网上推出 52 集《共和国脚步——1949 年档案》系列"Flash 视频"及 PDF 格式的电子书后，被多家门户网站和档案网站转载，受到广大网友的热情关注，全年点击量达 2 亿多次。这说明以网络形式公布档案史料是一件广受网友欢迎的事，这种形式不仅开辟了档案公布与档案开发的新渠道，同时加深了广大网友对档案工作的了解。2010 年，国家档案局推出 52 集《共和国脚步——1950 年档案》系列"Flash 视频"及 Pdf 格式的电子书，通过这些档案资料，广大网友可以看到，一个甲子前，我们的新中国是怎样在千疮百孔的战争废墟上开展建设的，我们的前辈们是怎样为中国人民的幸福生活而努力奋斗的。

本 章 小 结

信息管理制度体系是对解释性的信息资源开放与开发法律和政策这种认识框架所进行的一种深化，它是实践性的，回答了信息资源开放与开发的一系列技术问题。本章从与政府信息公开相配置的信息管理制度、信息资产运营管理制度、信息资源整合开发管理制度三个方面构建了一个初步的信息管理制度体系。在这个信息管理制度体系中提出的若干设想（如实体化与项目运作制度等）对推进我国信息资源开发服务的创新和深化具有指导性作用。

第5章 以信息权利保护为基础构建信息资源管理学科体系

　　学科体系层面的研究旨在以信息权利保护为基础构建信息资源管理学科的体系结构。这种学科体系构建将实现从信息资源为起点向多主体信息权利保护为起点的转移。

　　以信息事物或信息资源等管理对象为起点进行信息资源管理学科构建是当前我国信息管理学科研究的基本特征，这种学科构建取向已经取得了丰富的成果，但也在一定程度上存在局限。在信息资源管理全流程中，参与管理流程的不同主体一般都有保护其不同信息权利的具体目标，信息权利的配置、保护和平衡等是贯穿信息资源管理全流程的一条基本线索。因此，笔者认为，可以从信息权利全面保护入手探索我国信息资源管理学科构建的新路径，从而进一步完善我国信息资源管理学科体系和研究取向。

5.1　我国信息资源管理学科的构建及其命运

　　信息资源管理学科的构建一般都是从信息或知识等不同属性出发研究信息管理现象与规律，其基本目标是创立信息资源管理学科的逻辑框架，其研究重点是概念与原理而非政策与制度，这似乎已在很大程度上影响和决定了信息资源管理学科的生存与发展命运。

　　多年来，信息资源管理学科在管理学科体系中始终是以一个"弱者"的身份出现，其地位和学术影响力均未能取得明显突破。从信息资源管理学科自身发展看，它也不是没有问题。客观地说，随着信息技术运用、管理变革和社会转型，信息资源管理学科自身也迫切需要进行完善与改造。从目前看，显然这种源自学科内部的自我变革动力明显不足，外部给予的学科发展压力也没有转化为学科发展变革的动力。这具体表现在以下方面。

　　第一，我国行政管理部门、立法部门和相关政策制定者在政策制定中很少顾及信息管理专家和学者们的声音，即使是某些本专业领域内的重大政策、法规或标准的制定与修改也极少有学者参与。

近几年来我国信息立法取得了很大进展，《政府信息公开条例》、《信息网络传播权保护条例》等均陆续出台。在上述信息法律法规的立法过程中，信息资源管理专家几乎没有主动参与的意识，只是在《政府信息公开条例（草稿）》出台后，有学者才发现其中关于政府信息公共查阅点的设计明显忽视了综合档案馆、公共图书馆等公共信息机构的应有地位，于是部分来自档案界的学者积极行动起来着手完成了有关立法建议报告并报送有关法律起草专家和部门。在正式公布的《政府信息公开条例》中，综合档案馆与公共图书馆等都被正式确认为政府信息公共查阅点。从长远意义上看，综合档案馆、公共图书馆政府信息公共查阅点地位的法律确认将会给信息管理与服务工作提供更加广阔的发展空间。但遗憾的是，信息管理专家们在政策制定中发挥作用的类似成功案例屈指可数。

第二，在面临信息资源管理学科变革的重大机遇面前，不少专家习惯于从自身二级学科和已有研究领域出发，对信息资源管理学科的变革表现出不同形式的抵触。例如，近两年我国关于"图书馆、情报与文献管理"一级学科更名的争论。信息资源管理是管理科学的重要组成部分，是探索信息资源价值实现规律的科学，是图书馆学、情报学、档案学等若干具有相同科学使命和共同理论基础的学科的集合，对此绝大多数专家都表示认同。

事实上我国也已经存在一个以图书馆学、情报学、档案学为核心的信息资源管理学科群，信息资源管理方面的学术著作和高等学校教材已经很多，社会人才需求现状及其变化趋势呼唤以"信息资源管理"统帅学科群，并以此为依据组织实施不同层次的专业教育，部分高等学校已经利用办学自主权在本科、硕士研究生、博士研究生层次分别开设了"自主型"信息资源管理专业；同时，国内著名院校相关专业所在学院均以"信息管理"或"信息资源管理"为院系名称，这也体现了学界对一级学科名称的自觉认同。在这样一个背景下，在面临一级学科更名时，信息资源学科内部却还是出现了较大分歧，不少专家学者固守着图书馆、情报学或档案学科的小领地，担心更名后会失去其学科特色或学术地位。目前看来，信息资源管理学科成为替代"图书馆、情报与文献管理"的一级学科名称似乎只能是一个理想了。从长远看，这次学科名称调整机遇的丧失将会极大地制约学科发展，也会在一定程度上影响学科教育所可能创造的职业声望。

第三，面向社会的信息资源管理学科或专业教育在进一步发展上存在"瓶颈"，信息管理职业的社会地位、社会影响亟待社会的认同。

虽然影响和决定信息职业社会声望的因素是多方面的，但从专业人才培养角度看，建立在信息资源管理学科基础上的信息专业或职业教育，这一点与早期档案学专业教育催生中国档案学有明显不同，也面临着进一步重新适应社会的需要，进行专业教学内容与方法的调整已经成为决定和提升专业人才职业社会声望的重要策略之一。对此，学界有专家认为，我国信息资源管理学科研究中长期以来存在着学科理论体系本位意识太强而"问题"意识淡薄的倾向，研究者更注重从理论的角度考虑学科的需要，以一种较为封闭、静止的观念和较为狭窄的眼界来构思学术研究，所关注的主要是概念、范畴、逻辑、学科理论体系以及学科本身的知识积累，而构成学科发展前提的活生生的社会现实则被忽略了（管先海等，2006）。专家们认为，缺乏一个统领整个信息资源管理学科的核心也是信息资源管理学科研究存在上述问题的主要原因之一（宗培岭，2006）。由此也就决定了我国信息管理专业教育与社会现实的联系度仍不够紧密。因此，强调信息资源管理学科与理论研究对信息管理实践的关怀就成为影响和决定信息管理专业教育水平及其社会影响力的关键。

从现实看，大多数学者普遍认识到上述问题的存在并看到了其消极影响，但似乎至今也没有找到一种显示其学科地位和话语权的方式对社会作出应有回应。笔者认为，以信息权利全面保护为基础统领信息资源管理学科的研究与构建，应该可以成为彰显信息资源管理学学科地位的可供选择的思路之一。无论是信息资源所有者、信息持有人、信息管理者或信息用户，他们之所以关注信息事物，往往是基于信息事物所产生的与自己相关的各种权利，因为在信息社会信息已经成为一种重要的权利或权力资源。基于不同角色背景下以信息为客体对象的不同信息权利的关注就成为某一主体认识信息事物或实施信息管理活动的起点。如果信息资源管理学科能对不同主体享有的以信息为客体对象的不同信息权利类型、状态和保护对策等给予全面回答，实质上就是呼应了权利主体日益觉醒的权利意识和日益扩大的权利需求，从而也能从深层次上展示信息资源管理学科和信息资源工作者的社会价值。从这个意义上看，信息资源管理的基本目标就是维护不同主体的信息权利要求，并寻求实现不同信息权利内容和信息权利平衡的具体方法与对策。

5.2 基于信息权利全面保护的信息资源管理学 研究取向和学科构建

5.2.1 以信息权利保护为基础的信息资源管理学科构建特点研究

为进一步提高信息资源管理学科对管理实践的阐释力，信息管理专家们必须关注信息管理流程中不同主体的各种信息权利及其实现，并以此为基础展开信息资源管理学科的研究和构建。以上述信息权利保护为基础展开信息资源管理学科研究和构建，其主要特点是以下方面。

第一，兼顾权利主体和权利客体两个研究对象。

多年来学界较公认的观点是将信息事物及其运动规律作为信息资源管理学科的研究对象。客观上说，在信息资源管理学科体系构建过程中，关注管理对象并将管理对象确立为学科研究对象确实不失为一个可以解决很多现实问题的捷径。但问题的关键是，关注信息客体对象及其运动规律只具有阶段性意义，任何客体对象只有与一定的主体发生联系时，信息资源的价值关系才会存在。因此，从这个意义上看，维护不同主体基于信息客体对象的不同信息权利及其实现才具有最终意义。在信息资源管理流程中对信息客体对象施加影响和作用的是有关权利主体，而且不同权利主体对同一档案客体对象还会表现出不同的权利内容。对不同权利主体及其权利内容的忽视就成为现有信息资源管理学科体系构建中一个明显的软肋。在相当长的时间内，信息资源管理学科忽视对有关主体基于信息客体对象的不同信息权利研究主要是源于全社会信息权利意识的淡薄。随着民主政治进程的推进和相关主体权利意识的觉醒和权利需求的扩张，在信息资源管理学科中兼顾信息权利主体和客体两个研究对象就十分必要了。

第二，兼顾权利与义务两条研究线索。

在信息资源管理全流程中基于不同权利主体的信息权利表现、内容和保护策略等都各不相同，沿着信息权利保护主线展开的研究实质上也体现了对不同主体相应的义务要求，事实上不存在没有义务的权利。这表明，信息资源管理学科研究应兼顾所有参与信息管理流程不同主体的信息权利与义务。在目前我国信息资源理论研究或制度设计中，普遍存在强调信息义务而忽视信息权利的倾向，而且将研究焦点集中在信息管理流程中管理方主体的信息义务之上。例如，在理论上和制度上普遍强调了综合档案馆、公共图书馆的职能或义务，而对实现这些职能或义务的权利保障较少涉及；在制度设计上重点突出了公民应履行的信息安全保护义务，虽然也提出公民可以利用政府信息，但在法律上公民利用信息并未被明确规定为一种法定权利，也未就公民利用信息的权利受到损害时应如何获得救济进行设计；某些主体的信息义务（如保护有关信息秘密的义务）较多地受到了理论研究或制度设计上的"关照"，但其履行义务的信息权利保障在理论研究或制度设计上均没有到位。

第三，兼顾基础理论研究与应用政策（或制度）研究两种路径。

以信息权利主体与客体、信息权利与义务为基础展开的信息资源管理学科构建有利于兼顾基础理论研究与应用政策研究两个不同的研究路径。基础理论研究主要是对信息权利概念、原理等的研究，而应用政策研究则是对信息权利构成状态、信息权利冲突的平衡与实现对策等进行的研究，它具体又可分为解读政策研究和制定政策研究。联合国社会科学专家小组在 1979 年发表的研究报告《社会科学在制定政策中的作用》中明确提出，社会科学按功能可以分为"解释政策研究"和"制定政策研究"两种类型。解释政策是从理论的角度对政策进行阐述，使政策思想和政策措施能够为政策执行者充分理解，从而使政策发挥应有的作用。而制定政策研究则是为政策制定提供政策思想、决策依据和可操作的决策方案的研究工作。

在中国社会科学院开展的"国外人文社会科学政策与管理"课题研究中，课题组发现，包括西方发达国家在内的许多国家都把公共政策研究和解决重大现实问题作为人文社科学特别是社会科学政策的基点（黄长著等，2009）。上述思想对我们确立以信息权利保护为基础的信息资源研究路径具有借鉴意义。客观上讲，现阶段我国明确确认的信息权利并不多且没有形成体系，以信息权利保护为基础制定的信息政策数量有限而且水平不高，学界开展的应用政策研究也多以解释政策为主。在学术研究中兼顾信息权利基本原理和信息权利保护政策（或对策）研究是两个相互联系但又各具特点的不同路径。在信息权利概念、原理等研究基础上开展政策研究将有助于进一步密切信息资源管理理论与实践的关系。从实际研究成果看，专家们对现行有关信息政策也进行了一些阐释，但理性地说，它们都是解释政策研究，而"制定政策研究"还远远不够。制定政策研究不但需要独立的思想判断，而且需要科学的研究方法，制定政策研究应该是信息资源管理学科研究的主流。

5.2.2　以信息权利保护为基础的信息资源管理学科构建设想

笔者认为，信息资源管理学科体系构建和研究取向应以信息权利全面保护为基础，注重信息权利保护的政策构建与对策研究。根据信息权利内部结构可以将信息资源管理学科的研究内容解析为以下两个部分。

一是信息权利原理篇：主要研究信息管理流程中的不同信息权利主体类型、信息权利客体对象、信息权利的具体内容。从一般意义上看，可以将信息管理流程中的信息权利主体概括为信息资源方主体、管理方主体和用户主体三种类型，它们针对不同的信息客体对象分别享有所有权、管理权、开放权、加工权、知情权、秘密权等不同权利内容。

二是信息权利确认与保障篇：不同主体的信息权利内容在社会确认和法律确

认基础上要得以充分实现取决于一系列制度的制定和对策保障。制度制定主要是指通过有关政策与法律对信息权利内容进行确认并对权利救济措施等进行规定，同时通过制度设计实现对不同权利冲突的平衡；对策保障则要求以信息权利保护为基点，研究具体组织实施信息资源开放与开发过程的方式与方法，并在信息资源开放与开发过程中探索出兼顾各方主体不同信息权利的操作方案。

以信息权利全面保护为基础将信息资源管理学科的研究内容解析为上述两个组成部分与现存的信息资源管理学科研究取向和体系框架并不矛盾，它实质上是对现存研究取向和学科体系的补充和修正。从某种意义上看，它给信息资源管理学科提供了一种新的研究视角或研究路径，从而使信息资源管理学科具备了一个统帅全局的思想主线。

5.3　信息权利全面保护背景下信息资源管理学科研究转型的实现路径

笔者在上文中提出应基于信息权利全面保护的理念来构建信息资源管理学科和确定研究取向，并具体分析了信息资源管理学科构建的基本特点，如何具体实现这种学科构建和研究取向的转型就成为一个关键问题。信息资源管理学科研究路向转型的实现途径体现在以下几个方面。

5.3.1　体系意识与问题意识的并重

在相当长的时期内，信息资源管理学科思维不自觉地停留在学科或理论体系的构建上，仍是不自觉地将信息资源管理学科的基本问题归结为信息管理、信息分析、信息保护等基本问题，将信息资源管理学科的理论归结为信息共享理论、信息服务理论、信息检索理论等。在上述关于信息资源管理学科基本问题或基本理论的概括上，其显著特征都是以"信息"这一管理对象作为研究中心，而较少顾及"用户"、"用户的需要"、"用户的信息权利"等这些"人本因素"。虽然这种以信息及其管理规律作为研究核心的做法有助于我们很好地认识信息事物的特征，并根据这些特征来组织信息管理活动，但从终点上看，基于一定自然特征基础上的信息社会属性更具有意义。只有信息事物与有关社会活动主体发生了联系，满足了有关主体的需求，维护和保障了社会主体的基本信息权利，这些具有一定自然属性的信息事物才显示出其社会资源价值。因此，在信息管理理论研究中，不仅要构建基于"信息"的学科与理论体系，而且也要关注基于"人的信息需求及实现"、"人的信息权利保障"等实际管理问题。

要使信息资源管理理论真正适应时代发展的内在要求，就必须关注人的需求，并以人的需求及其与此有关的问题为中心，自觉地对社会重大问题与热点问题进行关注（这就是"问题意识"）。只有这样，才能扩大信息资源管理学科的影响。对社会重大事件或突发事件中信息管理问题的关注（如突发事件中的信息共享与公开等）已经在一定程度上体现了信息资源管理研究的这种转型。这种转型一定程度上就是要实现信息资源管理学科理想性与现实性的并重，即不仅要致力于信息资源管理学科或理论体系的构建，而且要关注和回答信息管理现实问题。

5.3.2 理论思辨与应用政策研究的并重

学界普遍偏重于基础理论研究，而相对忽视了应用政策研究，已有的应用政策研究，也表现为一种解读政策研究而不是制定政策研究。制定政策研究不仅需要独立的思想判断，而且需要科学的研究方法。制定政策研究应该是档案学研究的主流。在制定政策研究中，信息政策问题一般都是来源于信息管理实践中存在的一系列管理趋势、矛盾、困难、难点或问题等。在信息管理实践中出现的矛盾、困难和问题等"忧信息"不仅呼唤着全新信息政策的制定，而且它们也能对已有信息政策提出修正要求，并提醒政策部门预防可能出现的信息政策负效应。

基于当前信息管理实践中存在问题的分析，我们认为，信息职业界定及其资格认证、数字档案馆（图书馆）与信息化规划、"以人为本"的信息管理等一系列实践问题（也是难点与困难问题）均呼唤着信息政策的创新。信息资源管理学科理应对此给予及时的理论支持和回应。就上述信息管理实践的具体问题而论，它们均已成为影响和制约信息管理事业发展的关键问题，具体表现在以下几点。

一是信息职业的界定及其资格认证政策的研究和制定是源于信息管理活动的广泛深入，以及我国《职业分类大典》的不断调整。信息技术在管理活动中的广泛运用产生了两个方面的功能，即淘汰了部分传统岗位、创造了一些全新的管理岗位。在这些因信息技术运用而诞生的新岗位中，为数不少的岗位与信息管理有着直接或间接的关系。如何界定信息职业中的技术或管理偏好，并根据这种岗位偏好设计信息职业准入或认证资格等就成为一个难题。只有建立起一个完善的信息职业认证和管理体系后，才能有效开展专业的职业素质教育，也才能保证我国信息资源管理的有序进行。

二是数字档案馆、数字图书馆与信息化建设是当前信息事业发展面临的一次重要机遇，但它同时也给信息管理事业发展带来了诸多隐患。目前，全国各地公共信息机构都在积极参与电子政务工程建设，并获得了大量政府投资。这对公共信息部门来说是前所未有的机遇，但问题是，绝大多数信息管理人员并未真正搞清楚数字档案馆、数字图书馆与信息化的内涵，也未认识到巨大投入后可能产生的管理风险，更未科学预见和分析投资与产出的效益。全国数字档案馆、数字图书馆建设中存在的以上现象，迫切要求出台有关政策对其给予引导和调控，对此，信息资源管理专家责无旁贷。

三是"以人为本"的信息资源管理是科学发展观对信息事业发展提出的全新课题。"以人为本"的信息资源管理在法律上的真实逻辑体现为对于社会成员各种信息法律权利的充分保障和救济，而不仅仅是行政事务的政策落实。"以人为本"必须真实体现在信息法律层面（从广义上看，法律也是一种政策），而在信息法律层面就必然而且必须将其转化为具体可操作的社会成员实际享有的一系列信息法律权利。事实上，从《档案法》及其实施办法、《政府信息公开条例》等法律文本的解读上看，它们在涉及公民或组织信息利用行为时，似乎都有意或无意地省略了"权利"一词，而且通篇法律文本也未设计对公民信息利用权利进行保障或救济的任何措施。因此，在信息政策制定和研究中，关注"以人为本"的信息管理问题，就应将立足点放在"人的信息权利"的全面保护上。

5.3.3　图情档学科各自的特色研究和图情档学科"视域融合"并重

图书、情报、档案（简称图情档）学科虽然涉及的具体研究对象不同，但在本质上这些具体对象同属"信息资源"，因此，图情档的学科使命是一致的。这就是：探寻信息资源价值实现的规律性，以科学管理放大信息资源的功能效用，实现其对经济社会发展的战略价值，保障各类主体的不同信息权利得到充分实现（冯惠玲和赵国俊，2009）。

长期以来，图书馆学、情报学和档案学的学科壁垒十分明显，这就导致了研究者眼界狭隘、思想僵化，甚至在某些相同的问题上也缺少共同话语（周毅，2005）。其中，图书情报界与档案学界的壁垒尤其突出。进入 21 世纪后，图情档学界自觉地召开数次横跨三个学科的学术会议，自 2004 年起由中国人民大学率先发起的每两年举办一次的信息资源管理论坛就是很好的实例，近两年来更为一级学科更名问题多次汇集三个学科的专家展开研讨。虽然在不同学科的交流中分歧依然存在，在一级学科更名中就有专家主张用"图书情报学"来定义图书馆、情报学和档案学等二级学科，或以"图书情报硕士"作为专业硕士名称。这表明，图书情报界仍然存在对档案学的天然抵触，尽管这些高校基本都已将该学科所在院系更名为信息管理系。这种不同学科之间的对话，对我国信息资源管理学科的发展起到一定积极作用。

本 章 小 结

信息资源管理学科在发展过程中一定程度上忽视了对信息管理流程中各类信息权利及其保护的关注。本章以此分析为基础，结合若干实例提出我国信息资源管理学科构建设想和实现路径，即信息资源管理学科要实现几个转型或并重：体系意识与问题意识的并重；理论思辨与应用政策研究的并重；图情档学科各自的特色研究和图情档学科的"视域融合"并重等。上述关于学科构建与转型问题的研究对信息资源管理学科长远发展具有重要意义。

第6章　基于信息权利保护的信息资源规划策略

如果说，上文从法律政策层面、管理制度层面和学科体系层面上搭建了我国信息资源开放和开发实现的战略框架，那么，本章之后的内容则侧重于信息权利保护视窗中我国信息资源开放与开发实现机制的研究。信息权利视窗中我国信息资源开放与开发实现机制研究的目标定位是：研究信息资源开放与开发作为一种信息权利保障机制的价值及其创新路径。

与政府行政模式由统治行政（霸权行政）和管制行政（强权行政）逐步向服务行政的历史演进相呼应，我国信息资源管理中也存在着两种不同的价值取向，即"为国家"（或"为机关"）和"为社会"。前者的利益主体是国家（或机关），后者除国家（或机关）之外还包括其他各类社会主体。"为国家"（或"为机关"）的信息资源管理价值导向强调国家利益和机关利益，其主要目标是服务于机关管理与决策，信息资源管理的实质是为权力服务。为权力服务和以权力为制度基础的信息资源管理，其基本结构必然是权力向心和权力导向的结构，这就使信息资源管理一般是围绕着"政府机关及其内部事务"组织活动。

这种管理价值取向的具体表现是：在管理目标上，信息资源管理主要是服务于政府的内部运作（特别是某一机关的运作），少有顾及社会的公共信息服务需求；在管理方式上，以实施对信息内容的控制与垄断为主，虽然也有政府信息公开的政策，但其公开范围和力度都十分有限，在实际工作中就表现为"公开的群众不关心，群众关心的不公开"；在管理协同上，虽然一直强调政府行政系统内部要实现信息资源共享，但由于行政机关管理壁垒的阻碍，这种信息共享机制并未有效建立起来，"信息孤岛"现象普遍存在。"为社会"的信息资源管理在价值导向上则强调利益主体与服务对象的多元，信息资源管理的实质是为"权利"服务，它强调通过信息的扩大开放，维护所有社会成员的知情权，让所有社会成员从信息服务中受益。笔者认为，随着政府从管理型向服务型的转变和《政府信息公开条例》的实施，我国信息资源管理也正进入一个以"信息权利"为导向的转型期。培育、推进和保障社会各类主体的信息权利意识和权利实践已经成为我国信息资源管理的核心内容，同时它也是指导我国信息资源规划的基本原则。

6.1 以信息权利保护为基础的信息资源规划及其设计

6.1.1 信息资源规划的内涵

信息资源规划的提法与理念源于信息资源规划。针对我国信息化建设中信息资源开发利用能力比较薄弱，形成了众多信息孤岛等现象，有专家提出必须重视信息资源规划（IRP）问题（高复先，2002）。在提出信息资源规划之初，一般认为信息资源规划是指信息资源开发和规划的信息技术体系，它由一整套理论方法、标准规范、软件工具所构成。具体的信息资源规划是指对信息的采集、处理、传输和使用的全面规划，其核心是运用信息工程和数据管理理论及方法，通过总体数据规划，为数据管理和资源管理打下坚实的基础，促进实现集成化的应用开发（柳新华，2003）。从上述表述看，它倾向于将信息资源规划看做一个单纯的技术层面问题。这种认识显然不仅缺少全局观和系统观，而且其立论基础也与学界关于信息资源内涵的基本认识不相符合。

信息资源是一个由多种资源要素构成的资源系统，它包括信息内容、信息设备、信息人才、信息政策、信息网络等众多要素，其中，信息内容资源是核心要素，其他资源要素是支持性要素。在不作特别说明的情况下，信息资源所指称的对象一般都是信息内容资源。不可否认，信息技术体系在整个信息化建设和信息资源规划中具有支撑性和保障性地位，但信息内容资源的核心和基础地位并不会因此而改变。因此，信息资源规划应是一个涉及多种信息资源要素的规划，核心也应是信息内容资源的规划。基于上述分析，笔者认为应将信息资源规划的重点放在档案内容资源规划上。

信息资源规划是指对信息资源收集、整理、存储、开放、开发等的全面规划，它是关于某一国家或地区中长期信息资源建设、管理和服务的指导思想、基本目标、政策措施、标准规范和技术保障等的预测、设计和安排。它是将理性规划理论（强调个人理性、集体理性和国家理性的揭示）、渐进规划理论（基于现实和实用主义的思想）和倡导性规划理论（倡导为弱势阶层和普通民众服务的理念）进行综合运用的实践产物。上述理论概括所包含的基本内涵有以下几点。

一是信息资源规划涉及信息资源系统的所有要素，其核心是信息内容资源规划。信息资源规划主要包括档案馆网与图书馆网建设规划、信息技术保障规划、信息标准化规划、信息人才规划、信息内容建设与开发利用规划等，其核心是信息内容建设与开发利用规划。

二是信息资源规划涉及信息资源管理的全流程，其核心是信息资源开发服务流程（赵国俊，2005）。信息资源管理是一个涉及收集、整理、检索、服务等多环节的管理流程，在上述流程中，信息收集、整理等是基础，信息开放、开发与服务是目的，其最终目标是维护和实现有关主体的信息获取与利用权利。从这个意义上看，信息资源开发服务规划对信息资源建设发挥着一种目标导向作用，因此，以信息资源开发服务流程作为信息资源规划的重点实质上就是体现了以信息权利保护为主导的规划理念。

三是信息资源规划涉及信息资源管理的多种主体，其重点是国家和地区性（或区域性）规划。信息资源规划的制定主体是国家和地区性信息资源管理部门，它可以针对不同类型的信息资源管理主体（如综合档案馆、专门性档案馆、公共图书馆或其他档案图书业务管理机构）或客体对象的管理与开发利用提出规划的基本设想。正如有专家指出的一样，目前我国信息资源管理缺少统一规划，特别是各地区、各机关电子文件管理工作仍然具有强烈的自发性和分散性的特征，缺少国家层面的整体设计、战略部署与方法指导，这种情况如果不及时加以改变，就很难保证当代社会电子文件的科学管理、完整保存和有效利用，国家将会为此付出高昂的经济成本和社会代价（冯惠玲，2007）。因此，加强国家宏观层面的信息资源规划研究与设计就显得尤为迫切。

四是信息资源规划涉及影响和实现信息资源管理的所有因素，其核心是在确立信息权利主导规划的基础上，设计和制定信息资源规划实现的政策和机制。兼顾不同主体（信息资源方主体、管理方主体和用户主体的）的信息权利保护和平衡是信息资源规划的基础，政策和机制的设计是信息资源规划的主要形式。

6.1.2　当前我国信息资源规划设计中存在的问题

从总体上看，目前我国信息资源管理与开发服务工作正在从权力主导向权利主导转型，即信息资源管理正从以"政府"为中心向以"社会（或公民）"为中心发生变化。这种变化与我国正在推进的政府转型高度相关。但是，由于对信息资源的战略地位、信息服务与公民权利保护的关系、信息资源管理中的政府角色等问题在认识上尚未到位，导致对因政府转型而引发的信息资源管理转型在认识上存在不足。这具体表现在以下方面。

一是从理念上看，以信息权利全面保护为导向制定信息资源规划和政府信息化规划的思路尚未形成。2004 年出台的《关于加强信息资源开发利用工作的若干意见》明确提出要制定信息资源开发利用专项规划，并将其纳入国民经济和社会发展规划。《关于加强政府信息资源开发利用工作的意见》也明确提出要制定政府信息资源开发利用专项规划，并将其纳入各级地方政府信息化规划。但从其实际进展看，这种设想并未取得明显成效。从表面看，这仅是一个规划问题，但从实质上看，它体现了政府对公民信息权利保护的意识和对"以人为本"法律逻辑的现实判断。信息权利是以满足一定条件的信息作为权利客体的权利类型，它是由多个信息权利构成的权利体系，这些信息权利包括：信息财产（资产）权、知情权、信息隐私权、信息传播自由权、信息环境权、信息安全权等法律或道德权利。信息权利既体现为公民权利和政治权利，也体现为经济、社会和文化权利。"以人为本"不仅应强调政府对"民生问题"的关注，更应在法律上体现对社会成员各种权利（包括信息权利）的保障和救济。因此，政府信息资源规划的制定理应突出对公民信息权利全面保护的任务或目标。

二是从理论上看，普遍存在将信息资源规划等同于信息资源开发规划、政府信息化规划或政府信息技术规划等局部规划的倾向。从终点意义上看，制定信息资源规划的基本目的就是通过一系列政策或机制对信息资源建设和开发利用活动进行一种长期的和科学的安排，从而保障公民信息权利特别是其信息获取与利用权利的实现。但是，信息资源开发规划并不能代替信息资源规划。由于信息资源开发利用的成效首先取决于信息资源建设与管理的基础，因此，将"规划"的视角集中在信息资源开发的一个环节上显然有失偏颇。只有制定出整体的信息资源建设、管理与服务规划，才能形成保障公民信息权利的系统工程。在学界，曾有专家认为信息资源规划的实质是基于信息工程方法和信息资源管理理论的数据规划，并认为它是关于信息资源开发和规划的信息技术体系（高复先，2002）。笔者认为，如果在信息资源规划的理解上简单套用上述认识，则有可能使信息资源规划走上单纯技术主义的轨道。制定信息资源规划应涉及信息内容资源的建设、管理和开发服务等各个环节，只有对信息资源管理全流程进行有关规划思路与政策的设计，才能实现信息权利全面保护的基本目标。

三是从实践上看，在有限的政府信息化规划中，普遍忽视基于公民信息权利保护的政策和机制设计。在已有的政府信息化规划中，目前一般都将工程项目（如电子政务工程、电子文件管理系统工程、政府信息网站等）的规划作为重点，而且在上述工程项目规划中也未突出基于公民信息权利保护的政府信息在线利用。与此相比较，突出对公民信息权利保护（主要是信息获取与利用权利）并以此为中心进行政策和机制设计则是欧美国家制定和实施其"信息资源规划"的重点。例如，美国制定了《政府信息资源定位服务系统》（GILS）框架与标准，该标准立足于保障公民信息获取权利的政府信息服务来进行政策框架设计，它同样适用于电子文件管理与服务。在政府信息资源规划项目中，美国启动了国家电子文件管理项目（ERA）。这个项目的目标就在于使美国国家档案馆捕获并保存联邦政府各部门产生的各种类型、格式的数字信息，并为政府部门及公众提供便捷、有效的利用服务。从中可见，这个项目启动之初的基本目标就是在任何地点、任何时间为具有合法权利的政府部门及公众提供服务。此外，英国国家电子文件管理政策框架也始终强调数字政府信息的在线服务。目前英国综合档案馆的"网上文件"（documents online）数字化文件库，就可以在线提供数百万份公共文件（冯惠玲，2007）。从欧美国家政府信息资源规划的政策思路看，加强信息权利保护（特别是信息获取和利用权利保护）已经成为贯穿其政府信息资源规划始终的一个基本原则。

6.1.3　以信息权利保护为基础的信息资源规划基本框架

笔者认为，以权利为基础的信息资源规划设计，其结构必然是社会公民为中心的导向结构（近几年学界提出的"面向用户"开展信息资源管理与服务就体现了这种导向），这就要求相关人员应以保护和实现社会公民的信息权利为中心来组织信息资源管理与服务活动。建立在信息权利保护制度基础上的信息资源规划应从指导思想、基本目标、主要任务、重点建设项目、技术与政策措施保障和实现机制等方面进行设计。

6.1.3.1　信息资源规划的指导思想

信息资源规划的指导思想是实现信息资源管理与服务由以权力为中心到以权利为中心的转移，适应社会信息权利意识不断觉醒和信息权利需求不断增多的形势，在保障与平衡社会各类主体不同信息权利的基础上，不断加强国家对信息资源的控制力和保障力，努力提升信息资源对经济社会发展的贡献力。

6.1.3.2　信息资源规划的基本目标

信息资源规划应从全面科学保护各类主体（国家、组织或个人等）不同信息权利的高度进行目标定位，而不能仅从满足政府组织网络内部的利用需要出发进行目标定位。因此，在基本目标设定上，信息资源规划应突出服务社会、服务民生、服务长远的思路。

6.1.3.3 信息资源规划的主要任务

根据上述基本目标定位，我国信息资源规划的主要任务就是要建立起覆盖全社会（或全民）的信息资源体系，实现信息资源的科学与安全管理，形成信息资源有序开放与开发和方便利用的基本格局，保障社会各类主体不同信息权利的充分实现。

6.1.3.4 信息资源规划的具体任务

要确立以公民信息权利保护为中心的立法价值导向，并以信息管理与服务"去政府中心"的思路进行设计。

第一，在宏观信息政策法规的立法价值导向上，要逐步确立以保护公民信息权利为中心的立法原则。为了全面保护公民的信息权利，信息政策法规的制定或修订应树立"以人为本"的观念，而"以人为本"就是强调在法律上确认和保护人的信息权利。

第二，在信息资源建设上，要确保把涉及普通人、关系广大人民群众切身利益的信息纳入信息资源建设与管理体系。信息资源规划的制定要特别关注在社会事务及其管理活动中衍生出来的以网站、视频、博客、政府出版物等形式存在的"泛"信息及其长期保存与管理。

第三，在信息资源管理与服务取向上应突出普遍化、均等化和公共化方向。以信息权利全面保护为基础的信息资源规划设计，要求有关公共信息机构在开展传统信息查阅服务基础上，也要大力提高信息部门远程服务能力，要改变过去长期形成的信息服务不均等现象，既要为城市和市民服务，也要为农村和农民服务；既要为政府服务，也要为群众服务；既要为国有企业服务，也要为民营企业服务；既要为大部门、大企业、大项目服务，也要为小部门、小企业、小项目服务；既要为高层、上层服务，也要为基层、底层服务；既要为名人服务，也要为普通人服务。

第四，在信息资源管理体制与机制上要体现出社会化设计的思路，从而开辟公民信息需求得到满足的新途径，即一方面逐步淡化国家公共信息服务机构（如政府信息中心、科技信息中心、综合档案馆等）的行政色彩，使其成为易于被社会公众认识和接近的社会组织；另一方面要认可和鼓励各类社会组织参与信息开发与服务事务（如各类网站、各类信息经营商、各类数据库提供商、网络资源提供商、各类信息内容提供商、出版商、印刷经营商、媒体经营者等。它们属于客观公益人，即在主观上追求自身利益的同时客观上产生社会公益效果）。

从理论上看，各类社会组织参与信息开发服务是信息资源管理社会化的应有之义。从实践上看，近年来我国一些地区陆续出现了以行业协会为依托的信息服务平台，从其运作机制、服务意识等特点看，它对保障公民信息权利的实现起到了很好作用。如果在政策设计上能进一步放松对各类社会组织参与信息资源开发服务的管制，那么必将有利于一个多元化信息开发服务结构的形成。这种多元化服务结构是由参与者依靠自己的优势和资源，以社会公众的各类信息需求为导向，以普适化服务和个性化服务为基础的信息资源开发服务新格局。这种服务格局将极大地以减少信息资源开发服务中的"机会主义"，提高信息资源开发服务的效益，最终建立起一种全面保护公众信息权利的信息服务网络体系。

6.1.3.5　信息资源规划的重点建设项目

针对上述主要任务并结合当前我国信息资源管理的实际，笔者认为，应以重点项目的规划和建设为抓手来带动信息资源管理整体规划的设计与落实。这些重点规划与建设项目是：面向用户的政府信息开放项目、电子政府的信息资源配置与共享项目、基础信息资源数据库建设项目、政府信息在线服务项目（或数字政府信息馆工程示范项目）、电子文件长期保存与安全管理项目、面向用户需要的专题信息内容开发服务项目、网络信息的获取（或存档）与整合项目等。

6.1.3.6　信息资源规划的规划重点

在上述重点建设项目中，信息资源规划首先应解决政策设计与制度安排的问题。面向用户的政府信息开放项目，主要应在完善现有政府信息公开制度基础上，进一步扩大对政府部门产生的非文件类和非规范类信息的开放，加强对政府信息开放措施和实际效果的考核，用考核、评议和审计等方法来推动政府信息服务深化的实现。

电子政府信息资源配置与共享项目，主要是针对政府信息资源长期安全管理和共享利用的需要，从信息资源标准体系、网络通信标准体系、信息安全标准体系、应用标准体系、管理标准体系等方面为电子政府信息资源整合和开发利用奠定基础。

基础信息资源数据库建设项目，主要是从数据交换和资源共享目标出发，制定信息资源标准（它主要由数据、信息分类编码、业务数据结构化与交换、文本和办公系统、置标语言、目录体系和 Web 服务等技术标准分体系组成）、信息服务标准和相关技术标准，并抓紧制定信息资源分类和基础编码等急需的国家标准，以预防政府信息数据库建设中可能出现的"信息孤岛"现象。

政府信息在线服务项目，主要是在制定纸质文件与政府信息数字化政策基础上，根据有关政府信息公开的要求，利用网络进行政府数字信息的及时发布与更新服务，特别是对公共危机事件信息、突发事件信息等应通过在线服务以缩小信息传播的时滞；电子文件长期保存与安全管理项目，其政策重点是明确电子文件长期保存主体（如综合档案馆电子文件中心或其他专业性的文件管理与备份中心等）的地位、责任以及其履行责任的权利保障。

面向用户需要的专题信息内容开发项目，在政策设计上应针对当前信息内容开发主体单一的现状，出台鼓励社会各类主体参与信息内容开发的政策，并界定清楚公益开发与有偿开发的界限、限制开发与自主开发的界限等；网络信息的获取（或存档）与整合项目，是根据我国行政管理体制改革的实际，针对一些可能消失的网站信息，从信息长期保留和存档的角度，对其及时进行捕获和整合。

6.2　以信息权利保护为基础的信息资源规划实现机制

6.2.1　信息资源规划实现机制设计的一般原则

笔者认为，任何一种权利，在结构上都是由权利主体、权利内容和权利客体构成。因此，在信息资源规划实现机制的设计上，就要围绕信息权利主体、权利客体和权利内容等要素设计具体化的信息资源规划实现策略。

第一，兼顾不同主体的不同信息权利内容以及权利认识、权利主张和权利要求三者之间的关系。

在信息管理全流程中，由于涉及资源方、内容针对方和用户方三类不同主体，因此，信息权利主体就应包括信息资源方（管理方）的权利、信息内容针对方的权利和信息用户的权利三种不同类型。在信息资源规划中，针对上述不同权利主体的不同权利内容而言，信息资源规划实现机制设计的重点应是通过宣传教育强化有关主体的信息权利认识、通过信息管理全流程维护有关主体的不同信息权利主张、通过政策与法律建设确认有关主体全新的信息权利要求。信息权利认识是有关主体对与其有关的信息权利所体现利益的了解和认识。如果相关主体对其是否享有信息权利、享有何种类型和内容的信息权利、享有信息权利的限度，以及行使信息权利的义务与条件等都不了解，则根本无法在信息资源规划实施中进行权利保护。

因此，通过各种手段进行信息权利的宣传教育，强化有关主体的权利认识就是首要任务。信息权利主张是权利主体对其应享有的信息权利的主动维护，这是一个动态的过程，也关系到法律赋予有关主体的信息权利能否变为现实。由于资源方、管理方和用户方三类主体的信息权利主张可能贯穿在信息管理全流程之中。因此，在信息资源规划实施中，应从资源建设、开发、服务等全流程角度全面维护三类主体的不同信息权利内容。信息权利要求是有关主体根据社会发展的需要，在法律规定的范围内向国家和政府提出创设全新信息权利内容的要求，它是信息权利由应有或伦理权利向法律权利转化的过程，其具体实现的途径是信息政策与法律的修订和完善。在信息资源规划制定与实施中，虽然新的信息权利要求并不能成为左右信息资源规划制定与实施的因素，但信息管理人员应预见到这些信息权利要求对信息管理工作的可能影响。

第二，以权利为基础的信息资源规划实现机制应突出权利客体这个中心内容。

信息资源规划无疑就是围绕"信息资源"这个客体为中心进行收藏、整序与开发利用等的规划。从理论上看，上述不同权利主体的不同信息权利内容都是围绕"信息资源"这一权利客体为中心而展开，因此，科学界定和分析信息权利客体（信息资源）的构成现状就可以成为突破信息权利保护难题的一个可行捷径。从前文关于信息资源管理"政府模式"的分析上看，当前信息权利客体是以政府信息为主，这一权利客体范围上的局限很显然也就反映在信息权利主体与信息权利内容上。无论是信息资源方、内容针对方还是用户方，其信息权利类型及其实现程度均会因权利客体对象的过度单一或过度集中而大受影响。

针对上述基本原则，突破信息权利客体对象在收集上的"归档"模式和在内容上的"政府机关档案"的限制，在服务取向上实现由面向机关服务、内部服务转变为面向社会服务，这就成为制定信息权利全面保护策略的关键。事实上，信息资源开放与开发中的信息权利保护问题不仅仅局限于开放与开发服务这个具体环节上，而是贯穿于信息管理的全流程。因此，从源头上改变信息权利客体的构成状态、组织方式等，有利于从根本上建立起一个信息权利全面保护的策略体系。

6.2.2　信息采集机制：由单一被动采集模式转变为"被动与主动采集"并存模式

在信息管理实践中，信息采集方式有被动与主动采集两种不同形式。信息被动采集一般是以"文件归档"来实现的。由于以"归档"为入口的信息资源建设在采集对象、采集内容和采集时机选择上均具有一定的被动性，信息机构在馆藏组织过程中也很少顾及公民的实际利用需要，这就使我国公共信息机构馆藏利用率不高成为一个较为普遍的现象。信息的主动采集则强调根据用户需求主动搜寻和捕获适用性信息，这种主动采集机制在具体运用上有两个重点，即有关档案管理机构的主动建档和信息管理部门对网络舆情信息的捕获两个方面。

6.2.2.1 建档及其实践

建档就是有关信息管理机构与信息管理工作者根据社会管理活动和用户需求的变化，有针对性地主动介入社会管理与服务活动，及时将其管理信息或管理过程进行信息固态化，积累有关材料并实施档案化管理的过程。上述概括主要包括以下内涵：建档的基本出发点是社会管理活动和用户需求；建档的主要领域是文化建设、社会建设等活动中的重点、难点、焦点与热点问题；建档的基本方法是将有关资料进行档案化管理，以及对动态化管理过程与管理信息及时进行文本化或编码化。针对当前我国国家信息资源构成的局限和社会利用需求，建档工作可以围绕社会民生工程的相关主题内容率先展开。从当前已有的实践看，较为成功的建档实践领域是：家庭建档、社区（民生或民情）建档、信用建档、企业建档和网络信息建档等。从实施紧迫性和重要性程度看，网络信息捕获存档具有特别意义。

6.2.2.2 网络信息捕获存档：档案部门参与网络信息档案化管理

网络信息建档是指有关主体有选择性地对具有长远保存价值的网络信息进行捕获、归档、存储等档案化管理的过程，其基本目标是通过网络信息资源的存档，更全面真实地反映和再现社会活动的本来面貌，并满足相关主体对网络信息的长远利用需求。由于 Web 资源具有更新快、易消逝等特点，如果不及时加以保存，大量具有重要价值的学术、文化、管理信息就会丢失。因此，有针对性、选择性地开展网络信息建档就是网络环境发展对档案管理部门提出的新要求。对此下文将作重点分析。

（1）档案部门应是网络信息档案化管理的主要责任者

国际互联网联盟的调研结果显示，目前国外主要是由国家图书馆进行网络信息捕获与存档。但是，这并不意味着国家档案馆就可以对网络信息的档案化管理无所作为。在参与网络信息归档与保存实践中，国外的国家档案馆一般将其重点放在政务信息归档与保存上。2001 年，澳大利亚国家档案馆和公共记录管理局颁布了面向网站管理员的电子记录管理指导。2001 年 1 月，美国的国家档案文

件署 (NARA) 要求所有的联邦机构对其公共站点进行快照。英国的公共档案局将唐宁街 10 号网站的快照在 2001 年 6 月大选之前传送给国家档案馆 (赵俊玲, 2004)。从理论上看,我国国家档案馆作为保存和利用历时档案信息的中心,它也应该在网络信息归档与保存中发挥应有作用。但从目前看,我国各级各类档案馆却没有任何作为和动向,国家档案行政管理机关也没有在这一领域出台任何指导性意见。这种无所作为或无意作为均可能使国家档案馆在与其他公共信息服务机构的竞争中又一次丧失发展的机遇。

从我国公共信息机构设置及其业务分工看,档案部门主动参与网络信息的捕获与存档,并将其自身建设成为网络信息档案化管理的主要责任者之一是一个明智选择。这不仅是档案部门履行文化遗产 (事实上网络信息就是一种数字遗产) 保存职能的基本要求,而且也是档案部门所具备的相关能力使然。由于档案管理组织体系健全,我国从中央到地方以及各行业均有档案业务部门,一般组织单位内部也配备了档案管理机构或人员。因此,由档案业务系统统一进行网络信息捕获与存档不仅具备必要的组织保障,而且也具备基本的技术与人员条件。特别值得推荐的是,作为对网络信息归档与保存的责任者,各级档案部门 (特别是综合档案馆) 完全可以通过模拟和借鉴文件归档、建档、档案收集、档案征集或接收进馆等一整套业务规范或程序来指导网络信息存档的运作。从这一点上看,虽然目前公共图书馆似乎是网络信息长期保存的主力,但公共图书馆却不具备综合档案馆所具有的天然优势,但是,综合档案馆在社会形象、公民认知水平、基础设施水平等方面逊色于公共图书馆。因此,从理论上看,网络信息归档和保存的主导模式应是分工合作模式,不同类型的公共信息机构对不同特定对象的网络信息归档和保存应负有不同责任。根据综合档案馆、公共图书馆等的不同角色与特点,可以将它们在网络信息归档和保存中进行不同的分工定位。例如,综合档案馆主要适合或重点进行政府网络信息或“档案级”网络信息等的档案化管理,而公共图书馆则主要适合进行网络数字出版物或文化学术信息和科技信息的长期保存。

(2) 档案部门实施网络信息档案化管理的基本原则

分层定位原则。由于网络信息具有多样性和复杂性等特点,因此,在实践中就出现了很多对网络信息进行分级的做法。① 一般认为,网络信息可以区分为档

---

① Guidelines for Selecting, Archiving and Preserving Websites Pertinent to Tasmanian Government Information and Cultural Heritage, http://odi.statelibrary.tas.gov.au/About/selpolicy.asp.

案级、服务级、镜像级和链接级等几个级别。档案部门涉足的网络信息存档对象一般应控制在"档案级"这个级别上，而且针对"档案级"的网络信息，也应根据不同类型档案机构的管理职能与服务定位分别制订具体实施方案。企业或政府组织的档案机构应基于其业务、职能范畴设定和选择网络信息捕获与归档的重点；地区综合性档案馆应以区域范围作为设定和选择网络信息捕获与归档重点的基本界限，可以对本区域范围内的网站信息或者针对本区域形成的网络信息内容进行捕获与归档；国家级档案馆则可以对中央机关或企业的网站信息进行捕获、筛选和存档，也可以从传承文化和存续历史的高度，对具有全国乃至国际影响力的重大历史事件、社会事件等网络信息进行捕获与归档。各级各类档案部门之间也可以按照现行有关档案接受、征集的工作体系和运作方法进行网络信息的移交。从基本定位上看，各级各类国家档案馆应是网络信息档案化管理的基地和中心。

信息甄别原则。信息甄别包括信息价值与信息真伪甄别两个不同含义。档案部门在实施网络信息归档和保存进程中进行信息价值与真伪鉴定应是一个基本任务。由于对网络信息的档案化管理是选择性的，而且选择网络信息的基本依据就是其保存与利用价值。因此，在网络信息价值判断中可以借鉴档案管理流程中文件与档案价值鉴定的一般方法，从网络信息的来源、内容、时间和形式等特征上对其进行全面的价值分析。相对而言，对网络信息真伪的分析则具有更大难度，从科学性、客观性、时效性、可理解性等指标上对其进行真伪鉴定是可供选择的方法。开展上述两个方面的鉴定工作虽有一定难度和工作量（国外经验也表明，人力成本很高），但档案机构在这些业务工作上的优势比较明显。

责任归属原则。不同类型档案机构在网络信息归档和保存中担当的责任有所区别，这是由档案机构自身特点所决定的。政府或企业组织内部的档案机构是网络信息归档和保存的基础业务性机构，它承担着对与其自身运作有关的各类网络信息进行捕获与存档的任务。这些基层档案业务机构还可能会根据信息资源的馆藏组织体系，定期或不定期地向有关国家档案馆移交具有长远保存价值的网络信息，因此，它们是网络信息归档和保存的辅助性或过渡性的责任者；各级各类国家档案馆是综合性的网络信息永久收藏和保存机构，因此，它们是网络信息存档的主要责任者。综合档案馆与公共图书馆等公共信息机构共同构成了我国网络信息归档和保存的责任体系。

依法归档原则。网络信息捕获与存档面临着一系列法律问题，这其中既有综合档案馆与公共图书馆在网络信息档案化管理中的法律授权、法律地位和法律责任等问题，而且还涉及网络信息的知识产权保护问题。目前国际社会对法律问题的关注集中在网络信息知识产权保护上，比较一致的看法是，建议完善数字呈缴制度并修改相应的知识产权法，从而为网络信息保存提供必要的法律支持。例如，挪威、丹麦等国家已将网络信息资源纳入呈缴制度调整范围之列。这对我国开展网络信息档案化管理实践也有一定的启示作用。事实上，确认档案机构或其他有关机构在网络信息档案化管理中的相关权利与义务也已成为当务之急。

（3）档案部门实施网络信息档案化管理应注意的问题

对档案部门来说，参与网络信息的档案化管理是一个全新实践领域。档案部门虽有一定基础，但仍须在管理、保障和特色等问题上做足工夫。

其一是管理创新问题。首先，档案部门在实施网络信息档案化管理时应突破文件与档案被动归档或接收的局限性，要根据其业务活动主动捕获相关网络信息并将其存档。在文件与档案管理业务流程中，档案部门往往是根据文件归档或档案接收制度接受有关机构档案的移交，"被动性"是其基本特点。面对网络信息快速更新的形势，如果档案部门不能主动出击，实施对网络信息的主动捕获、选择和存档，那么网络信息档案化管理的目标也就不能如期实现。

其次，档案部门在实施网络信息档案化管理时要关注有关管理政策与制度的创新。在大力推进网络信息档案化管理的进程中，是否可以将有关网络信息归档和保存问题纳入我国现行归档制度和档案接收制度的范畴，并对现行的文件归档与档案接收范围、归档与接收时间或归档与接收程序等进行一系列制度创新就是一个值得讨论的问题。只有从制度与政策上形成保证，档案部门开展网络信息档案化管理才有规可循。

再次，档案部门在实施网络信息档案化管理时要关注档案管理体制与机制的创新。从体制上看，目前我国缺乏统一的信息资源管理主管部门，这就使网络信息档案化管理任务无法形成明确分工并得到组织落实。文化部、国家档案局、中央办公厅、国务院办公厅、工业与信息化部等似乎都是信息资源管理主管部门的可能性选择，而且它们也已经分别涉足相关的信息资源管理业务，但多机构负责的结果就是无机构负责，网络信息的档案化管理这个全新实践领域目前恰好就是一个管理的真空地带。

因此，明确上述各类行政管理机构的职能边界，逐步拓展档案行政管理机构的职能范围就是可供选择的信息管理体制改革方向之一。虽然管理体制问题不是在档案系统内部可以实现的，但国家档案行政管理部门完全可以提出政策建议供有关最高决策部门作为参考。从机制上看，我国现有各级各类档案部门缺少开展网络信息档案化管理的动力机制和保障机制。虽然档案部门在长期档案管理实践中积累了丰富的经验，但档案部门领导和工作人员普遍安于现状，在工作中求新、求变的动机严重不足（在这一点上与公共图书馆相比就有相当差距），档案部门在人才、技术和基础设施保障上也与开展网络信息档案化管理的目标存在相当差距。因此，开展档案管理机制创新就成为决定档案部门在新业务面前是否有为、有多大作为以及如何作为的关键。

其二是全面保障问题。人才、技术、经费和基础设施保障是档案部门开展网络信息档案化管理的基本条件。从人才角度看，虽然我国有专职档案管理人员近9万人，但从总趋势上看，其数量与质量均有下行动向（胡鸿杰和吴红，2009）。而且在现有档案管理人员队伍中，真正了解或精通网络信息档案化管理技术的人才也不多。在一次电子文件管理研讨会上，某发达省份专门负责数字档案馆建设的技术负责人曾反复追问有关专家关于"元数据"的基本问题，由此可见当前我国档案人才队伍素质有待提高。从技术角度看，网络信息档案化管理始终面临着技术更新的难题，如网络信息的完整性和真实性如何界定；如何通过网页重要程度和预测网页更新周期来确定抓取或捕获周期；如何抓取和捕获动态网络信息资源；如何解决网络信息的长期安全保存和可利用等。上述问题都与技术运用和技术更新密切相关。从经费保障看，档案部门普遍存在经费紧张状况，但在搭上政府信息化这趟便车后，不少地方档案馆的经费状况有了明显改善。由于网络信息档案化管理是一个持续的过程。因此，形成一个稳定的经费投入机制就显得十分重要，其中政府投资显然仍是一个关键所在。从基础设施保障上看，相关网络信息需要借助一定的软件才能被解析和访问，相关软件又需要在一定的硬件平台上才能运行。因此，建设一个高水准的、持续更新的基础设施体系就是保障网络信息档案化管理的重要条件。从实际运作上看，档案机构完全可以通过服务外包的方式解决上述有关保障问题。

其三是重视特色问题。档案机构开展网络信息的档案化管理业务，这是在新形势下档案机构业务内容的拓展，它并没有从根本上改变档案机构的性质和特点。因此，档案机构在业务活动中要处理好传统业务与新型业务两者之间的关系，通过业务整合和互相促进实现档案事业的科学发展。应该注意到，同样都是网络信息归档与保存的责任者，综合档案馆与公共图书馆的显著区别之一就是综合档案馆所提供的档案信息具有法律上的证据价值。因此，综合档案馆在开展网络信息档案化管理的过程中，应从将其定位于网络信息档案证据保全机构的高度进行各项事业建设。应该说，距离这样的目标，档案机构还有很长的路要走。

综上所述，档案机构应看到其自身在网络信息档案化管理中的历史责任，也应重视网络信息保存与服务对其自身发展的战略意义。可以认为，实施网络信息的档案化管理是建立面向社会信息资源体系的重要途径，它对满足公民的信息需求和信息权利的全面实现具有重要意义。

6.2.3　信息组织机制：由重"实体管理"转变为重"智能管理"

6.2.3.1　档案信息的组织单元由"卷"向"件"的转变

在信息资源组织方式上，档案信息因其具有自身特点，从而决定了它的组织方式也有别于其他各类信息。信息资源组织应充分兼顾开放与安全的需要，既要保障公民信息知情权（获取权）的实现，又要在开放利用中兼顾不同主体的信息秘密权利。当前，在档案信息组织中习惯于采用以"卷"为单位的组织形式，显然这不利于开放与安全兼顾的需要。以"卷"为保管单位的档案信息组织模式，往往使大量控制卷（出于安全利益的需要而进行控制）中一些可以公开的档案文件与公民无缘，公民信息获取权利的实现明显会受到影响。针对上述现象，在档案信息组织工作中如何突破传统案卷的束缚就是一个必须面对的问题。当前正在推行的以"件"为单位或"立散卷"的档案信息组织形式对回应和解决公民信息权利保护问题无疑将产生积极影响。

6.2.3.2　信息组织重点由"实体组织"向"智能组织"的转变

在信息资源组织重点上，由以信息实体管理为主转向信息智能管理为主。长期以来，我国信息管理的重点是信息实体组织，即大量精力是放在信息的上架排放等工作中。显然，信息实体组织的相对稳定性特点决定了其并不能适应用户的多样性和变化性的利用要求。要从根本上解决这一问题，只有通过深化信息智能控制来实现。因此，在信息资源组织工作上，应逐步体现出"信息实体控制简化和信息智能控制深化"的思路。具体到档案信息这类信息类型，上述工作思路的具体实施方法如下所述。

档案实体控制简化即是在管理工作中应进一步简化立卷程序、立卷方式、馆藏档案排架与编号方式等。从当前实践看，我国基层文秘与档案人员在立卷与档案实体组织上投入了大量时间和精力，但从实际效果看，档案服务能力和水平并没有明显提高。在我国曾试行过一段时间的《工业企业档案分类试行办法》、《归档文件整理规则》等指导性文件事实上都起到了简化档案实体控制的作用。但在推广上述文件时并没有突出其简化立卷与实体控制的意义和功能，这就在一定程度上影响了上述文件的实际效果。对国家有关档案业务管理部门而言，在研究和梳理现有一系列档案实体控制的业务规范文件基础上，在保证信息资源处于"可控"和"可利用"的前提下，进一步简化档案实体控制规范和内容就应是一个基本工作方向。

档案智能控制深化即是在管理工作中应进一步建立健全档案信息检索工具体系，在提供多元检索途径和深层次内容检索基础上，逐步实现对档案内容的增值开发服务。客观地说，虽然档案界较早地认识到要推广应用分类号和主题词等信息内容检索标志，也编制了较完备的《中国档案分类法》和《中国档案主题词表》等检索词典，但从档案智能控制的实际水平看，它远落后于其他信息管理部门。产生这种现象的原因是多方面的，既有档案检索词典质量和档案人员素质本身的原因，也有档案管理工作指导思想上的原因（以存为主，以用为辅；被动原件提供为主，主动开发服务为辅）。在政府信息公开和民主政治建设的宏观背景下，建立一个高效能、跨机构、跨区域的档案检索体系就是档案智能控制深化工作面临的首要任务。

6.2.3.3 信息组织体系由单一的"实体馆藏"向"实体馆藏"与"虚拟馆藏"并重转变

在信息馆藏组织体系中，长期以来，出于保存和积累文化遗产的需要，信息机构在馆藏建设中一般都以实际"拥有"信息客体对象为前提（不是指对信息客体一定具有所有权，但一般具有管理权），无论是纸质信息还是数字信息，信息机构一般都实际控制着其有形载体，这就意味着信息机构收藏的对象都是可见的。随着网络技术的广泛运用、数字信息和网络信息数量的增多和传统纸质信息数字化进程的加快，"利用电子网络远程获取信息"的虚拟馆藏组织体系的建立已经具备了基本条件。虚拟馆藏是在计算机通信网络上对分布于各地的各种信息进行动态搜寻，它强调的是在虚拟环境下用户开发利用信息资源的便利。可以认为，虚拟档案馆藏是一种无形的信息管理与利用环境，它不是一种物理存在的实体，而只是利用网络技术，将分布于不同地点的数字化信息资源，以网络化方式加以互相连接，提供及时利用，实现信息资源共享，其实质是形成一个有序的信息空间和资源共享的信息环境。因此，从这一意义上看，虚拟信息馆藏不是信息机构实际"拥有"某种信息资源，而是在无形的信息组织与利用环境中实现对信息资源的动态"存取"。在信息馆藏组织体系中，"实体馆藏"与"虚拟馆藏"的并重可以进一步突破信息资源管理与利用上的时空局限，实现信息资源的合理配置，从而更全面地维护有关主体的信息权利。

6.2.4　信息服务机制：由面向组织内部服务转变为面向社会服务

6.2.4.1　信息服务内容的社会化适应

在信息服务内容上，我国历来重视信息管理工作在提供信息内容服务的功能，而忽视在帮助管理信息和分析信息等方面的功能。今天，社会各方面对信息机构的服务需求是多方面的，因此，信息服务内容在结构上就应作出上述适应性调整。在提供信息服务过程中，既要重视信息的历史服务功能，又要重视信息的现实服务功能；既要重视信息为政府服务的功能，又要重视信息为民生服务的功能。在提供帮助管理和分析信息等服务过程中，信息机构和信息人员应针对有关部门的工作重点与难点主动开展相关信息的管理与分析服务，尤其是要加强对社会关注的网络舆情信息的分析服务，这种信息服务已经不是传统意义上的"原生态"信息提供服务，而是一种通过对信息碎片加工整理形成的"增值态"信息提供服务。

6.2.4.2　信息服务机制的社会化

在信息服务机制上，应逐步实现信息服务的社会化。过去和现在，我国信息资源开发服务基本上由单位内部机构或人员完成，开发服务的内容选择也以部门偏好为依据。信息服务机制的社会化转型就是要实现服务取向、服务主体、服务选题、服务成果宣传等社会化。服务取向的社会化，就是要实现从封闭的机要服务转向开放服务，从单纯为国家机构服务到为全社会服务，从单纯为政府官员服务到为广大民众服务；服务主体的社会化，即改变专业信息机构单一开发服务的模式，鼓励和吸引社会各类组织或个人不同程度地参与到信息资源开发服务的过程中；服务选题的社会化，就是确定信息服务选题要分析社会和市场的需求，关注社会发展进程中的焦点和热点问题；开发服务宣传的社会化，即应充分发挥媒体对信息开发服务产品的宣传作用，同时信息开发服务成果也应适应大众文化消费的新取向，通过印刷品、缩微品、多媒体、网络出版物、展览等多种形式将多个系列的开发产品呈现给利用者。

综上所述，基于信息权利全面保护的信息资源管理与服务规划设计涉及众多主体与客体因素，其中既有政策与管理制度的问题，也有具体管理流程与操作方法的问题，还应包括信息管理的技术体系问题。因此，以权利保护意识和系统工程意识为指导进行信息资源管理与服务规划的制定就显得十分重要。

本章小结

　　信息资源开放与开发过程中的信息权利保护策略是一个涉及信息资源管理全流程的问题。以信息权利全面保护理念为基础构建信息资源规划是对信息资源管理全流程所进行的一种系统谋划。本章对信息资源规划建设的原则、目标、内容、重点工程等进行了分析，以此为基础，本章以档案资源为基础，对信息资源采集机制、组织机制和服务机制等的全面变革进行了深入研究，所提出的有关观点对推进当前我国信息资源管理实践具有启示意义。

第7章 信息资源开放与开发服务机制的创新策略

信息资源开放与开发服务的深入进行，不仅要有法律、政策或有关管理制度的保障，而且也依赖于管理方法或策略机制的创新。

7.1 信息资源开放与开发服务机制创新的理论意义

从总体上看，目前我国信息服务普遍存在着"五多五少"现象，即保密的多，开放的少；被动开放的多，主动开放的少；开放的原始信息多，开发和加工整理的少（数据库化的更少）；孤立、分散开放的多，网络上可共享的少；政府机关部门自我服务的多，社会化服务的少。产生上述现象的内在原因是，长期以来我国信息资源开放与开发服务是以政府机关或综合档案馆等为主导，即使是政府机制的运用也十分有限（如存在着信息资源主管部门缺位、相关法律与法规的自相矛盾等诸多问题），社会化和市场化机制在信息资源开发服务中的定位与作用仍然不够明确和显著。

从本质上看，"运行机制缺失"是制约我国信息资源开发和增值服务实现的主要因素。为了推动我国信息服务实现从低端整序开放服务向高端增值开发服务的转变，我国信息资源开发服务的运行机制迫切需要进行创新，实现从单纯政府供给向政府、社会与市场复合供给模式的根本性转变。对此，中共中央《关于加强信息资源开发利用工作的若干意见》（中办发［2004］34 号文件）也已经明确提出具体思路，即支持和鼓励社会力量（企业、公民和其他社会组织）进行信息资源的社会化增值开发利用。笔者认为，实现信息资源开放与开发服务机制的创新，可以进一步提升我国信息服务的能力与水平，并从根本上改变我国信息内容产品（包括档案内容产品）供给不足的态势。推进我国信息资源开放和开发服务机制的创新具有以下重大意义。

第一，从根本上推进我国国家信息化战略的有效实施。

信息资源开发服务是实现国家信息化战略的核心内容。2004 年 11 月，国家信息化领导小组第四次会议通过了一项有关加强信息资源开发利用的提案，信息资源开发利用已经成为国家信息化战略的重点。2004 年 12 月，中共中央办公厅和国务院办公厅在联合颁发的《关于加强信息资源开发利用工作的若干意见》

中明确提出，信息资源作为生产要素、无形资产和社会财富，在经济社会资源结构中具有不可替代的地位，已成为经济全球化背景下国际竞争的一个重点。我国80%以上的信息资源由政府部门控制，但信息资源开发服务却存在开发不足、利用不够、效益不高、公益性服务机制尚未理顺等局限。因此，研究信息资源开发服务机制创新的思路，对推进我国国家信息化战略的组织落实具有重要意义。

第二，从根本上增加信息资源增值产品的有效供给，推进科学发展观的具体实现。

加强信息资源开发利用，有利于促进经济增长方式转变，建设资源节约型社会；有利于体现以人为本，密切政府与人民的关系，满足人民群众日益增长的文化信息需求；有利于培育和发展信息资源（内容）产业，优化经济结构。档案信息因其具有独特个性，它在社会政治、经济和文化发展中的综合贡献力更是不容低估。从当前看，我国普遍存在着信息资源产品供不应求的状况，社会真正需要的信息资源产品有效供给不足。运行机制缺陷是导致当前我国政府信息资源开发服务不足的主要"瓶颈"。只有通过运行机制创新才能增加政府信息资源产品与服务的供给，显著改善政府信息增值产品与服务的供求现状，从而进一步发挥信息资源这种无形资产与生产要素在社会发展中的作用。

第三，从根本上消除信息资源开发服务中的各自为政现象，提高信息资源开发服务的效益。

系统科学理论认为，不同地区、专业系统和机关部门的信息资源应在充分集成与整合基础上才能发挥最大功能。只有通过运行机制的创新，才能解决有关主体集成与整合信息资源的动机与动力问题，才能在集成与整合中极大地提高信息资源产品与服务的相对质量，才能实现信息资源开发服务效益的整体优化。在信息资源集成开放与开发服务实践上，"安徽和县模式"已经给我们提供了一个很好的案例。

7.2　信息资源开放与开发服务机制创新的基本思路

信息资源开发服务运行机制的创新，实质上是要回答信息资源开发服务产品"如何提供"的问题。笔者认为，政府机制、社会机制和市场机制是信息资源开发服务的可能路径，上述运行机制可以共生并产生互补作用。

7.2.1　信息资源开放与开发服务领域中多机制的共同运用

7.2.1.1　政府机制的作用

政府机制是指由政府机关及其内部机构以无偿方式提供信息资源开发服务产

品的运作过程。例如，政府法律法规数据库、基础统计数据库等信息基础数据库向社会公民的免费开放服务即属于政府机制的实际运用。

从总体上看，政府机制是目前我国信息资源开放与开发服务的主要机制。由于我国政府信息公开进程刚刚起步，政府机关在信息资源占有上又具有明显优势。同时，由于信息资源开发服务产品具有较强的非竞争性和非排他性特点，信息服务中的"搭便车"现象可能使信息增值产品生产者的收益受损，并进而影响到其生产热情和信息资源开发服务产品的有效供给，因此，在现阶段仍需强调政府机制在信息资源开放与开发服务中的优先地位。

但是，由于信息资源开发服务中的增值服务具有个性化特点，以及政府机制在信息增值服务中可能出现的能力与资源局限和低效率，这表明政府机制并不是信息资源开发服务运行机制的唯一选择，政府机制的运用也并不意味着一定就是政府机关直接介入信息资源开发服务的具体生产过程。政府机制在信息资源开发服务中的作用也可以表现为对信息资源开发服务进行必要的干预，在这个"干预"过程中政府的基本目标定位是参与、培育、支持、规范、监管等。

围绕着上述政府职能，政府可以运用的政策工具是：无条件的现金支付、提供物品与服务（包括信息）、法律保护、限制或惩罚措施。参与是指政府机关可以直接参与一些重点信息资源开发服务产品的生产过程，特别是对一些政府基础数据库产品的生产政府机关可以直接介入；培育即是指政府应培育若干致力于信息资源开发服务的组织和团体，帮助其提高从事政府信息增值开发服务的能力；规范是指政府通过制定和完善有关法律和制度，逐步形成有利于我国信息资源开发服务的法律制度环境，特别应在数据库等信息产品的标准化政策和产权保护立法上取得明显突破；支持是指政府在力所能及的情况下，运用适当的政策工具，在融资、开发利用以及服务等环节上给从事信息资源开发服务机构提供必要的资金、政策、技术和其他支持；① 监管是指政府对参与信息资源开发服务机构的运作过程和效果进行必要监督和管理，以提高信息资源开发服务中政府投资的效益和信息增值服务的质量，这具体包括对有关参与机构的资格管理、资信管理和项目管理等管理内容。

---

① 2010 年 4 月中央宣传部、中国人民银行等 9 部门联合发文提出了一整套的金融支持文化产业发展的政策。主要政策思路是：积极开发适合文化产业特点的信贷产品，加大有效的信贷投放；完善授信模式，加强和改进对文化产业的金融服务；大力发展多层次资本市场，扩大文化企业的直接融资规模；积极培育和发展文化产业保险市场；建立健全有利于金融支持文化产业发展的配套机制。虽然上述政策是针对文化产业发展而言，但它对信息资源开发中政府机制的运用同样具有借鉴意义。

7.2.1.2 社会机制的作用

社会机制是指由社会第三部门从事信息资源开发服务活动。这些社会第三部门包括：为社会提供公共信息服务和准公共信息服务的民间非企业单位和国家事业单位，如公共图书馆、档案馆等；向组织成员提供互益性公共信息服务的社会团体和行业组织，如各类行业协会、学会以及商会等都不同程度地负有整合行业信息资源为协会成员参考决策服务的任务；面向社会提供无偿公益信息服务的民间公益组织，如志愿者组织和慈善机构等；带有成本收费性质的民间社会组织，如各种社会、市场中介组织和非营利民办信息咨询机构等（夏义堃，2006b）。

有关非营利组织在志愿基础上出于公益动机都可进行信息资源开发服务活动。在具体认识信息资源开发服务的社会机制时应把握三个特点：一是信息资源开发服务具有社会性，即各类社会组织都可广泛参与信息资源开发服务；二是志愿性，即非营利组织参与信息资源开发服务属于一种社会志愿行为；三是非营利性，即非营利组织参与信息资源开发服务活动目的在于公益，它可以有效地保障政府信息服务的公益性质。

实质上，非营利组织在信息资源开发服务中扮演越来越重要的角色，但这并不意味着政府就可以完全从信息增值服务领域淡出或退出。在信息资源开发服务的社会化机制运作中，从政府与非营利组织的具体关系看，可以将信息资源开发服务的社会机制运作分为三种不同模式。第一种模式为双元模式，即政府与非营利组织各自提供信息资源开发服务，二者的服务提供与经费来源各有其不同的明确范围，双方各有其自主性存在；第二种模式为合作模式，其典型情况是由政府提供资金，第三部门实际负责信息增值服务的生产和提供；第三种模式为第三部门主导模式，即非营利组织同时扮演资金提供和服务提供的角色，不受政府的限制，自主针对特定服务对象的需求提供与发展创新服务。从当前我国非营利组织发育和运作情况看，在信息资源开发服务社会机制的实际运作中，双元模式和合作模式更加可行。随着我国非营利组织规模的逐步扩大及其内部运行机制的逐步健全，第三部门主导模式也可在信息资源开发服务的某些领域中加以运用。

7.2.1.3 市场机制的作用

市场机制是指在确定政府信息服务责任的前提下，把私人部门的管理手段和市场激励结构引入信息资源开发服务之中，以追求信息资源开发服务的有效性，其主要表现方式是企业化经营方式和市场主体的引入以及市场资源的运用，让营利性企业和市场资本参与到信息资源开发服务的生产过程中。

　　从具体运作方式上看，其主要包括企业化经营、合同外包或政府采购、用者付费、特许经营等多种形式。企业化经营主要是针对政府信息机构而言的，对常规的政府信息公开等服务仍严格遵守无偿或成本服务原则，而对信息资源开发服务则可尝试进行控制范围内的有偿服务；合同外包或政府采购是指政府机构通过市场化手段，以招标、签订合同或购买等方式，将有关信息资源开发服务委托给其他市场主体进行，或通过购买获得有关政府信息增值产品的所有权并提供给社会，这种方式不仅有助于根据用户的个性化信息需求及时做出服务反应，一定程度上达到控制政府公共服务成本的目的，而且也有利于激励私人部门不断进行信息资源开发服务的创新以满足社会需求，并一定程度上保障政府公共信息服务的公益方向；特许经营是指由政府授予企业在一定时间和范围提供某类信息资源开发服务产品的权利，并准许其通过向用户收取费用或出售增值产品以清偿贷款，回收投资，并赚取利润。①

　　特许经营有排他性的特许、非排他性特许和混合特许三种形式。针对不同的信息资源开发服务项目，可以优选不同的特许经营服务模式。考虑到信息资源开发服务产品所具有的共享性、使用边际成本低和一定的公益性要求等特点，政府可以在特许经营的制度安排上体现非永久性，即作出引入市场竞争机制的制度安排，定期重新选择特许经营主体，从而避免信息资源开发服务中可能出现的垄断。

　　苏州市公共信息亭及其公共信息资源开发产品的生产已经尝试着使用了这种运作形式；用者付费是针对信息资源开发服务的个性化而非普遍化特点提出的一种市场化运作机制。从某种意义看，政府信息公开服务等普遍服务是社会公民的基本权利，它应是公益性的，但这也并不排除利用者的成本分担。而个性化信息资源开发服务则只给部分主体带来了收益，如果免费提供则会引发信息利用领域新的不公。因此，从满足个性化信息需求和有效改变当前信息服务有效供给不足的角度看，在信息资源开发服务领域探索不同定价形式的用者付费办法还是可行的。

7.2.2　政府机制、社会机制和市场机制的共生与互补作用

　　信息资源开发服务中的政府机制、社会机制和市场机制三者具有共生和互补关系，这是由上述三类机制本身的特点所共同决定的。

---

　　①　如美国著名的地理开发公司 ESRI 就获得了美国内政部和地质调查局的多项特许经营，其提供的这两个政府部门的增值信息服务产品就受到世界各地用户的青睐。

由于社会公民的信息需求广泛多样，而政府的经济资源和供给能力十分有限，政府不能提供所有的公共信息服务产品，并且政府供给可能存在着低效率现象。因此，信息资源开发服务中政府机制的实际运用，意味着政府机关在实施政府信息公开服务基础上，应将重点转移到运用各类政策工具对信息增值服务活动进行培育、支持、规范和监管等环节上，并进一步探索信息资源开发服务机制创新中的政府定位、政府定位实现的政策工具、机制运行中的项目管理、机制运作中的信息公平、信息产权与信息安全等问题。

从某种意义上看，政府机制的运用一方面是为了保证政府信息服务的公平性，另一方面也是为了在某些服务领域有效维护信息服务的公益性。2006 年，国务院信息化工作办公室发布的《关于加强信息资源开发利用工作任务分工的通知》对有关政府机关在政府信息资源管理中的具体任务均进行了逐项明确。从基本思路看，它也突出了政府机关应以政策引导而并不直接参与政府信息增值开发服务的精神。

鉴于当前我国非营利组织虽然已经有了一定规模但其发育和运作模式还不成熟的现状，非营利组织应在学习借鉴国外非营利组织运作模式与成功经验的基础上，积极摸索参与和介入信息资源开发服务的途径和具体方法。在起步阶段，政府可以通过有关政策工具对非营利组织的信息资源开发服务活动进行必要扶持。

从总体上看，目前我国信息资源产品供给（或称为信息内容产品）的市场化运作已经迈出了实践的步伐。由于市场机制本身的灵活性、高效率等优势，经过市场机制的洗礼和锤炼，国内出现了一批成功的网络信息内容服务商和数据库服务商。但从这些市场主体涉足的信息增值开发领域看，主要集中在企业商情信息、文化学术信息、生活服务信息等，它们很少涉及政府信息增值开发服务。

产生上述现象的主要原因是：一方面我国政府信息公开进程比较缓慢，政府信息公开法律法规在近期才刚刚出台，进行信息资源开发服务的信息源基础存在利用困难；另一方面我国有关政策中对民间和市场主体参与政府信息增值开发的热情有类似限制性的规定。例如，国务院 1990 年颁布的《法律法规编辑出版管理规定》就曾明确规定，法规汇编只能由政府进行，民间只能汇编内部使用的法规；《档案法》中也将公民因"非工作目的"需要利用档案的行为排除在合法性之外，以再开发和增值服务为目的的政府档案信息利用行为原则上不受《档案法》保护；即使是在新公布的《政府信息公开条例》中也并未对公民自由利用，特别是以再加工和再开发为目的的利用行为作出明确规定。因此，信息资源开发服务中市场机制的运作首先应以放松政府的有关"政策管制"为前提，并从政府信息中（属于公开范围的）具有商业增值开发价值的信息资源入手，进

行信息资源开发服务市场机制运作的尝试，企业商情信息和文化学术信息等信息
增值服务的市场运作经验可以给我们提供借鉴。

　　可喜的是，国务院信息化工作办公室发布的《关于加强信息资源开发利用
工作任务分工的通知》中明确提出，由财政部牵头，会同国家发展和改革委员
会、信息产业部、国家税务总局等部门，制定促进政务信息资源社会化增值开发
利用的政策措施，鼓励社会力量对具有经济和社会价值、允许加工利用的政务信
息资源进行增值开发利用；制定规范政务信息资源社会化增值开发利用的管理办
法，按照公平、公正、公开的原则，授权申请者使用相关政务信息资源，规范政
务信息资源使用行为和社会化增值开发利用工作。

　　综上所述，可以预见，我国信息资源开发服务将逐步过渡到政府机制、社会
机制和市场机制并存的时代，信息资源开发服务也将获得一个大发展。多渠道的
供给并不意味着分散化的服务，如何在保证充分供给的前提下又保证尽量减少用
户的信息搜寻成本，这是一个管理问题，我们的基本思路是运用信息服务整合平
台为用户提供一个"一站式"的服务窗口。

7.3　信息服务整合平台的构建

　　当前学界对信息资源整合问题的研究多以数字图书馆建设中学科与学术信息
的整合为对象，显然忽略了对政府信息、生活信息、档案信息等非学术信息整合
服务的研究。随着国内有关机构开始进行信息服务整合平台的建设实践，迫切需
要从理论上回答与此有关的基本问题。在借鉴信息资源整合有关理论成果基础
上，本书对我国信息服务整合平台构建问题进行初步探讨。

7.3.1　信息服务整合平台及其构建意义

7.3.1.1　信息服务整合平台的内涵

　　信息服务整合平台是以用户需求为导向，以已公开的基础政府信息、已开放
的档案信息和再开发的增值政府信息为整合对象，通过自动化采集和组织，实现
一个窗口、一个检索界面就可以一站式地发现并获取到分布在全国各类网站上
（包括各类档案网站）的信息并实现有关服务。其基本内涵是以下方面。

　　一是信息服务整合平台构建的目的是为用户提供一个高效、有序的信息获取
和利用环境。信息服务整合平台建设的过程就是从用户需求出发，对基础政府信

息、档案信息和增值信息进行合理组织，生成有序的信息集合和信息结构，并设计表达和服务界面的过程。这一过程与国内外流行的信息构建的内容和流程基本相似（周晓英，2005）。因此，可以认为，信息服务整合平台构建就是信息构建的一种具体实践形式，信息构建的原理和方法可以为信息服务整合平台构建提供具体指导。

二是信息服务整合平台构建的关键是在实现相关各种信息资源要素整合基础上，重点突出对信息资源内容的整合。从广义上理解，信息资源要素类型多样，这就决定了信息服务整合平台构建既要实现内容资源的整合，也要实现技术、设备、系统等要素的整合。因此，信息服务整合平台构建是一个系统工程，对其进行科学规划与设计至关重要。由于信息资源要素可以区分为支持性要素和核心性要素两种基本类型，这就决定了在整合平台规划与设计中必须体现面向用户、内容为王、分层整合等基本思路。

三是信息整合服务平台的构建可以分层次、分类型分别进行。由于信息资源种类多样、内容丰富，因此，针对不同类型、来源或内容的信息资源可以分别组建信息整合服务平台。针对档案信息资源的整合服务而言，可以以区域综合档案馆或国家级档案馆为依托，建立一个全国性或区域性的信息资源整合服务平台。

7.3.1.2 信息服务整合平台构建的意义

信息服务整合平台构建的主要意义在于以下方面。

一是增加信息内容的供给，构建内容丰富的信息空间，切实保证公民信息获取与利用权利得到实现。随着公民信息权利意识的觉醒，公民信息消费需求的数量与质量均会不断发生变化。如何适应这种信息消费需求的变化，增加信息内容产品的供给就是一个首要问题，在此以政府信息内容的供给为例就很能说明问题。据北京大学公民参与研究与支持中心对《政府信息公开条例》实施一年以来全国政府信息公开基本情况的调查，在全国 31 个省级政府中只有 9 个省份、36 个国务院部门中只有 6 个部门被认定为政府信息公开及格。[①]从其存在问题看，信息内容的主动公开不足就是一个基本方面。因此，通过信息服务整合平台的构建，一方面可以促进相关领域基础信息的公开和增值信息的开发与服务，从而保障公民信息获取与利用权利得到实现，另一方面也可以进一步提高公民对政府事务和社会事务的参与水平，从而推动我国政治民主化的进程。

二是全面提升公共信息服务的能力与水平，提高信息资源对经济与社会发展

---

① 政府信息公开评估排名，http：//www.chinanews.com.cn/gn/news/2009/05 - 12/1687115.shtml。

的贡献率。信息资源作为一种生产要素、无形资产和社会财富，它与能源、材料资源同等重要，它对国家经济社会发展具有全方位的、不可替代的综合贡献力。利用整合服务平台建设推进我国信息资源开放与开发服务，不仅可以提高经济与社会的管理水平，而且也可以带动我国信息内容产业的发展，从而实现信息产业内部结构和国民经济结构的全面升级。

7.3.2　信息服务整合平台的层次结构

7.3.2.1　对信息服务整合平台层次结构的一般划分

对信息服务整合平台类型进行划分可以采用多种不同标准。国内有专家从信息资源整合的对象出发将信息服务整合平台划分为三个层面：一是数据层（又称资源层），即把有关信息资源集中为一体；二是操作层（又称服务层或中间层），即通过软件或平台对有关信息资源进行统一利用；三是系统层（又称应用层），即包含数据内容、软件系统以及基础设置的全面整合（苏新宁等，2005）。笔者认为，信息服务整合平台在基本结构上可以划分为以下层次。

（1）信息服务界面（或窗口）的整合

信息服务界面整合就是要建设一个以网站出现的虚拟的、统一的服务窗口，它承担公民信息需求的接受、信息服务的输出和最终信息服务结果的反馈等职能。例如，近年来，伴随着我国电子政务工程的建设，各级各类政府机关普遍以政府网站作为政府信息公开窗口。从总体上说，我国公民获得政府信息的渠道得到了明显改善。但是，公民作为政府信息服务的顾客，在政府信息搜寻中往往会付出较多的时间与劳动成本。其主要原因是，公民在查找涉及多个部门的政府信息或不明有关信息的生成机关时，一般会大量浏览互相独立的各类政府机关网站，这不但要求公民依次地与这些政府网站交互，耗费大量的时间，而且还要求公民清楚地知道很多与政府信息公开和服务的相关知识（如"know-how"、"know-where"、"know-who"等知识）（周毅，2004）。因此，推进政府信息服务界面的整合，使用户多样化的信息需求能在一个界面上（或窗口）得到实现，这对提高政府信息服务的效率具有重要作用。近期由国家图书馆建立的国内首个政府公开信息整合服务门户——中国政府信息服务整合平台（http://govinfo.nlc.gov.cn）就是这样一个统一的政府信息整合服务界面与窗口。无论何时何地，公民只需与政府公开信息服务整合服务门户这一个"窗口"发生联系，即可获取自己所需要的相关政府信息（这些信息可能来源于不同地区或不同政府机关）。

（2）信息管理与服务技术的整合

为了实现在一个服务界面或窗口上对不同机构和相关网站上信息内容的分类、搜寻和利用，功能强大的和全天候的信息管理与服务技术平台就是一个基本保障。建设这样的信息管理与服务技术平台不仅要求进行科学的信息技术规划，而且要求综合运用信息输入技术、信息加工与处理技术、信息存储与组织技术、信息检索技术和信息传播技术等（柯平等，2007）。实现上述各类信息技术的科学整合是决定面向用户的服务界面功能和效率的关键。

（3）信息管理制度与标准的整合

指不同行业、地区信息技术标准（如数据标准、技术结构体系等）、信息管理制度（如共建共享管理制度、作业模式管理、政府信息公开制度、信息内容产品开发与管理制度等）等多个领域的整合。进行信息管理制度与标准的整合，其目标是按照整体环境的标准规范来组织资源和提供服务，它能保证信息资源与服务的可使用性、互操作性和可持续性（胡昌平，2005）。

（4）信息内容资源的整合

如果说服务界面整合、信息技术整合和信息标准整合等回答的是由什么或如何来提供信息服务的问题，那么，信息内容资源的整合则要解决向公民提供什么的问题。在信息服务整合平台建设中，信息内容资源的整合是核心，它符合信息构建基本理论中关于"内容为王"的一般判断（周晓英，2005）。信息内容资源整合是依据一定的需要，对各个相对独立的网站或资源系统中的分散的、多元的、异构的信息内容或产品进行聚类、重组等，通过逻辑的或物理的方式组织成一个整体，从而形成一个开放共享的信息资源体系。根据有关专家的研究，目前信息内容资源整合一般有两种方法，即虚拟信息资源整合方法和数据库方法，专家们比较了上述两种信息内容资源整合方法的优劣，并提出了由虚拟整合到构建数据仓库的两步走策略（胡昌平和汪会玲，2006）。笔者认为，无论采取何种整合方法，当前面临的首要问题是信息内容资源的来源问题，没有丰富的信息内容来源，资源整合也就失去了基本对象。对基础信息而言，通过相关技术对已公开的政府信息（含档案信息）按其来源、时间、内容（主题）或形式等不同标准进行跨区域、跨时段、跨机关的分类、组织和利用就是一个基本的整合任务，它实质上就是在统一的服务界面背后建立一个动态更新的、已公开的基础信息数据库。随着我国政府信息公开和档案开放工作的逐步推进，已公开的政府基础信息和档案信息在数量与质量上均有了一定保证。因此，针对已公开的政府基础信息和档案信息整合就可以率先尝试有关专家提出的两步走策略。从当前实际看，我国政府信息增值产品的生产和供应均严重不足（因此目前首要的问题是制定有效机制增加信息增值产品的生产与供应），并且在对信息增值产品进行整合时还会涉及知识产权保护等问题，这就使政府增值信息整合方法与策略显得更加复杂。从档案部门的实际情况看，目前我国档案信息服务整合平台建设主要是基于已公开的原生态档案信息而言，增值态档案信息产品如何组织开发并实现其整合仍是一个全新的问题。

7.3.2.2 信息服务整合平台的核心层及其内部结构

正如上文分析的一样，在信息服务整合平台建设中，基础设施与技术手段和操作层与应用层等的整合都是基础和保障，而且不同内容或类型的信息资源（如学术信息、消费信息等）在整合结构与方法上也有相似性。决定信息服务整合平台独特价值和个性特征的核心要素是信息内容及其整合的结构与方法、深度与广度。基于信息状态不同以及由此决定的服务整合平台核心层的不同，可以将信息服务整合平台划分为面向基础信息和面向增值信息的服务整合平台两种类型。只有深入核心层对信息服务整合平台进行划分才具有实际意义，它能充分实现细分信息用户的目的。

（1）面向基础信息的信息服务整合平台

基础信息服务属于政府的公共任务，它提供原生态的已公开政府信息和档案内容。根据面向的用户对象不同，基础信息服务整合平台又可以区分为面向政府用户和面向社会用户两种类型。由最高人民法院研发的中国审判法律应用支持系统和国家图书馆建立的政府公开信息整合门户就分别属于上述两类服务整合平台建设的成功案例。中国审判法律应用支持系统是一种在计算机局域网、广域网或单机上使用，以法律、法规、规章、司法解释检索为核心、对审判工作中法律应用过程进行全方位支持的数据库系统。中国审判法律应用支持系统包括"中国法律法规规章司法解释全库"、"中国法院裁判文书库"等6个数据库，50多万个法律规范性文件、裁判文书和案例，目前全库大约15亿字，相当于5000册30万字的图书，同时大量的数据还会不断更新。而由国家图书馆建立的国内首个政府公开信息整合服务门户——中国政府信息服务整合平台则已完成中央政府及其组成机构、各省及省会城市上百家人民政府网站上政府公开信息的采集与整合，主要包括政府信息、政府公报和政府机构3大栏目①。从有关政府基础信息服务整合平台建设的案例看，它有如下显著特点。

一是政府信息来源的丰富性。政府基础信息服务整合平台将已公开的政府信息（如各类法律法规文件）、政府公报、政府机构信息、案例信息等多种内容纳入整合建设范围。它不是局限于从一维或二维角度整合有关政府基础信息，而是实现了多维信息内容整合，能满足用户的多种需要。从政府基础信息的来源看，它虽然表现出多元与丰富的特性，但这些基础信息在来源上具有由政府机构供给的共性（广义的政府机构，它包含了有关公共服务组织）。这也是政府基础信息与下文论及的政府增值信息在来源上的一个显著区别。

二是政府信息来源的动态性。从实践看，政府基础信息服务整合平台一般会通过新增资源的菜单设计完成对已公开政府信息的更新。虽然在时间上尚未满足《政府信息公开条例》所提出的20个工作日内主动公开或更新的要求，但它已经在一定程度上体现了及时从新的思路。

三是政府信息检索的层次性。政府基础信息服务整合平台提供了多种检索入口，既有简单检索界面也有高级检索界面，以此来满足不同层次用户的检索需求。

（2）面向增值信息的信息服务整合平台

增值信息服务一般不属于政府部门的"公共任务"，增值信息利用通常属于"再利用"的范畴。根据欧盟的定义，"公共任务"是区分"利用"和"再利用"的基本标志。增值信息服务整合平台建设的关键是要实现对不同来源、不同结构、不同形式、不同产权、不同品质的信息内容增值产品的有效整合。正如笔者在有关文献中分析的一样（周毅，2008c），信息内容增值产品开发可以采用政府机制、社会机制和市场机制互补与并存的运作机制，这就使增值信息服务整合平台建设将面临更大挑战。这具体表现在以下方面。

一是信息增值产品供给主体性质的多样性，决定了整合平台建设涉及的主体范围更加复杂，不同机制的合力作用水平将是一个关键。由于政府机制、社会机制和市场机制在信息增值产品开发中的共同运用，使信息增值产品供给主体的性质出现了多元化取向。如何激发不同主体参与信息增值产品生产的积极性，并乐于成为增值信息服务整合平台中的利益共同体，这已经不再单纯是政府行政系统的作用问题，而是更多地依赖于政府、社会和市场力量的共同作用。

---

① 国家图书馆建立我国首个"政府信息服务整合平台"，http：//news. xinhuanet. com/newscenter/ 2009 – 05/01/content_ 11291750. htm。

二是信息增值产品在产权归属上的差异性，决定了整合平台建设面临着信息产权界定、流转和配置的新问题。从总体上看，政府基础信息和综合档案馆收藏的档案信息一般属于纯公共产权，而且政府基础信息和档案信息一般也不受版权保护。与此形成对比的是，信息增值产品在产权性质上呈现出明显差异，它既可以是纯公共产权，也可以是私有产权、俱乐部产权和混合产权，而且信息增值产品因其创造性也可以享有版权保护。上述产权归属特点使增值信息服务整合平台建设面临着更大的困难。

三是信息增值产品服务上的个性化和差别化，决定了整合平台建设在运营机制上面临着公益性与营利性的双重考验。由于大量社会公益组织志愿参与信息增值产品的生产和服务，因此，部分增值信息服务仍然具有公益服务的性质。但是，与政府信息公开服务明显不同的是，它已不属于公民具有法定使用权利的服务领域，不是满足公民基本信息需要的普遍服务，而是满足部分用户个性化需求的特殊服务。这表明，社会公益组织志愿对何种主体开展何种形式的信息增值服务是有选择的。此外，由于信息增值产品的生产更多依赖于市场机制的作用，各类营利主体出于其最大利益动机也会涉足政府信息的再开发与再利用过程，有关增值信息产品产权的转让等也会更多地采取市场行为，这就决定了有必要在增值信息服务整合平台建设过程中探索不同定价形式的用者付费办法，从而调动有关主体参与信息增值内容生产与整合的积极性。因此，如何界定公益与营利服务的界限就成为在信息增值服务整合平台建设中必须解决的问题。

上述两个层次的信息服务整合平台之间的关系是：面向公共任务的基础信息服务整合平台是起点，其建设与服务水平决定和影响着面向再利用的信息增值服务整合平台的建设水平。由于信息再开发与再利用的水平取决于可供加工的基础信息丰裕程度和可获取程度，因此，面向公共任务的基础信息服务整合平台建设，不仅可以满足公民的基本公共信息服务需求，而且也可以为有关主体进行面向再利用的信息服务整合平台建设创造条件。这表明，当前的主要任务首先应该是面向基础信息的整合服务平台建设。

7.3.3 推进信息服务整合平台建设的策略

7.3.3.1 信息服务整合平台建设的原则

（1）前台与后台并进的原则

就不同类型的信息服务整合平台建设而言，其构建工程都会涉及多个组成内容。如果进行简单归纳，可以将其归结为信息整合服务前台和后台两个部分（图7-1）。信息整合服务前台是直接面向公民的服务系统，它能对公民的服务需求信息和利用状况信息等进行管理；信息服务整合后台则是指运用各种信息技术和设备对多来源的信息内容进行分类、联结、组织或集中等，从而为实现公民需求与信息内容资源的映射和匹配创造条件。信息整合服务前台或后台以及前台与后台之间的对接等均需要技术、设备、制度、人才等各种条件的保障，因此，前台与后台的建设应同步进行。由于信息服务整合平台建设的核心是实现信息内容资源的整合。因此，后台建设就是整个信息服务整合平台建设的核心。

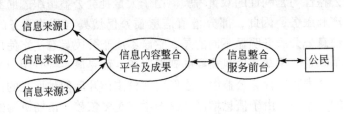

图 7-1　信息服务整合平台构建模型示意图

（2）制度整合与技术整合兼顾的原则

在信息服务整合平台建设中，针对信息资源的状态要采用多种不同资源整合技术，主要包括数据转换技术、索引技术、数据描述技术、个性化服务技术等（章成志和苏新宁，2005）。上述技术分别着眼于解决信息服务整合平台建设中某一个或某一类的问题，因此，不同技术的整合水平也是决定服务整合平台能否产生功能放大效应的重要因素。从国内外信息资源管理的实践看，技术整合水平在很大程度上取决于制度与标准的规划和建设水平。例如，元数据标准和数据共享标准等就决定着上文提及的各种信息技术整合水平。因此，制定和推广与信息资源控制和利用有关的标准和政策就成为实现技术整合的基础和保证。这表明，在信息服务整合平台建设中也同样要按"三分技术，七分管理"的思路来统筹处理制度与技术整合的关系。目前学界对此的认识是基本一致的。

（3）系统规划与多方参与的原则

信息服务整合平台建设需要一个整体规划，这个整体规划应由有关信息资源主管部门负责设计和组织实施。在整体规划设计中，政府的角色和功能不容替代，它一方面保障从国家信息化战略高度设计信息服务的总体发展思路，另一方面也推动政府及其有关主管部门对信息服务政策与法律进行创新。在信息资源规划及其统筹安排下，信息服务整合平台的实施可以吸纳各种主体共同参与。面向基础信息的信息服务整合平台建设的主要目标是保障公民的基本信息需求，从而完成政府的公共信息任务，它解决的是公共信息服务和公共利益实现问题。这种公益性质的要求决定了其参与建设的主体主要是政府机构或第三部门（或非营利性组织）；面向增值信息的信息服务整合平台建设的主要目标是通过对有增值空间的信息资源进行深度开发和再利用（如对地理信息、气象信息、文化信息、政策信息等的深度开发），满足具有个性化信息消费需求和消费能力的特殊用户群体的需要（而不是所有公民），从而推动我国信息内容产业与信息服务产业的发展。这种产业性质的要求决定了其参与建设的主体主要是营利性组织，有关非营利组织也可以自愿参加。

7.3.3.2 信息服务整合平台的实现策略

根据当前我国信息管理水平和社会信息化实际，笔者认为，我国信息服务整合平台建设可以采取以下策略。

（1）服务整合平台建设过程的分步实施策略

在面向基础信息和面向增值信息的服务整合平台建设中，率先开展难度较小、需求较大的基础信息服务整合平台建设。在组织实施中，可以按政府门户导航（包括档案网站）、一站式检索、政府信息的语义整合（主要通过开放链接和元数据关联得到实现）、政府信息仓库等不同阶段分步实现。信息服务整合平台建设的上述不同阶段在整合对象、整合技术、整合方法、整合成果和整合优劣特点上均有一定差异性，因此，只有根据现实水平量力而言，由易及难，才能保证服务整合平台建设取得实际效果。

（2）服务整合平台建设主体的优选策略

目前我国正在尝试的面向基础信息服务整合平台是由国家图书馆牵头建设的。国家图书馆作为法定的政府信息公共查阅点之一，有基本的政府信息来源保证，而且国家图书馆在技术、人才、服务职能、公益性质、社会影响等各方面均有其独到优势。但从其信息内容来源的局限性上看，它一般只限于政府即时信息，而各级国家综合档案馆已开放的档案信息则可以弥补国家图书馆在资源结构上的这种局限。因此，国家档案馆（可以考虑以中央档案馆为主体）在档案信息服务整合平台建设中也应有所作为。目前我国基层综合档案馆虽然已开始重视档案信息化建设，也开展了有限的网上档案信息服务，但从全国看，目前档案界尚缺乏建设档案信息服务整合平台的意识和规划（一些地区投巨资建设的数字档案馆或电子文件中心已经或即将可能成为一个个新的"信息孤岛"），也没有一个明确的管理或建设主体，更没有推进档案服务整合平台建设的具体措施与方法。而对增值信息服务整合平台建设而言，由于它涉及增值信息的生产、产权、获益（非公益）和科学配置等更多管理问题，因此，对其建设主体的选择将更加困难。信息资源规划与管理部门及时制定政策，优选信息服务整合平台的建设主体已显得刻不容缓。

（3）服务整合平台建设的政策保障策略

无论是何种形式的信息服务整合平台建设，都以政府信息公开、档案信息开放和政府信息再开发与再利用为基础。没有信息的公开和再开发，服务整合平台建设也就失去了核心对象，对其他要素的整合也就失去了意义。虽然我国《政府信息公开条例》和有关档案开放法律与政策已实施多年，但从实际执行效果看，并没有从根本上改变信息主动公开少、增值开发少的基本状况，有关信息公开状况评估已经证明了这种判断。从深层原因上看，政府信息开放与开发政策在配套设计、执行审计、责任追究等方面均存在不同程度的问题（周毅，2007c）。因此，以开放和创新的精神对现有信息政策进行审查，对过去从未涉及的一些信息政策领域（如培育与促进信息增值开发的政策、信息公开和无形资产审计政策）进行探索就成为信息服务整合平台建设的重要保证。

本 章 小 结

机制创新是推进信息资源开放与开发工作进一步深入的关键。本章探讨了信息资源开放与开发过程中政府机制、社会机制和市场机制的互补共生作用。为了解决信息消费中信息搜寻成本较高的问题，在运作机制创新中，本章提出了构建信息整合服务平台的设想，并对其内涵、层次和构建对策等进行了系统分析。

第8章 信息资源开发中的信息产权保护策略

信息资源开发的类型有多种划分方法，有专家将其划分为两类：一是面向用户的开发。它包括信息搜集型开发、宣传教导型开发、代理服务型开发、抢救挖掘型开发和共建共享型开发；二是面向信息资源本体的开发。它包括翻译转化型开发（如数字化复制）、翻新整理型开发、主题集成型开发和研究评价型开发等（马费成，2005）。不管对信息资源开发过程如何进行分类，信息资源开发过程中的信息产权保护问题始终都可分解为两个方面，一方面是在开发利用过程中对作为加工对象的信息资源信息产权保护问题；另一方面是在开发利用过程中对作为加工成果或作品的信息作品信息产权保护问题。对信息资源开发利用中的信息产权问题研究就按上述层次分别展开。

8.1 信息资源的信息产权状态及其开发利用策略

8.1.1 信息资源的信息产权、知识产权及其关系述要

"无创作，无版权"一向是《知识产权法》的教条，即传统的《知识产权法》只保护信息资源中具有创作性或创造性特性的信息内容。随着信息时代的来临，信息已逐渐成为最有价值的资源，相应的，需要受到法律保护的有用信息也就越来越多，而那些达不到知识产权保护标准（无创作性的特性）却又具有社会价值而被广泛运用的信息资源就需要一个新的概念归属，这就是信息产权。因此，由知识产权扩展到信息产权，将那些富有价值却又没有智力创造性或其智力创造性还存有争议等不符合传统知识产权客体法定条件的信息资源纳入法律保护的范围中来，显然已是一个必然的趋势。因此，有专家认为，从知识产权扩展成为信息产权，使信息社会中基础性资源的配置能够被法律所调整（孙璐，2008）。信息产权的内容应包括对财产性信息的享有、使用、加工、公开、传播、许可使用或传播、收益等支配权。该项权利在本质上属于财产权的范畴（杨宏玲和黄瑞华，2003）。在信息资源开发利用过程中也涉及较为复杂的信息

利益法律关系，厘清这些信息产权关系对推动信息资源开发活动的有序进行和深化等均具有重要作用。

目前学界对信息产权与知识产权两者究竟是何种关系一直争论不止。一种观点认为，信息产权是知识产权的上位概念，信息产权将成为涵摄知识产权和其他以特定信息为客体的财产权制度的共同上位概念；另一种观点则认为信息产权将取代知识产权法律制度，有必要构建一种新的信息产权法律体系（冯晓青，2006）。笔者比较认同第一种观点。

笔者认为，信息资源的信息产权包含了信息资源的知识产权。信息资源的信息产权是以信息资源及其各种加工产品为客体对象的一种权利，其权利内容包括所有、使用、加工、公开、传播、许可使用或传播、收益等人身权利或财产权利。在理解上述内涵时，可以分成为三个不同方面。

一是信息资源的信息产权首先包括纳入知识产权范畴的各类智力成果的人身权和财产权。知识产权中的人身权主要有修改权、保护作品完整权、署名权，财产权包括复制权、发行权、改编权等。由于知识产权法学将知识产权理解为调整智力成果的法律制度，而且在其制度设计中对智力成果需要达到的标准，如新颖性、创造性等都有较为具体的规定，这就使大量未达到智力成果标准的客体对象，如个人信息、政府信息、会计信息、环境信息、计算机信息等不能受到《知识产权法》的保护。但这并不意味着上述不符合智力成果标准的信息客体对象不受法律保护。

二是信息资源的信息产权也包括未被纳入知识产权范围，但需要法律给予保护的客体对象信息（如个人信息、政府信息、环境信息等）。对上述这些不同类型的信息而言，它们侧重反映的权利类型也有所差别。个人信息具有典型的、直接的人格属性，因此它就既涉及人身权，也涉及财产权。而政府信息、环境信息等虽不具备直接的、显性的人格属性，但它们显然也影响和决定着公民的人身安全与个人发展，因此，它们也在一定程度上涉及人身权。但在更多时候，它们主要涉及的是财产权这种经济权利，可以认为，信息资源的信息产权不仅仅是经济权利，而且是规制人身权和财产权的法律制度。

三是信息资源的信息产权包括对信息资源的所有、使用、加工、公开、传播、许可使用、传播和收益等多种不同的权利内容。从总体上看，对信息资源的信息产权内容在界定时主要从两个方面进行。首先是根据形成主体不同来明确信息资源的所有权归属。其次是在明确信息资源所有权基础上，进一步明确不同主体对信息资源的支配权和收益权。目前我国相关法律法规和政策不同程度地对某些专门信息资源的所有权归属进行了明确，而对这些专门信息资源的支配权、经营权、许可使用权、转让权、收益权等则很少涉及（何建邦等，2010）。从发展趋势看，进一步研究和界定信息资源的信息产权权利结构和内容将有利于加大对其开发利用的广度和深度。

8.1.2　信息资源的信息产权状态分析

从上文关于信息资源信息产权与知识产权关系的界定中可以看到，对信息资源信息产权状态的研究，既要突出对纳入知识产权范畴各类智力成果人身权和财产权状态的分析，又要兼顾到对未被纳入知识产权范围客体对象信息（如个人信息、政府信息、环境信息等）人身权与财产权状态的分析。以此为基础，我们可以将信息资源的信息产权状态作如下归纳分类。

8.1.2.1　有关信息资源不具有知识产权，但它们一般具有信息产权包含的其他权利内容

不具有知识产权的信息资源客体对象主要是指政府机关及有关组织所形成的行政管理文件、立法与司法文件等。我国《著作权法》明确规定"法律、法规、国家机关的决议、命令和其他具有立法、行政、司法性质的文件，及其官方正式译文"不具有著作权。由于目前我国各级综合档案馆收藏的信息资源以历史档案和文书档案（主要由行政管理文件转化而来）为主，因此，一般而言，综合档案馆在对历史档案与文书档案进行开发利用过程中涉及的著作权问题并不是十分突出。但是，这并不意味着对这些没有著作权的信息资源就可以自由开发利用。有关信息权利人可以选择其他信息权利保护方式对这些不具有著作权的信息资源实施保护。例如，有关文档是否开放利用还应当遵守《中华人民共和国保密法》的规定，有关电子档案的开发利用也应当遵守《信息网络传播权保护条例》的相关规定。由此可见，即使不拥有著作权，档案管理部门仍然可以利用某种信息权利科学限制信息资源开放和开发利用。这种权利的基础是公共部门的信息产权（陈传夫，2008）。同物质财产所有权构成状况一样，信息资源在信息产权构成主体上也可以是企业或个人，对企业或个人所有的信息资源开放与开发利用就应考虑其产权状况。例如，在企业信息资源和个人信息资源开发利用过程中考虑对商业秘密和个人隐私的保护即是如此。这其中，对企业商业秘密的保护较为复杂，目前一般将其归结于知识产权保护范畴。

与我国著作权规定相类似，美国等国也明文规定政府文件不具有版权。1976年美国《版权法》明确规定版权保护不适用于美国联邦政府的任何文件，不仅

指行政管理文件，而且包括属于政府履行公共任务需要的原始数据、各种业务文件和科技档案，任何单位和个人在无须征得许可或告知文件用途的情况下，均可对联邦政府的有关文件（保密文件、商业秘密、个人隐私等规定的 9 类例外）进行自由拷贝、分发、销售或实行使用许可证措施。对于联邦政府资助的非营利部门信息，美国的政策是承认这些非营利部门可以对自己的研究成果和技术申请专利和版权，但政府对有关数据和信息保留使用权，或允许他人使用数据的权利，不给予非营利部门对这些数据库排外性使用的权力。从美国政府信息（含科技数据）开放与开发利用的实际进展看，其信息资源产业的迅速发展一定程度上也是得益于上述有关政府信息或文件的版权规定。

8.1.2.2 相当部分的信息资源具有知识产权，并享有以知识产权为核心的信息产权

正如前文分析的一样，信息资源所表现出的知识产权类型主要是著作权。根据我国《著作权法》的规定，著作权保护的作品有：文字作品；口述作品；音乐、戏剧、曲艺、舞蹈、杂技艺术作品；美术、建筑作品；摄影作品；电影作品和以类似摄制电影的方法创作的作品；工程设计图、产品设计图、地图、示意图等图形作品和模型作品；计算机软件；法律、行政法规规定的其他作品。以此类推，信息资源的著作权客体对象可能涉及科研档案（或项目成果资料）、文化艺术作品档案、建筑设计档案、口述档案、产品档案和专门档案（如地质档案、气象档案等，虽然专门档案是一个较模糊的概念，但因在实际工作中使用的广泛性，姑且用之）和名人档案等信息资源类型。只要上述信息内容是由有关主体独立创作的，它们即可以构成著作权保护的对象。从信息资源的著作权归属上看，它既可以属于公共部门，也可以属于公民个人（公民为完成法人或者其他组织工作任务所创作的作品是职务作品，著作权可以由作者享有，但法人或者其他组织有权在其业务范围内优先使用），或者属于公私合作共有。在对有关信息资源对象的著作权状态进行分析时，对文化艺术作品档案、建筑设计档案和产品档案等的著作权人和著作权状态认定一般相对简单，而对科研档案、科研数据或项目管理资料等的著作权和信息产权状态分析则较为复杂。

从目前国际上对有关文件与信息资源是否具有著作权的规定看，欧美国家政策上的差异和变化极为明显。正如前文提及的一样，美国《版权法》明确规定版权保护不适用于美国联邦政府的任何文件，不仅指行政管理文件，而且包括属于政府履行公共任务需要的原始数据和各种业务文件。对政府公共研发产生的科技档案或科研数据知识产权问题则经历了一次重大变化。应该说，20 世纪 80 年

代是美国公共研发科技档案知识产权的转折点，在此以前，在对待公共研发科技档案与科研数据知识产权问题上，由于缺乏统一的立法，一般都由不同政府部门根据各自的宗旨和政策对知识产权进行权衡和取舍。

这一时期，美国公共投入科技档案知识产权处理处于一个较混乱的时期。20世纪80年代以后，美国Bayh-Dole法案和Stevenson-Wydler法案的通过，从法律层面上统一了政府投入研发所产生的科技知识产权由研究机构拥有的法律基础（于惊涛等，2009）。在英国，所有政府拥有的科学数据等则被认为具有版权，政府有权管理，要获得科学数据必须经过政府相关机构的许可，并支付一定的费用，部分或全部收回科学数据获取和管理的成本。在澳大利亚，公益性数据的所有权属于政府。政府一般通过与用户签订使用许可协议对数据的利益进行保护。在使用许可协议中，一般对数据的拷贝和传播有限制性的规定，在1968年的《版权法》及1980年、1984年的修订版中详细规定了什么样的成果保留版权，而且描述了版权使用者的排他权（姜作勤等，2007）。这表明，对以记录科学数据为核心的科技档案是否具有知识产权以及在其具体保护规定上，世界各国在其历史发展上也会经历变化，并且各国所采取的政策也不完全相同。

我国在1987年国家科学技术委员会、国家档案局发布的《科学技术研究档案管理暂行规定》中未对科研档案的著作权问题进行规定。目前，对有关公共部门（主要是指由公共投资或提供公共服务的部门，包括公益性非营利事业单位、社会团体等）所形成的科研档案是否享有著作权以及对其公共获取利用方法等可以从相关文件中进行间接推定。《国家科技计划项目科学数据汇交暂行办法》（草案）规定：科学数据汇交义务人汇交的科学数据有发表权、署名权、修改权、保护科学数据完整权、使用权。[①] 在我国，气象、环境、水利、地震、海洋、测绘、农业等公共部门形成的信息一般都被认为是科学数据（陈传夫，2008）。这表明，上述各类专门或专业科学数据档案（或称为科研档案与专门档案）实际上已经享有了著作权中的部分权能，是一种不完全的著作权。

《国家基础地理信息数据使用许可管理规定》明确规定，国家基础地理信息数据是具有知识产权的智力成果，受国家知识产权法律法规的保护。由于我国将科学数据界定为以中央财政投入为主的国家高技术研究发展计划等科技计划中安排的由科学技术专项计划部门或由其委托的机构组织实施，由单位或个人承担，并在一定时间周期内进行的科学技术研究开发项目，因此，可以推定，只要是由

---

① 中华人民共和国科学技术部，国家科技计划项目科学数据汇交暂行办法（草案），http://www.sciencedata.cn/fagui.php。

国家财政投入完成的有关科研项目，其相应的科研与专门档案均应享有全部或部分著作权。这一点在《关于国家科研计划项目研究成果知识产权管理的若干规定》中有了进一步明确，该文件规定，科研项目研究成果及其形成的知识产权，除涉及国家安全、国家利益和重大社会公共利益的以外，国家授予科研项目承担单位（以下简称项目承担单位）。项目承担单位可以依法自主决定实施、许可他人实施、转让、作价入股等，并取得相应的收益。同时，在特定情况下，国家根据需要保留无偿使用、开发、使之有效利用和获取收益的权利。

中国科学院 2004 年 8 月公布的《科学数据库数据共享办法（试行）》中列有"科学数据使用与知识产权保护"一章，对科学数据的生产、提供、共享使用等知识产权问题作了原则性规定，并提出应依据数据级别（分为秘密、保护、公开三个等级）、类别的不同，进行不同水平的知识产权保护，实行相应的共享方式。科学数据共享只针对"保护"级数据和"公开"级数据，对"秘密"级数据的使用，应遵照《中华人民共和国保守国家秘密法》、《中华人民共和国科学技术保密规定》等的规定执行（朱雪忠等，2007）。《水利科学数据共享管理办法》第三十八条规定：用户在各种场景公开共享水利科学数据使用结果时，应声明数据来源及其关于知识产权的声明。《气象资料共享管理办法》中规定：用户对各级气象主管机构组织提供的气象资料，只享有有限的、不排他的使用权。用户不得有偿或无偿转让其从各级气象主管机构获得的气象资料，包括用户对这些气象资料进行单位换算、介质转换或者量度变换后形成的新资料，以及对其进行实质性加工后形成的新资料；用户不得直接将其从各级气象主管机构获得的气象资料，用作向外分发或供外部使用的数据库、产品和服务的一部分，也不得间接用作生成它们的基础；用户从各级气象主管机构获得的气象资料可以在内部分发，可以存放在仅供本单位使用的局域网上，但不得与广域网、互联网相连接等。

从我国现有制度设计看，有关政策或制度已经对公共部门形成的科技数据与科技档案的知识产权进行了一定程度的确认，公民对其一般享有一定限度的使用权，但在使用过程中不得损害这些档案著作权人的精神与财产权利。与上述精神正好相反的是，现阶段我国也有部分法律、法规或规章等对享有公共信息产权的科技档案获取利用不予支持。例如，《国家自然科学基金条例》虽然详细规定了各类信息公开义务，但对于受基金资助项目所取得的科学数据和成果内容的公共获取则没有规定（肖冬梅，2008）。上述分析表明，从总体上看，目前我国有关科技档案仍然存在着产权不清（由于科技活动投资与参与主体的多元化导致科技档案产权归属不清）、开放与获取利用政策不一致（科技档案，特别是科研档案共享利用上的法律、法规不一致）等问题。

笔者认为，从本质上看，由有关公共部门投资而产生的科研档案、科研数据等信息资源的著作权并不属于某个政府部门、组织或个人，它事实上应属于信息资源的公共产权（甘利人等，2003）。著名经济学家斯蒂格利茨对公共信息产权的分析就表明了上述观点，他认为：我们今天都强调知识产权的重要意义，而政府产生、采集和处理信息如同可授予专利的发明一样，同样具有知识产权权利性质。因此，将知识产权权利为私人利用占有，与盗用其他公共财产为私人所占用的危害严重性没有什么本质的不同（斯蒂格利茨，2005）。在上述论述中，斯蒂格利茨不仅强调政府有关部门形成的公共信息应具有知识产权性质，而且强调了公共信息知识产权性质的公共性及其公共获取的重要性。从我国有关法律法规的具体规定看，在实际区分文件或档案是否具有著作权时应作区别对待。一般可以认为，政府机关及有关组织所形成的行政管理文件、立法与司法文件等不具有著作权（但政府机关及有关公共组织所形成的文件与档案均应享有公共信息产权），而科技文件或科技档案等则在一定程度上具有著作权，由公共投资而形成的科技档案同时又具有公共信息产权。因此，在实际工作中，针对不同信息资源客体对象的著作权与信息产权状态，档案工作者就要从协调信息资源共享性与知识产权专有性的矛盾冲突出发，以档案信息资源的优化配置为目标，科学选择不同的信息资源开发利用策略。

8.1.3 基于信息产权保护的信息资源开发利用策略

针对我国信息资源的信息产权状况，结合我国已有的信息资源开发利用实践，笔者认为，基于信息产权保护的信息资源开发利用策略选择，既要致力于长远的信息资源开放利用目标与政策制定，又要顾及当前有关信息产权政策实际与政策执行水平。具体而言，从远景到近期可以实施下述策略。

8.1.3.1 鼓励社会各类主体对具有公共信息产权的信息资源（专门信息资源）进行共享和增值开发

中共中央办公厅、国务院办公厅《关于加强信息资源开发利用工作的若干意见》针对我国信息资源开发利用市场化、产业化程度低，产业规模较小等特点，提出了加强我国信息资源开发利用工作的指导思想、主要原则和总体任务，并提出了支持和鼓励信息资源的公益性开发利用、加快信息资源开发利用的市场化进程和依法保护信息资源产品的知识产权的若干政策思路。与此相配合，国家档案局颁布了《关于加强档案信息资源开发利用工作的意见》，提出推进档案信息产品专题开发和加工，重视档案信息增值服务工作，促进档案信息服务业形成的基本政策设想。因此，从总体看，我国信息资源开发服务的政策取向和目标已经明确，对信息资源开发服务的推进可以针对具有公共信息产权性质的信息资源重点展开。从权利属性上看，政府文件等虽然不具有著作权，但它具有公共信息产权性质，因此，对政府机关文件与档案信息进行增值开发实质上是政府公共信息服务内容的深化。但是，从实际操作上看，我国有关行业或专业领域对信息资源开发利用还有很多政策上的限制或禁区，这已在一定程度上影响了信息资源开发的深入。前文列举的《气象资料共享管理办法》条款中关于"用户不得"的三个规定是否会极大地限制或制约有关主体进入信息资源增值开发领域就十分值得讨论。①

笔者认为，如果某些信息资源（如科研档案、专门档案）由政府或委托单位（营利或非营利性质）投资而形成，则这些信息资源不仅具有著作权性质，而且也应当根据投资份额不同而具有不同程度的公共信息产权。对具有公共信息产权性质的信息资源在共享开放基础上应鼓励开发创新。从一定意义上看，对气象信息、地质信息等具有著作权（著作权人是国家或代表国家行使有关职能的法人组织）和公共信息产权的信息资源进行共享和增值开发不仅有利于满足社会日益多样化的信息内容产品消费需求，从而为公民的信息获取和利用权利实现提供保障，而且也有利于推动我国公共信息产品服务的社会化和市场化转型，从而实现我国信息资源产业的快速发展。在有关文献中（何建邦等，2010），专家们提出应通过建立科学的信息资源产权权利结构，实行信息资源所有权与持有权相分离制度、增值产权实行有区别的产权归属制度、许可证使用制度和信息资源所有权与经营权相分离的制度等，这对落实社会各类主体参与信息资源的增值开发设想均具有重要意义。

从对具有公共信息产权性质的信息资源开发主体来看，目前我国主要是以综合档案馆、机关企事业单位内部档案机构和人员进行有限的、低层次（一般停留在信息文本的加工，而没有深入到信息内容的增值开发）的信息资源开发利用为主。上述主体不仅在信息资源的开发能力、技术与水平上比较有限，其开发产品主要是面向政府系统或单位内部的用户，而且在信息资源开发利用过程中也面临着诸多法律困惑。这其中最敏感的问题就是，综合档案馆和有关开发服务组织是否能对具有公共信息产权性质和著作权属于国家的作品档案行使有关信息权

---

① 气象资料共享管理办法，http：//www.ylmb.gov.cn/e/DoPrint/？classid=59&id=137。

利？笔者赞成张世林博士的观点，即国家所有的档案由综合档案馆和有关机构保管，其中作品档案的著作权并不意味着自然由综合档案馆和有关机构代表国家行使（张世林，2004）。只有国家作为著作权人明确向档案部门授权或由著作权行政管理部门向档案部门授权，档案馆才具有对其进行开发利用的权利。因此，从这个意义上看，为了全面推进我国信息资源开发利用的深化，国家或有关著作权行政管理部门可以对参与信息资源开发利用的主体进行广泛授权，政府及有关部门（如综合档案馆与专业档案馆等）、专业信息开发组织或非营利性组织（社会团体、事业单位、民办非企业单位等）和企业等均可成为信息资源开发服务的主体。在具体授权有关主体参与档案源开发的过程中，可以通过设定"目的限制"的原则约束来保证信息资源开发活动的有序进行。

从上述论证中可见，只有构建科学合理的公共信息产权制度和著作权保护与利用制度，在政策上对我国信息资源开发服务主体进行多元化的设计，才能面向社会大众开展信息资源开发产品的创新，提供丰富多样的信息内容产品，从而实现广泛的信息公平。

8.1.3.2　加大对非公共信息产权性质的信息资源开发力度，并对其利用范围进行科学控制

从信息产权性质上看，信息资源可以有以下四种类型：第一类是纯公共产权性质的信息资源，如政府机关、有关公共服务组织和国有企业信息资源等；第二类是私有产权的信息资源，它是与公共产权相对应的排他性很强的产权形式，如民营、私营企业或个人等的信息资源就属私有产权形式；第三类是俱乐部产权性质的信息资源，即介于公共信息产权和私有产权之间的一种状态，是一种只对群体内部成员开放，但对群体以外的其他人则具有排他性的产权；第四类是混合产权性质的信息资源，即由不同性质的主体联合投入而形成的一种复杂信息资源产权关系（夏义堃，2008）。

针对上述不同产权性质的信息资源，对其开发利用就应全面兼顾和平衡信息产权的内容（所有权、使用权、转让权、收益权等），充分尊重信息产权人的相关权利，将信息资源开发产品的使用控制在信息产权人权利主体范围之内。这种控制在信息产权人主体范围之内的信息资源开发虽然不具有明显的社会意义，但它对推动信息产权人主体内部的知识积累和共享却具有积极意义。在实际操作中，对公民在履行职务过程中形成的信息资源开发利用（这些信息资源某种程度上就具有俱乐部产权性质）就可参照此类方法进行。《著作权法》第十六条规定：公民为完成法人或者其他组织工作任务所创作的作品是职务作品，著作权由

作者享有，但法人或者其他组织有权在其业务范围内优先使用。作品完成两年内，未经单位同意，作者不得许可第三人以与单位相同的使用方式使用该作品。针对上述规定，有关单位应及时组织对这类具有职务作品性质的信息资源进行开发利用，从而充分发挥有关信息资源的效益，并预防因著作权人的许可使用或著作权人流动而可能给组织带来的效益损失。

8.1.3.3 针对不同产权性质的信息资源而言，可以通过获得著作权人的使用许可后进行信息资源开发利用

由于在保护期限外或合理使用制度范围内对信息资源开发利用均受到信息资源条件、信息开发目的等方面的制约，无疑会极大地影响信息资源开发利用和共享质量。因此，取得著作权人对某些信息资源开发利用的许可就成为决定信息资源开发利用工作能否取得实质进展的关键。

根据《著作权法》的规定，著作权许可有法定许可和合同许可两种类型。法定许可是指按照法律的规定，可以不经作者或其他著作权人同意而使用其已发表的作品，但根据法定许可而使用他人作品时应当按照规定向作者或其他著作权人支付报酬，并应当注明作者姓名、作品名称和出处。从《著作权法》规定的五种法定许可情形看，它们均不太适用于信息资源开发利用工作。著作权合同许可包括许可使用合同和转让使用合同。针对一些具有广泛需求的档案信息内容产品，在法律允许范围内采用许可使用或转让使用方式进行信息资源开发无疑是一条可行之策。例如，有学者提出（陈国旭等，2007），由于地质勘察行业已向市场化转变，国家调控与市场相结合的共享方式将是地质信息共享的发展趋势。因此，针对地质数据、地质资料、地质报告以及地质信息等地质信息资源的开发利用，就可以通过地质信息许可使用和依法转让等方式进行运作。地质信息产权的许可使用是指在不改变产权归属的条件下，被许可使用人在约定的时间、指定的范围和规定的方式使用地质信息的法律行为。地质信息资源的许可使用不仅可以大大提高地质信息的商品化水平，而且也可以极大满足社会对地质信息内容产品的消费需求。

与上述精神相呼应，目前我国已经制定出台了对某些专业信息资源的使用许可政策，其中《国家基础地理信息数据使用许可管理规定》就是一个较为典型的政策文本。它对国家基础地理信息数据在确认其知识产权性质基础上，提出了相对开放的使用许可分级分类管理措施。① 《国家基础地理信息数据使用许可管

---

① 《国家基础地理信息数据使用许可管理规定》，http：//www.ylmb.gov.cn/e/DoPrint/？classid=59&id=137。

理规定》规定：使用国家基础地理信息数据的部门、单位和个人（以下简称"使用单位"），必须得到使用许可，并签订《国家基础地理信息数据使用许可协议》。

使用许可协议分为甲、乙、丙三类，分别对应适用于以下三个范围：中央、国家机关、省级政府等用于宏观决策和社会公益事业；非企业单位、个人为教学或者科学研究、规划管理等目的；个人和企业单位或者非企业单位用于商业目的、营利或者直接为建设工程项目服务。上述三类主体分别适用无偿使用、优惠的有偿使用和有偿使用三种价格政策。尤为值得肯定的是，《国家基础地理信息数据使用许可协议》规定，在标示原数据的版权所有者前提下，使用单位可以对国家基础地理信息数据作部分修改或者对数据的格式进行转换、或形成国家基础地理信息数据衍生品（但不得对外发布和提供）。从上述规定的基本精神看，国家基础地理信息资源的开放和开发利用程度明显高于气象档案资料。从积极意义上看，这种分级分类管理措施既有利于实施享有知识产权的国家基础地理信息数据的开放和开发利用，而且也有利于对涉密的国家基础地理信息数据的安全保护[①]。笔者认为，虽然《国家基础地理信息数据使用许可协议》在某些规定上也有商榷余地（如第十二条、二十九条中关于不能向第三方提供有关基础地理信息数据的规定），但它仍不失为是对享有著作权的科技信息资源进行开发利用的政策范本之一。

对于具有企业和个人信息产权性质的信息资源也可逐步尝试使用许可方式完成信息资源信息产权的转移，从而推动企业和个人信息资源的开发利用。这里应特别注意的是，在我国信息管理活动中，由于寄存、捐赠等也是综合档案馆或专业档案馆获得信息资源的具体途径，因此对寄存或捐赠档案的著作权或信息产权状态更应进行科学考察。一般而言，寄存是指档案所有者由于自身保管条件限制而将档案临时寄托、存放在综合档案馆，档案所有者并不放弃对档案物权、著作权等权利的行为。捐赠档案的著作权问题可以分为两种情况：一种是档案捐赠者将档案的物权和著作权一起赠送给档案馆由档案馆全权处理；另一种是档案捐赠者仅捐赠了档案实体，对于档案的著作权仍保留，或者是把档案捐赠给了档案馆，但没有签订或口头约定档案著作权一起赠送的协议，也视为作者对档案著作权的保留（如一些文化艺术档案馆就保存了相当多的这类信息资源）（徐绍敏

---

① 与此具有异曲同工之妙的政策文本还有《地质调查资料接收保管和服务管理办法（试行）》，它也采用了分级分类管理和提供利用的管理措施。对公开性地质调查资料，它规定了具体的公布与共享方式，对涉密调查资料和保护期调查资料等非公开性地质调查资料则使用许可协议形式进行查阅和利用。

等，2005）。所以，从总体上看，档案寄存者或捐赠者一般都仍拥有寄存或捐赠档案的著作权。因此，灵活运用使用许可方式实施对享有著作权的寄存与捐赠档案信息资源进行开发利用就显得十分必要。

近年来，在著作权授权模式中出现了一种创作共用许可协议的形式，这种著作权授权模式对信息资源开发利用的深入推进将产生积极影响。创作共用许可协议（creative commons public license，CCPL）作为一种新型的著作权授权模式于2001年由知识共享组织（Creative Commons Corporation）发起并创立，我国于2006年3月30日正式发布知识共享中国内地版（CC China）2·5协议。创作共用协议实质上是一种授权协议，它提供4种可供选择的授权条件：署名（attribution）、非商业用途（non-commercial）、禁止派生作品（no-derivative works）和相同方式共享（share-alike）（吴晓萍和周显志，2006）。通过对这4种授权方式的选择与结合使用，用以表明不同程度的版权限制。可以预见，在信息形成过程中，有关科技档案、艺术档案等可能也会不同程度地使用这种创作共用许可协议形式获得著作权授权。当这些信息资源采用创作共用授权许可协议后，其作者将放弃全部或部分版权而使其进入公共领域。与此相适应，有关信息资源开发主体可以针对这类使用创作共用许可协议的信息资源进行加工、再生等开发活动，从而使有关信息资源的共享和利用范围远远超出在原有版权控制下所能达到的广度和深度。从本质上看，这种创作共用许可协议仍是著作权人将部分或全部版权许可转让给有关信息资源开发主体的行为。

值得关注的是，面对学术交流危机，美国提出的开放获取（open access，OA）理念对推进科研档案信息资源开发无疑也具有重要意义（张文德等，2009）。开放获取是一种数字化、在线、免费和较少受到著作权以及许可协议限制的权利，它提供的免费学术信息都是经过作者同意授权使用的作品，作者保留对他们创造性内容的所有权，它强调在尊重版权的情况下力求恢复研究成果的公共产品特性，促进学术信息在更大范围和更长时间内交流、传播和获取。开放获取的价值理念是自由、合作、共享，它给科技数据或科研档案等信息资源开发带来了契机。

8.1.3.4 利用合理使用制度实施对信息资源的开发利用

合理使用是指为了扩大作品的广泛传播，在《著作权法》规定的某些情况下使用作品时，可以不经著作权人许可，不向其支付报酬，但应当指明作者姓名、作品名称，并且不得侵犯著作权人依照《著作权法》享有的其他权利。这是法律规定的对著作权的一种限制情况。在信息资源开发利用过程中，档案部门、图书馆等公共信息机构对合理使用制度的灵活运用主要表现在以下方面。

一是档案馆、图书馆等可以出于陈列或者保存版本的需要，对已经损毁或者濒临损毁、丢失或者失窃，或者其存储格式已经过时等的具有著作权的档案进行复制。档案复制可以采取多种形式，其中档案数字化就是一种合法的复制行为（陈传夫，2008）。这表明，档案馆只要是出于陈列或保存版本需要而对某些享有著作权的信息资源进行档案数字化处理可以无需取得著作权人的许可。

二是档案馆、图书馆还可以不经著作权人许可，通过信息网络向本馆馆舍内服务对象提供本馆收藏的合法出版的数字作品和依法为陈列或保存版本的需要以数字化形式复制的作品，但不得直接或间接获得经济收益。上述合理使用制度强调的基本条件是：服务范围限制在档案馆馆舍内的服务对象，即档案馆内网上的用户；服务客体对象限制在本馆收藏的合法出版的数字作品和依法为陈列或保存版本的需要以数字化形式复制的作品（《信息网络传播权保护条例》第七条的规定）。这里需要注意的是，目前很多档案管理部门对纸质档案进行数字化复制处理的目的既不是出于陈列需要，也不是出于保存版本的需要，而是为了利用网络（可能超出了本馆的地理范围）对信息资源进行开发利用。显然这已经明显超出了法律规定的档案馆合理使用范围，从这一点看，按照国家版权局《关于制作数字化制品的著作权规定》中第二条对"数字化"法律性质的解释以及《著作权法》第二十二条第八款有关"合理使用"的规定，无法满足数字档案馆信息资源建设与开发服务的需要。此外，调研中我们发现，在某些文化艺术档案馆的档案管理实践中也出现了与此相类似的侵犯著作权人权利的行为。档案馆及其工作人员从建档需要和保护非物质文化遗产角度出发，未经表演人许可就对一些现场表演进行了录像，并将录像档案在本馆内网或外网上进行了传播。这种行为显然有别于前文提及的合理使用范围。这些录像档案的制作既没有经得表演人的许可，也没有公开出版，更超出了仅向本馆馆舍内服务对象提供的限制，它是一种典型的侵犯著作权人权利的行为。因此，档案开发人员对于这类以利用为目的的档案数字化复制对象在选择上就应进行著作权状态分析，以防止出现侵犯著作权人复制权的现象。

三是在信息资源开发利用过程中，档案馆、图书馆、博物馆等也可以为学校课堂教学或者科学研究，翻译或者少量复制已经发表的科研档案、建筑档案或文化艺术作品档案（但不得出版发行），也可以将中国公民、法人或者其他组织已经发表的以汉语言文字创作的作品翻译成少数民族语言文字作品在国内出版发行或将已经发表的作品改成盲文出版。从上述几种合理使用制度范围内实施的信息资源开发类型看，它们基本上都属于信息资源转化型开发。

8.1.3.5 在著作权保护期限之外实施对其开发利用

《著作权法》在保护著作权人有关权利的基础上，也通过设置版权保护期限的方法促进有关信息的自由传播和流动。我国《著作权法》与国际通行惯例一致，为著作权和著作权相关权利设置了有效期限。除作者的署名权、修改权、保护作品完整权等精神权利保护不受期限限制外，作者的发表权和财产性权利都有时间限制。《著作权法》规定，公民、法人或者其他组织的作品，其发表权和《著作权法》规定的 14 项财产权的保护期一般是 50 年（作者终生及其死亡后 50 年；作品首次发表后第 50 年或未发表的作品自创作完成后 50 年）。针对上述时间限制，对有关享有著作权保护的信息资源可以选择在其保护期满后进行开发利用。由于《档案法》中针对档案是否开放还规定了一个"封闭期"（一般是 30 年），因此，从理论上看，著作权保护期满的有关档案一般都超过了档案封闭期，对其应该可以进行开发利用。与此相反，对档案封闭期满但仍处于著作权保护期内的信息资源进行开放和开发则应获得有关权利的许可，这一点应在信息资源开发利用策略的设计上予以特别注意。

在信息资源开发利用过程中，由于信息资源的开发利用形式或具体手段可能不同，因此，信息资源开发利用可能面对的知识产权风险也不相同。在当前我国信息化进程中，特别应当谨防在信息数字化过程和数字档案馆、数字图书馆建设中的知识产权风险。档案馆、图书馆在对馆藏信息进行数字化或建立数字档案馆（图书馆）时，应充分考虑信息资源的知识产权状况，根据不同信息类型采取不同的版权措施和上文提及的不同知识产权策略。这其中，特别应注意数字档案馆（图书馆）已经不是一个"物理空间"，在数字档案馆（图书馆）环境下对信息资源的开发利用已经不符合《信息网络传播权保护条例》中所提及的"合理使用"范围。

8.2 信息资源开发产品的知识产权保护问题

信息资源开发形式与成果的多样性决定了知识产权保护的策略不同。从信息资源开发利用过程可能涉及的知识产权内容看，它主要体现在以下方面。

8.2.1 信息资源开发产品的知识产权保护特点与趋势

由于信息资源开发作品有多种表现形式，而且信息资源开发成果仍在发展变化。这种变化表现为以下几点。

8.2.1.1　受保护的信息资源开发产品在客体对象上逐步扩大

在学界有专家提出，信息开发作品分为检索型、原文型、原文加工型、考证研究型等（马素萍，2000），也有专家将信息资源开发作品分为传统型作品（包括一次、二次、三次文献作品）和新型编纂作品（如缩微型作品，电影、电视、录音作品，电子出版物，多媒体数据库，网上出版等）（丁华东，2002）。不管对信息资源开发产品的类型如何进行划分，从过去看，我国信息资源开发作品多是汇编或整理类的印刷型文献，这些改编、注释或整理的信息开发作品当然属于著作权保护的客体对象（法规汇编、商标汇编等不适用《著作权法》保护的作品除外）。根据《著作权法》第十二条的规定：改编、翻译、注释、整理已有作品而产生的作品，其著作权由改编、翻译、注释、整理人享有，但行使著作权时不得侵犯原作品的著作权。随着信息化进程的推进，现在信息资源开发产品则表现为可以是数字化作品（如数据库）或增值类的多媒体作品（如艺术档案多媒体数据库），上述各种不同类型的信息资源开发作品均享有不同程度的著作权。虽然有学者认为档案全文数据库、档案目录数据库等检索型作品因其不具有创作性或因其未公布出版而不具有著作权，但笔者认为，上述作品中所蕴涵的创作性劳动是显而易见的，而且发表与否也不是构成作品著作权的必要条件。因此，依据上述理由对有关信息资源开发作品的著作权进行否定显然并不成立，而且，即使有关信息开发作品不具有著作权但其仍理应享有相应性质的信息产权。

这其中，尤其需要引起注意的是，网络环境下信息资源开发产品更多会以数据库形式存在，因此，数据库作品将会成为信息资源开发过程中知识产权保护的重要客体对象。《世界知识产权组织版权条约》第五条规定：数据或其他资料的汇编，无论采用任何形式，只要由于其内容的选择或排列构成智力创作，其本身即受到保护。这种保护不延及数据或资料本身，亦不损害汇编中的数据或资料已存在的任何版权。在我国《著作权法》中，"数据库"通常作为第十四条中规定的汇编作品加以保护。根据《著作权法》第十四条的要求，数据库获得《著作权法》保护的前提是满足以下条件：构成著作权意义上的作品；数据库的"选择或者编排体现独创性"。可现实中的档案信息数据库，特别是政务类档案数据库却往往难以满足这两条标准，目前我国绝大多数档案数据库的表现形式是对档案原件或档案内容与事实进行简单性陈列，同时，在编排上也会尽量采用规范化的方式，以方便用户可以清晰、准确地获得档案数据库内的信息。因此，档案数据库很难说具有《著作权法》所要求的"独创性"。此外，由于各国版权法对数据库采用"只限于结构，不延及内容"的"弱保护"方式，即使档案数据库制作者获得了一定程度的著作权保护，也不能阻止他人不合理地使用作品中不受保护的档案信息内容（张世林，2009）。因此，在知识产权立法中如何实现对数据库作品从结构到内容的完整保护就成为一个重要议题。从结构保护上看，用户在使用档案数据库作品时，不得侵犯档案数据库作者的整体著作权；从内容保护上看，用户在使用档案数据库作品时应根据档案数据库作品中档案内容的著作权状态分别采取三种不同策略，即对档案数据库中简单陈列的属于公有领域、不在保护期内和未获得著作权保护的档案内容，用户可以自由使用；对档案数据库内收集的享有著作权的作品档案，在利用时注意其提示说明，不能故意侵害原著作权人的相关权益；对档案数据库内由信息资源开发者生产或创作的增值类档案信息内容产品，因其具有一定独创性从而受到著作权保护，对其只能进行合理使用。

值得关注的是，1996年《欧盟数据库保护指令》在数据库赋权方面迈出了实质性一步（与此相比较，美国在对无创新性的数据库保护上则是一段空白，虽然其近年来也试图在《版权法》之外寻求保护不具有原创性数据库的方法，但联邦数据库权利保护的立法屡屡受挫），它所确立的数据库双重保护机制对我国信息立法及信息资源开发产品的保护具有重要借鉴意义。《欧盟数据库保护指令》所确立的双重保护机制是：对选择和编排具有独创性的数据库提供统一的版权保护规则；建立数据库内容的特殊保护制度（即数据库权，它以保护在数据内容收集、核实或呈现方面的实质性投资为目的），并从提取权和再利用权等权能上确立数据库权的内容（高富平，2009）。上述双重保护机制是从形式与内容上分别实施了对数据库的保护。如果在信息立法与信息资源开发政策设计中，我国也能从保护信息产品生产者积极性角度出发，借鉴欧盟数据库双重保护机制的有关经验，那么，包括档案数据库作品在内的信息资源产品生产一定会有一个大发展，这对推进我国信息资源产业形成与发展将会产生深远影响。

8.2.1.2 受保护的信息资源开发产品著作权权利主体对象逐步多样化

从宏观上看，我国信息资源开发主体将逐步由单一主体向社会化、市场化的多类型主体转变，这将导致信息资源开发产品的著作权主体发生变化。在相当长时期内，我国信息资源开发服务主体是以综合档案馆或机关企事业单位内部信息机构为主，因此，在现阶段我国信息资源开发过程中涉及最多的还是职务作品。职务作品是指完成法人或者其他组织工作任务所创作的作品，对于这类职务作品，作者享有署名权，但其著作权的其他权利由综合档案馆或者其他法人与组织享有（这里应特别注意区分政府文件不具有版权与档案作品具有版权的不同）。

从理论上看，由综合档案馆等拥有著作权的信息资源开发产品应在公共范围内进行传播。2005 年 1 月，世界知识产权组织（WIPO）发布的《世界知识产权组织国际发展议程中有关图书馆的原则》规定：政府拥有著作权的所有作品都必须在公共范围内传播，由政府基金资助研究和出版的所有作品必须在一个合理的时间范围内提供免费公共获取①。虽然这是针对公共图书馆而言的有关知识产权规定，但它对综合档案馆或综合档案馆的信息资源开发产品著作权归属和利用同样具有借鉴意义。具有准政府机关性质的综合档案馆对其开发的信息资源产品拥有著作权，而且这些信息资源开发产品理应也必须在公共范围内传播。随着我国信息资源产业发展政策的确立，社会各类主体均可逐步进入信息资源开发服务领域。为了保护有关主体参与信息资源开发服务的积极性及其投资利益，减少信息资源产品利用中可能出现的大量"搭便车"行为，对所有参与信息资源开发服务主体的利益都应进行保护。因此，从著作权人的发展变化看，信息资源开发产品的著作权人构成将逐步出现多样化趋势。

从微观上看，综合档案馆或其他开发机构在信息资源开发过程中所涉及的与著作权相关的角色或身份会出现多样化。综合档案馆或其他开发机构作为一种特殊主体，具备多种身份：从汇编作品、档案数据库制作等角度出发，他们可以是信息资源开发产品的著作权人；当综合档案馆或有关开发机构对他人信息资源进行数字化处理时，他们是信息资源的使用者；从综合档案馆提供服务的方式，如网络传输等角度看，他们又是档案内容的传播者。这表明，对著作权权利主体的关注不能忽视综合档案馆或其他开发机构在信息资源开发过程中这种身份的变化及其因此引发的信息权利或义务内容变化。

8.2.1.3 受保护的信息资源开发产品著作权内容将逐步丰富

由于我国信息资源开发产品类型逐步多样化，因此，信息资源著作权内容也应作出相应调整。这其中，增加数据库作品的邻接权就是重要趋势之一。邻接权是指作品的传播者和作品之外劳动成果的创作者对其劳动成果享有的专有权利的总和。例如，北欧国家的目录规则在为事实信息的汇编作品提供版权保护之外，就提供了邻接权保护（高富平，2009）。我国修订的《著作权法》中只有 4 类邻接权，即表演者权、录制者权、广播组织和版式设计权，数量较发达国家少得多。在信息数字化转换和数据库建设过程中，有关人员针对特定的信息作品付出

---

① Library-related principles for the international development agenda of the world intellectual property organization，http：www.ifla.org/III/clm/p//Library-Related principles. htm. l.

了大量劳动，他们理应对其劳动成果享有一定的专有权利。因此，对数据库邻接权的确立，可以进一步完善数字档案馆、数字图书馆建设进程中对相关信息权利的保护制度。

8.2.2 信息资源开发作品的知识产权保护策略

随着社会各类主体逐步参与信息资源开发利用，以及政府信息再利用的不断深化，信息资源开发作品的知识产权保护问题也就显得愈加突出。针对上文分析的信息资源开发产品知识产权保护特点和趋势，可以采取以下相关知识产权保护策略。

8.2.2.1 信息资源开发产品的知识产权认定策略

由于信息资源开发产品类型多样，其在创造性、新颖性程度上也存在一定差别，这就要求在具体认定它们所具有的知识产权权利内容上区别对待。因此，在知识产权保护上可以根据信息资源开发产品的类型而采取分散赋权的方式。例如，对某些新颖性或创造性不明显的信息资源开发产品可以不明确规定其享有著作权，但可以规定有关主体享有署名权、修改权、保持作品完整权等权利（陈传夫，2008）。在信息资源开发中，为了动员更多社会力量参与开发活动，可以针对具有公共信息产权性质的历史档案、少数民族文字档案等进行改编、注释、整理和翻译等加工活动，参与上述开发活动的主体可以通过分散赋权的方式获得署名权、修改权等有限的知识产权。通过分散赋权方式进行知识产权认定，既有效地保护了有关权利人参与信息资源开发的积极性，又在一定程度上扩大了公共信息产权信息资源产品的社会供给，满足了社会日益多样的信息资源利用需要。此外，对档案数据库作品而言，如果其结构编排上具有一定独创性，即可提供相应的著作权保护；而对非独创性的数据库，则可以通过赋予数据库制作者权（或称为数据库权）的方式对其权利进行一定保护。后者的实现有赖于信息立法的创新。

8.2.2.2 信息资源开发产品利用中的知识产权转移策略

由于参与信息资源开发的主体出现了多样化，而且这些主体既有公益性机构，也有非公益性机构，这就使受知识产权保护的信息资源开发产品转移利用显得十分复杂。如果从有关主体参与信息资源开发的动机看，其实施信息资源开发的动机既可以是商业性的，也可以是非商业性的。从信息资源开发的具体过程看，无疑可以将其归结为以下两类：一是有关档案形成主体在履行其管理职责过程中对自身的信息资源进行增值开发，然后提供给单位内部或外部的用户，对外部用户开展服务可能就有营利性目标；二是另一主体利用某一或某类档案形成主体的信息资源后进行增值加工，然后提供给有关用户。这类主体参与信息资源开发的基本动机就是营利目标。如果是不同性质的主体实施对信息资源的合作开发，则其目标动机显然就复杂得多。不管有关开发主体出于何种动机参与信息资源开发，其信息资源开发产品的产权都应受到尊重，这对促进信息资源开发利用多元化机制的形成具有重要意义。

一般而言，信息资源开发产品具有以下特点：这些档案信息可能是不同来源、内容或形式的档案信息的聚合，它已不是档案信息的原生态，而是档案信息的增值态；信息资源开发中对所采用的编研与加工技术可能会有不同，它既可能是某种方式的运用，也可能是多种编研与加工技术的综合运用。这些编研与加工技术包括：注释、索引、检索、内容主题分析、数据汇集、系统编排等；信息资源开发产品并不是出于完成政府机关"公共任务"需要而开发的，而是属于"公共任务"之外的面向社会的增值开发，它能满足公民的个性化和差别化需求。这表明，有关主体（不管其是公益机构还是营利机构）在向社会用户提供信息资源开发产品这种增值信息时，其产权理应受到尊重，其投资开发信息资源的利益动机也理应受到保护。

因此，信息资源开发产品知识产权发生转移可以通过不同的合同方式（许可使用合同和转让合同）进行，对信息资源开发产品及其服务也可以收取一定的费用（或成本费用）。我国《著作权法》规定的著作权许可使用合同主要包括以下内容：许可使用的权利种类（专有使用权或者非专有使用权）、许可使用的地域范围与期间、付酬标准和方法等；对于转让合同则要规定作品名称、转让的权利种类和地域范围、转让价金及其支付方式等。在信息资源开发产品的许可使用或转让中，究竟适用何种定价方式有待有关部门进一步研究。从美、英、澳三国的实际操作看，与其各自关于科技档案是否具有版权的不同规定相对应，它们在信息提供上也分别采取了边际成本定价、全部回收成本定价和部分回收成本定价的不同方法。无论采取何种定价方式，其前提是要明确保护信息资源开发者的知识产权，只有这样才能保护信息资源开发者实施增值开发的积极性。从实际运作看，由于某些领域的信息利用需求较为强烈，因此，当前可以率先开展气象档案、信用档案、交通档案、教学科研档案等的增值开发，并尝试通过许可合同和转让合同方式实现对上述信息资源开发产品知识产权的转移。

本 章 小 结

在界定知识产权与信息产权两者基本关系的前提下，本章以现有法律法规或政策为依据对我国信息资源的知识产权状态进行了全面梳理分析，认为我国信息资源在知识产权构成状态上分别具有以下三种情况，即不具有著作权、享有部分著作权和享有完全的著作权。针对这种著作权状态，本章设计出了五种基于信息权利保护的信息资源开发利用策略。由于信息资源开发产品也是一种"作品"，对其实施知识产权保护也不容忽视，因此本章在研究信息资源开发产品的特点及其知识产权保护趋势的基础上，对信息资源开发产品的知识产权认定与转移等策略进行了分析。

第9章 关于推进我国信息资源开发服务的若干政策建议

9.1 确立信息权利全面保护的理念，并以此为导向指导信息法律体系的建设

在信息时代和权利时代，信息作为最有价值的权利资源之一，其有序流动对于社会发展具有基础性意义。加强信息领域立法是我国法律体系建设的重要内容，近年来我国信息领域立法涉及的主要内容有政府信息公开立法、信息传播立法、个人信息保护立法、网络与数字信息管理立法等方面。与此相伴随，我国公民的信息权利意识有了显著增强，知情权、隐私权等已经成为社会公民普遍关心的信息权利内容。如何准确认识信息权利的基本内涵，适应信息权利公平分配需要，对信息权利进行全面保护和科学治理就是信息资源管理和信息法学共同关注的研究课题。信息权利是人们在信息活动中合理地生产、组织、拥有、传播和使用信息的权利，具体包括信息自由权（或信息获取权与知情权）、信息隐私权、信息产权、信息安全权和信息环境权等权利内容。

本书在分析信息权利构成内容、冲突、确认等基本理论问题基础上，提出并论证应以信息权利保护和配置为中心作为我国信息立法的价值导向，以此为基础保障信息资源开放与开发工作的有序推进。在对《政府信息公开条例》、《保密法》、《档案法》等若干法律文本进行分析的基础上，我们认为在信息权利制度构建和社会的信息权利保护实践中，应当克服可能出现的权利缺位倾向。从现实情况看，在我国信息立法中信息权利缺位现象已经初步显现。信息环境权（或称为信息生态权）、信息利用权（或称为信息再开发权）、信息产权、网络信息归档权、公共机构信息管理与服务权等信息权利类型及其内容都亟待我们发现和确认。在信息权利制度构建和社会的信息权利保护实践中，应当克服已经和可能出现的权利缺位倾向。

信息立法实质上应是以信息权利全面保护和科学配置为中心的立法。在信息权利配置中对不同主体不同信息权利之间可能出现的冲突进行科学协调与平衡就

是权利配置的核心内容之一，在现有信息立法成果中，这种对不同信息权利进行科学配置的理念远未得到落实。解决信息权利冲突问题，关键是应系统发现并确认信息权利体系中包含的各类权利类型，并通过立法在一定范围内明晰信息权利边界或对原有一些可能引起冲突的相对模糊的信息权利边界重新进行界定，从而避免因立法不周而引起信息权利冲突。由于法律是具有概括性而又必然存在滞后性的，而且现代法制要求法律具有稳定性，不可能经常性地对法律进行修改，因此，运用司法工具来弥补立法缺陷和弊端就显得十分必要。通过司法途径解决信息权利冲突的主要做法是在现有信息法律范围内通过法律解释或判例示范来解决信息权利的冲突。

信息权利被法律确认，是信息权利得以实现的基本前提，但要想使信息权利真正成为实质权利或现实权利，还必须由政府作出相应的、具体的、有效的制度安排。信息权利在信息立法中被确认只表明其具备了有效实现的第一机制。

信息权利实现还应具备权利获取的服务机制、权利侵害的预防机制和权利侵害发生时的救济机制等。只有上述三种机制形成合力，才能构成真正有实效的信息权利保障制度。我国信息立法在运行机制方面仍有诸多不完善之处，适应信息权利全面保护要求的科学有效的预防机制、救济机制和帮助机制等都尚未形成。因此，在发现和确认信息权利基础上健全其实现的保障制度就成为今后信息立法的重要任务之一。建立在信息权利意识强化和信息权利法律保护基础上的信息权利实现还有赖于信息权利实现途径的多样化（其核心是信息管理体制和机制的创新）。

9.2 构建以信息权利保护为基础的信息资源开放与开发服务战略对策

我国信息资源开放与开发服务战略对策研究是以信息权利全面保护为基础构建保障和推进信息资源开发服务的政策途径、制度途径和理论途径。

9.2.1 政策途径：信息资源开放与开发服务法律政策建设对策

法律政策层面旨在建立与信息权利保护相适应的信息资源开发服务的法律政策体系。

由于我国信息法律在立法价值导向、立法意图、调节与规范的侧重点和立法环境与背景等方面的不同，导致大量信息权利冲突现象的产生。在系统梳理这些具体法律法规冲突的基础上，笔者提出将所有信息权利主体纳入信息法律建设体系、将处在不同运动阶段和不同存在形式的文件与档案客体纳入建设体系、将所有信息权利内容纳入信息资源开放与开发法律政策建设体系的建设思路。

针对我国信息法律政策的建设和信息资源管理与服务的实际，我们认为当前又以网络信息存档权和信息利用权利的确认最为紧迫。网络信息存档权是有关主体出于为国家和公民长远保护网络信息和有效开展服务的利益动机，所具有的对网络信息定期或不定期进行捕获、归档、保存等权利，它是有关主体为了履行其所承担的社会职责所必须具备的职业权利。我们认为，网络信息存档权的确认具有合理性与正当性基础，其主要内容包括：网络信息选择权、网络信息缴送请求权、网络信息处置权、网络信息标准化权和网络信息存档保障权等。

信息利用权利是公民的基本权利之一，但从《政府信息公开条例》、《档案法》和有关实施办法中不仅看不到有关信息利用权利的明确表述，而且从相关规定中也无法自然推导出信息利用权利就是一种法律权利。在文本分析基础上，我们认为，我国现有关于信息资源开放利用的法律规定对信息利用权利的限定已经超出了其合理限度，确认信息利用权利并在法律制度上保证其充分实现应是我国信息法律完善的重要取向之一。

如果说信息法律法规的作用有较强的刚性，那么信息资源开发服务政策则具有一定的灵活性。信息资源开发服务政策的创新是决定我国信息资源开发活动能否深入的又一关键因素。信息资源开发服务政策是政府为了促进信息服务而制定的一系列干预、规制和引导信息产品开发与服务的政策总称。信息资源开发服务政策创新可以围绕着政策内容创新、政策工具创新、政策程序创新等方面分别展开。

信息资源开发服务政策内容创新主要包括：信息资源开发服务主体的多元选择政策，充分发挥政府主体、社会主体和市场主体等在信息资源开发服务中的功能互补作用；为了保证信息资源开发服务的基本公益性质和服务质量，应制定完善的信息资源开发服务主体准入与退出政策，从领域准入限制、形式准入限制、性质准入限制、违规性退出、引导性退出等方面进行具体政策设计；信息资源开发服务的定价政策，针对普遍信息服务和增值信息服务采用不同的定价方法等。

信息资源开发服务政策工具的创新主要包括：综合发挥人才、信息、技术和资金等供给型政策工具，财务金融、价格税收、法规管制等环境型政策工具和政府采购与定制等需求型政策工具等的作用，在当前主要运用无条件的现金支付、提供物品与服务（包括信息，特别是政府信息）、法规保护、限制或惩罚措施等具体工具类型来干预信息资源开发活动。

信息资源开发服务政策程序的创新就是要权变性地应对供给与需求、公益与有偿、公平与效率等相互关系，吸纳更多的政策主体参与创新过程。在信息资源开发服务政策创新的诸多内容中，具体开发服务政策内容的创新又是难点和重点，仍须积极探索以下领域：明确政府部门在信息资源开发服务中的主体地位与具体任务，对企业、个人和其他组织进入和退出信息资源开发服务领域的具体政策进行细化；明确信息资源开发服务的监管部门及其职责；制定信息资源开发服务的专项基金政策与管理制度，改革并完善对有关制度公益人的财政拨款制度，明确对参与信息资源开发服务的营利组织的各种优惠政策；制定信息资源开发服务项目"外包"的运作与管理政策；制定信息资源开发服务的质量责任制度，出台有关服务质量评价标准；制定有效保证政府信息资源产品得以全社会共享的技术标准与管理标准。

9.2.2 制度途径：信息资源开放与开发服务管理制度建设对策

管理制度层面旨在建立推动信息权利全面保护得以实现的管理制度体系。信息管理制度体系是政府为了保障有关主体信息权利而作出的一系列管理制度安排，主要包括：与政府信息公开相配套的信息管理制度、信息资产运营管理制度、信息资源整合开发管理制度等。

2008年5月1日起正式施行的《政府信息公开条例》以信息公开是政府机关的义务为基础，从公开主体、公开范围、公开方式等方面对我国政府信息公开行为作出了明确的制度安排，并明确提出要构建我国政府信息公开工作的业务配套制度、工作考核制度、社会评议制度和责任追究制度等。这实际上是打开了政府信息资源管理的末端环节，它必然会产生一系列的"倒逼"效应，促使政府机关及有关管理部门完善整个政府信息资源管理制度。

与政府信息公开制度相配套的信息管理制度的建立主要包括以下方面：政府信息资源分级分类管理制度、政府信息资源公开目录与指南的发布和更新制度、政府信息公共查阅点的信息管理制度、政府信息查阅点的服务规范制度、政府信息公开的开放责任和安全审查责任制度、政府信息查阅点的政府信息公开工作年度报告制度、政府信息查阅点的政府信息收费管理制度、政府信息查阅点的工作考核、社会评议和责任追究制度等。

信息资源是重要的生产要素、无形资产和社会财富，信息资源转化信息资产需要一系列的制度安排，信息资产也要科学运营才能产生一定效益。信息资产是一种权利性资产。产权理论认为，资产是一系列制度安排的结果。信息资源并不就是信息资产，资源向资产的转化依赖于各种制度安排，信息资产实质上就是关于信息资源使用权的制度安排结果。从制度安排的具体内容看，它由国家性制度安排、社会性制度安排和机关或组织内部管理制度安排三部分构成。国家性制度安排是指通过国家法律制度对信息开放与使用及其产权等进行强制性规范，从而对信息资源的所有权、使用权、开发权、转让权以及收益权等进行界定和分配，它是信息资源"资产化"实现的保证；社会性制度安排是一种更广泛、非正式和非强制性的制度安排，它是由价值观和规范、公民认知、社会伦理体系，以及引导和激励性政策等构成。例如，在信息开放与开发服务中对公平、客观等规则的遵守，制定动员和促进各类主体参与信息资产化的开发政策等就是社会制度安排的表现；机关或组织内部管理制度安排是指为了促进信息资源向信息资产的转化，机关或组织应就信息开放、开发和集成服务等制定一系列的行为规则和工作机制。上述三类制度性安排对信息资源向信息资产的转化具有基础性作用，也为信息资产运营提供了制度保障。建立在制度保障基础上的信息资产运营策略主要包括：信息资产的激活策略（信息公开与档案开放）、信息资产的重组策略（信息开发与整合服务）、信息资产的风险控制策略（信息分级分类与合理使用）等。

信息资源整合开发管理制度就是要建立一整套实现信息资源开发从低端零散开发到高端系统开发转变的管理制度。它主要包括：建立信息资源（主要是信息资源）登记备份管理制度、建立信息资源整合开发的实体化与项目化运作制度、建立信息资源整合开发的创新培育与激励制度等。

9.2.3 理论途径：信息资源管理学科的构建对策

学科体系层面旨在以信息权利保护为基础构建信息管理学科的体系结构。这种学科体系构建将实现从信息资源为起点向多主体信息权利保护为起点的转移，并对由此引发的信息资源管理学科建设的若干变化或转型进行分析研究。加快信息资源管理人才培养与专业建设，并与其他各类信息管理类专业进行错位建设就是发展趋势之一。信息资源管理专业与学科建设和理论研究的重点应是基于信息权利全面保护的信息内容开发服务。

9.3 构建以信息权利保护为中心的信息资源开放与开发服务实现机制

我国信息资源开发服务实现机制研究是要探讨信息资源开发服务作为一种信

息权利保障机制的价值及其创新路径。信息资源规划机制、信息资源开发服务的运行机制、信息资源开发服务的知识产权保护机制等都是推进和保障信息资源开放与开发实现的具体机制内容。

9.3.1 基于信息权利全面保护的信息资源规划机制

由于我国 80% 以上的信息资源集中在政府部门，因此，以政府信息资源（含信息资源）为核心的信息资源规划策略就成为制约和决定信息权利能否全面和科学实现的重要因素。

与政府行政模式由统治行政（霸权行政）和管制行政（强权行政）逐步向服务行政转化的历史演进相呼应，我国信息资源管理与服务中也存在着两种不同的价值取向，即"为国家"（或"为机关"）和"为社会"。前者的利益主体是国家（或机关），后者除国家（或机关）之外还包括其他各类社会主体。"为国家"（或"为机关"）的信息资源管理价值导向强调国家利益和机关利益，其主要目标是服务于机关管理与决策，信息资源管理与服务的实质是为"权力"服务。"为社会"的信息资源管理与服务在价值导向上则强调利益主体与服务对象的多元，信息资源管理与服务的实质是为"权利"服务，它强调通过政府信息的扩大开放，维护所有社会成员的知情权，让所有社会成员从政府信息服务中受益。随着政府从管理型向服务型的转变和《政府信息公开条例》的实施，我国政府信息资源管理也正进入一个以"信息权利"为导向的转型期。培育、推进和保障社会各类主体的信息权利意识和权利实践已经成为我国信息资源管理与服务的核心内容，同时它也是指导我国信息资源规划的基本原则。

信息资源规划是对信息资源收集、整理、存储、开放和开发等的全面规划，它是关于某一国家或地区中长期政府信息资源建设、管理和服务的指导思想、基本目标、政策措施、标准规范和技术保障等的预测、设计和安排。以信息权利保护为基础的信息资源规划是以社会公众为中心的导向结构，其指导思想是：实现信息资源管理与服务由以权力为中心到以权利为中心的转移，适应社会信息权利意识不断觉醒和信息权利主张不断增多的形势，在保障与平衡社会各类主体不同信息权利的基础上，不断提升信息资源对经济社会发展的贡献力；基本目标是：信息资源规划应突出服务社会、服务民生、服务长远的思路，构建面向社会的有序信息服务空间；主要任务是：建立起覆盖全社会（或全民）的信息资源体系，实现信息资源的科学与安全管理，形成信息资源有序开放与开发和方便利用的格局，满足社会大众的信息需求，并保障各类主体不同信息权利的充分实现；重点规划与建设项目是：面向用户的政府信息开放项目、电子政府的信息资源配置与共享项目、基础信息资源数据库建设项目、信息在线服务项目（或数字政府信息馆工程示范项目）、电子文件长期保存与安全管理项目、面向用户需要的专题信息内容开发服务项目、网络信息的获取（或存档）与整合项目等。

上述信息资源规划的实现依赖于以下机制或方法的运用：信息采集机制由单一"归档"模式转变为"归档与建档"并存模式；信息组织机制由重"实体管理"转变为重"智能管理"（档案组织单元由"卷"向"件"的转变，信息组织重点由"实体组织"向"智能组织"的转变，信息馆藏组织体系由单一的"实体馆藏"向"实体馆藏"与"虚拟馆藏"并重转变）；信息服务机制由面向组织内部服务转变为面向社会服务（信息服务内容的社会化适应，信息服务机制的社会化）。

9.3.2　信息资源开放与开发服务机制的创新策略

信息资源开放与开发服务的深入进行，不仅要有法律、政策或有关管理制度的保障，而且也依赖于管理方法或策略机制的创新。

从本质上看，"运行机制缺失"就是制约我国信息资源开发和增值服务实现的主要因素。

政府机制是指由政府机关及其内部机构以无偿方式提供信息资源开发服务产品的运作过程。例如，政府法律法规数据库、基础统计数据库等信息基础数据库向社会公民的免费开放服务即属于政府机制的实际运用。政府机制的运用也并不意味着一定就是政府机关直接介入信息资源开发服务的具体生产过程。政府机制在信息资源开发服务的作用也可以表现为对信息资源开发服务进行必要的干预，在这个"干预"过程中政府的基本目标定位是参与、培育、支持、规范、监管等。

社会机制是指由社会第三部门从事信息资源开发服务活动。这些社会第三部门包括：为社会提供公共信息服务和准公共信息服务的民间非企业单位和国家事业单位；向组织成员提供互益性公共信息服务的社会团体和行业组织；面向社会提供无偿公益信息服务的民间公益组织，如志愿者组织和慈善机构等；带有成本收费性质的民间社会组织等。在信息资源开发服务的社会化机制运作中，从政府与非营利组织的具体关系看，可以将信息资源开发服务的社会机制运作分为三种不同模式。第一种模式为双元模式，即政府与非营利组织各自提供信息资源开发服务，二者的服务提供与经费来源各有其不同的明确范围，双方各有其自主性存在；第二种模式为合作模式，其典型情况是由政府提供资金，第三部门实际负责信息增值服务的生产和提供；第三种模式为第三部门主导模式，即非营利组织同时扮演资金提供和服务提供的角色，不受政府的限制，自主针对特定服务对象的需求提供与发展创新服务。从当前我国非营利组织发育和运作情况看，在信息资源开发服务社会机制的实际运作中，双元模式和合作模式更加可行。

市场机制是指在确定政府信息服务责任的前提下，把私人部门的管理手段和市场激励结构引入信息资源开发服务之中，以追求信息资源开发服务的有效性，其主要表现方式是企业化经营方式和市场主体的引入以及市场资源的运用，让营利性企业和市场资本参与到信息资源开发服务的生产过程。从具体运作方式上看，主要包括企业化经营、合同外包或政府采购、用者付费、特许经营等多种形式。

多渠道的供给并不意味着分散化的服务，如何在保证充分供给的前提下又保证尽量减少用户的信息搜寻成本，这就是一个管理问题，我们的基本思路是运用信息服务整合平台为用户提供一个"一站式"的服务窗口。信息服务整合平台是以用户需求为导向，以已公开的基础政府信息、已开放的档案信息和再开发的增值政府信息为整合对象，通过自动化采集和组织，实现一个窗口、一个检索界面就可以一站式地发现并获取到分布在全国各类网站上（包括各类档案网站）的信息并实现有关服务。信息服务整合平台在基本结构上可以划分为以下层次：信息服务界面（或窗口）的整合、信息管理与服务技术的整合、信息管理制度与标准的整合。基于信息状态不同以及由此决定的服务整合平台核心层的不同，可以将信息服务整合平台划分为面向基础信息和面向增值信息的服务整合平台两种类型。

基础信息服务属于政府的公共任务，它提供原生态的已公开政府信息和档案内容。根据面向的用户对象不同，基础信息服务整合平台又可以区分为面向政府用户和面向社会用户两种类型。由最高人民法院研发的《中国审判法律应用支持系统》和国家图书馆建立的政府公开信息整合门户就分别属于上述两类服务整合平台建设的成功案例。增值信息服务一般不属于政府部门的公共任务，增值信息利用通常属于"再利用"的范畴。由于信息内容增值产品开发可以采用政府机制、社会机制和市场机制互补与并存的运作机制，这就使增值信息服务整合平台建设面临着更大挑战。当前的主要任务应该首先是面向基础信息的整合服务平台建设。

推进信息服务整合平台建设的策略是：在遵守前台与后台并进的原则、制度整合与技术整合兼顾的原则、系统规划与多方参与的原则等基础上，通过建设过程的分步实施、建设主体的优选、建设的政策保障等各类策略的组合运用实现信息服务整合平台建设目标。

9.3.3　信息资源开放与开发服务中的知识产权保护对策

信息资源开发过程中的信息产权保护问题始终都可分解为两个方面，即一方面是在开发利用过程中对作为加工对象的信息资源信息产权保护问题；另一方面是在开发利用过程中对作为加工成果或作品的信息资源产品信息产权保护问题。本书在有关知识产权保护对策研究中，重点关注的是"档案资源"这种信息资源类型。

从知识产权制度和信息资源自身特质的分析看，政府信息、文件和档案资源不具有知识产权，但它们一般具有信息产权包含的其他权利内容。政府机关及有关组织所形成的行政管理文件、立法与司法文件等就属此类。相当部分的信息资源具有知识产权，并享有以知识产权为核心的信息产权，如科研档案、文化艺术作品档案、建筑设计档案、口述档案、产品档案和专门档案等。从我国现有制度设计看，有关政策或制度已经对公共部门形成的科技数据与科技档案的知识产权进行了一定程度的确认，公民对其一般享有一定限度的使用权，但在使用过程中不得损害这些档案著作权人的精神与财产权利。与上述精神正好相反的是，现阶段我国也有部分法律、法规或规章等对享有公共信息产权的科技档案获取利用不予支持。例如，《国家自然科学基金条例》虽然详细规定了各类信息公开义务，但对于受基金资助项目所取得的科学数据和成果内容的公共获取则没有规定。这表明，目前我国有关科技档案信息资源仍然存在着产权不清（由于科技活动投资与参与主体的多元化导致科技档案产权归属不清）、开放与获取利用政策不一致（科技档案，特别是科研档案共享利用上的法律、法规不一致）等问题。

在实际工作中，针对不同信息资源客体对象的著作权与信息产权状态，应科学选择不同的信息资源开发利用策略。既要致力于长远的信息资源开放利用目标与政策制定，又要顾及当前有关信息产权政策实际与政策执行水平。具体策略方法是：鼓励社会各类主体对具有公共信息产权的信息资源进行共享和增值开发；加大对非公共信息产权性质的信息资源开发力度，并对其利用范围进行科学控制；针对不同产权性质的信息资源而言，可以在获得著作权人的使用许可后进行信息资源开发利用；利用合理使用制度实施对信息资源的开发利用；在档案著作权保护期限之外对其开发利用。

从信息资源开发产品的知识产权保护特点与趋势看，受保护的信息资源开发产品在客体对象上逐步扩大、受保护的信息资源开发产品著作权权利主体对象逐步多样化、受保护的信息资源开发产品著作权内容将逐步丰富。针对上述特点和趋势，信息资源开发产品的知识产权保护重点是：加强知识产权认定和知识产权转移等策略方法的研究和运用。

参 考 文 献

蔡艳红 . 2005. 档案馆：走向开放 . 档案学通讯，（3）：12~15

陈传夫 . 2002. 国家信息化与知识产权 . 武汉：湖北人民出版社

陈传夫 . 2007. 信息资源公共获取与知识产权保护 . 北京：北京图书馆出版社

陈传夫 . 2008. 信息资源知识产权制度研究 . 长沙：湖南大学出版社

陈国旭等 . 2007. 地质信息产权与共享问题研究 . 国土资源科技管理，（6）：159~163

陈力等 . 2004. 网络信息资源的采集与保存：国家图书馆的 WICP 和 ODBN 项目介绍 . 国家图书馆学刊，（1）：2~6

陈能华等 . 2006. 美国信息资源共享市场的发展及启示 . 中国图书馆学报，（5）：36~39

陈智为，周毅 . 1999. 知识经济发展与企业竞争性档案工作的建立 . 档案学通讯，（2）：24~27

陈忠文等 . 2009. 信息安全标准与法律法规 . 武汉：武汉大学出版社

程焕文 . 2010. 图书馆权利的界定 . 中国图书馆学报，（2）：38~45

戴志强 . 2008. 我国改革开放与档案利用工作若干思考 . 上海档案，（12）：10~15

戴志强 . 2009-2-12. 我国政府信息公开与综合档案馆的自我调适 . www. archives. sh. cn/docs/200902/d_265004. html

丁华东 . 2002. 档案文献编纂的著作行为和著作权利探析 . 档案学通讯，（6）：54~58

丁华东 . 2005. 论档案学研究的主体意识与学科范式的构建 . 档案学通讯，（2）：8~11

范并思 . 2007. 论重构图书馆学基础理论的体系 . 图书馆论坛，（6）：43~48

范并思 . 2008. 信息获取权利：政府信息公开的法理基础 . 图书情报工作，（5）：36~38

冯惠玲 . 2001. 电子文件管理教程 . 北京：中国人民大学出版社

冯惠玲 . 2006. 档案信息资源在国家经济社会发展中的综合贡献力 . 档案学研究，（3）：13~16

冯惠玲 . 2007. 家庭建档的双向意义 . 档案学研究，（5）：8~11

冯惠玲，赵国俊等 . 2009 中国人民大学关于"一级学科调整建议书". 北京：中国人民大学

冯惠玲，周毅 . 2010 关于"十一五"期间档案学科发展的调查和"十二五"发展规划的若干意见 . 国家社科规划办图情档学科调查组

冯晓青 . 2006. 知识产权法利益平衡理论 . 北京：中国政法大学出版社

付华 . 2005. 国家档案资源建设研究 . 中国人民大学博士论文

傅荣校，靳颖 . 2008. 后保管时代与档案学理论逻辑起点的认识和概念重建 . 档案管理，（2）：9~13

傅荣校等 . 2010. 十年来档案学研究成果简要评述：基于（2000—2009 年）中国知网学术资源总库档案学论文数据分析 . 档案学通讯，（2）：4~7

甘利人等 . 2003. 信息物品产权分析 . 理论经济学，（10）：44~49

高畅 . 2008 档案信息资源集成管理研究 . 苏州大学硕士学位论文

高复先.2002.信息资源规划—信息化建设基础工程.北京:清华大学出版社

高富平.2009.信息财产:数字内容产业的法律基础.北京:法律出版社

管先海.2006.对我国档案学研究的若干思考.北京档案,(2):25~28

管先海等.2006.档案学研究应以"问题"为导向.湖北档案,(8):11~13

国家测绘局.2009-2-12.国家基础地理信息数据使用许可管理规定.http://www.ylmb.gov.cn/e/DoPrint/?classid=59&id=137

何嘉荪.1991.档案管理理论与实践.北京:高等教育出版社

何嘉荪,史习人.2005.对电子文件必须强调档案化管理而非归档管理.档案学通讯,(3):11~14

何建邦等.2010.地理信息资源产权研究.北京:科学出版社

胡昌平.2005.面向用户的资源整合与服务平台建设战略:国家可持续发展中的图书情报事业战略分析.中国图书馆学报,(2):5~9

胡昌平,汪会玲.2006.个性化信息服务中的信息资源重组与整合平台构建.情报科学,(2):161~165

胡鸿杰.2005.中国档案学的理念与模式.北京:中国人民大学出版社

胡鸿杰,吴红.2009.档案职业状况与发展趋势研究.北京:中国言实出版社

黄长著等.2009.文献信息资源开发利用在当代社会中的地位和作用.国家社会科学基金项目重点课题结项报告(未公开发表)

黄长著等.2010.网络环境下图书情报学科与实践的发展趋势.北京:社会科学文献出版社

黄少安.2004产权经济学导论.北京:经济科学出版社

姜之茂.2002.一个值得高度关注的问题——论机关档案室扩大提供利用服务范围,《21世纪的社会记忆》.北京:中国人民大学出版社

姜之茂.2005.档案开放再认识.档案学通讯,(2):4~8

姜作勤等.2007.主要发达国家地质信息服务的政策体系及其特点.地质通报,(3):350~354

蒋永福.2006.论公共信息资源管理.图书情报知识.(3):11~15

蒋永福.2007.信息自由及其限度研究.北京:社会科学文献出版社

蒋永福.2008.获取政府信息权与政府信息公开.图书情报知识,(4):63~69

蒋永福等.2005.信息自由、信息权利与公共图书馆制度.图书情报知识,(2):20~23

蒋永福,刘鑫.2005.论信息公平.图书与情报,(6):2~5

鞠建林.2010.一项重要的制度创新:档案登记备份工作.浙江档案,(1):4,5

柯平,高洁.2007.信息管理概论.北京:科学出版社

库克T.1997.电子文件与纸质文件观念:后保管及后现代主义社会里信息与档案管理中面临的一场革命.刘越男译.山西档案,(2):7~13

李步云.2002.信息公开制度研究.长沙:湖南大学出版社

李丹.2004.试论我国信息政策建设存在问题及应对策略.晋图学刊,(2):1~5

李国新.2001.中国图书馆立法:思路、基础与对策.山东图书馆季刊,(4):6~11

李昊青.2009.信息权利救济：信息权利实现的程序化保障.图书情报工作，(2)：74～77

李青松等.信息资产特征及其评估方法研究.北方经贸，2001（1）：10～12

李晓辉.2006.信息权利研究.北京：知识产权出版社

李晓翔，谢阳群.2007.关于政府信息工厂的若干思考.中国图书馆学报，(3)：38～43

李扬新.2008.数字化档案信息开发利用的服务机制探索：来自于"开放存取"运动的启示.档案学通讯，(1)：37～40

李杨.2004.数据库法律保护研究.北京：中国政法大学出版社

廖诩.2009-5-1.国家图书馆建立我国首个"政府信息整合服务平台".http：//news. xinhua-net. com/newscenter/2009-05/01/content_ 11291750. htm

刘家真.2000.缴存本制服度的扩展与电子出版物的采集.中国图书馆学报，(6)：51～55

刘青.2007.信息法之实质：平衡信息控制与获取的法律制度.中国图书馆学报，(4)：22～26

刘青.2008.信息法新论.北京：科学出版社

柳新华.2003.开发利用政务信息资源.中国行政管理，(8)：60

吕艳滨.2009.信息法治：政府治理新视角.北京：社会科学文献出版社

马费成.2005信息资源开发与管理.北京：电子工业出版社

马费成，杜佳.2004.我国信息法规建设评价与对策研究.情报学报，(2)：209～215

马海群.2007.论数字信息资源的国家宏观规划与管理.中国图书馆学报，(1)：36～39

马林青.2009-06-01.科学研究助推档案事业发展——冯惠玲教授接受中国档案报专访.中国档案报，3

马素萍.2000.档案编研作品有著作权吗？中国档案，(3)：30，31

马素萍.2004.北京市档案开放利用现状综述.北京档案，(3)：30，31

齐爱民.2004.个人资料保护法原理及其跨国流通法律问题研究.武汉：武汉大学出版社

齐爱民.2009a.捍卫信息社会中的财产：信息财产法原理.北京：北京大学出版社

齐爱民.2009b.拯救信息社会中的人格：个人信息保护法总论.北京：北京大学出版社

斯蒂格利茨.2005-10-29.宋华琳译.自由、知情权和公共话语——透明化在公共生活中的作用，1999牛津大学报告 http：//www. eduboss. com/content/2005-10-29/90668. html

苏新宁等.2005.论信息资源整合.现代图书情报技术，(9)：54～61

孙璐.2008.知识产权对信息产权的孕育及扩展.知识产权，(2)：28～32

索有为，范负.2009-8-19.广东高院进一步完善案例指导制度以减少"同案不同判"现象.http：//www. gdcourts. gov. cn/fygzdt/t20090818_ 24510. htm

谈李荣.2008.金融隐私权与信用开放的博弈.北京：法律出版社

陶传进.2005.社会公益供给：NPO、公共部门与市场.北京：清华大学出版社

陶鑫良等.2005.知识产权法总论.北京：知识产权出版社

陶永祥.2005.漫谈美国档案文献开放利用的观念变迁与现实.档案学研究，(2)：61～63

宛玲.2006.数字资源长期保存的管理机制.北京：北京图书馆出版社

王芳.2005.政府信息资源的经济学特征及其产权界定.图书情报工作，(5)：50～54

王改娇 . 2005. 从公民的档案利用权考察我国档案开放政策的演进 . 档案与建设，（2）：11～13

王改娇 . 2006. 公民利用档案的权利研究 . 档案学通讯，（3）：43～45

王静，王萍 . 2005. 后现代（开启档案学新纪元）：评价特里·库克以后现代思想诠释档案学 . 档案管理，（4）：24～27

王素芳 . 2004. 我国信息资源开发利用政策法规初探 . 现代情报，（3）：45～47

王涌 . 2000 权利冲突：类型及解决方法，民商法纵论：江平教授七十华诞祝贺文集 . 北京：中国法制出版社

王正兴等 . 2006. 英国的信息自由法与政府信息共享 . 科学学研究，（5）：16～20

沃尔曼 R S. 2001. 信息饥渴——信息选取、表达与透析 . 李银胜译 . 北京：电子工业出版社

吴晓萍，周显志 . 2006. 创作共用：一种新的鼓励自由创作的版权许可制度 . 知识产权，（3）：69～72

吴振新 . 2009. 网络信息资源保存的理论与方法研究专辑序 . 现代图书情报技术，（1）：1

席涛 . 关于图书馆立法的几个基本问题：兼评中华人民共和国图书馆法草案 . 山东图书馆季刊，（2）：18～20

夏义堃 . 2006a. 公共信息资源私有化问题探析 . 武汉大学学报，（5）：649～654

夏义堃 . 2006b. 政府信息资源管理与公共信息资源管理比较分析 . 情报科学，（4）：531～536

夏义堃 . 2007. 公共信息资源市场化配置的理论与实践 . 中国图书馆学报，（4）：68～72

夏义堃 . 2008 公共信息资源的多元化管理 . 武汉：武汉大学出版社

肖冬梅 . 2008. 信息资源公共获取制度研究 . 北京：海洋出版社

肖华 . 2008. 中国证券市场信息披露伦理研究 . 北京：中国经济出版社

肖希明等 . 2008. 数字信息资源建设与服务研究 . 武汉：武汉大学出版社

肖志宏，魏晨 . 2008. 《图书馆法》应传播和实践公共图书馆精神：兼评我国《图书馆法》草案的立法目的 . 图书与情报，（2）：110～113

谢鹏程 . 1999. 公民的基本权利 . 北京：中国社会科学出版社

邢定银 . 2006. 论企业知识资产形成的制度安排 . 企业技术开发，（9）：68～70

徐绍敏等 . 2005. 档案著作权诸问题研究 . 浙江档案，（5）：12～14

徐拥军，陈玉萍 . 2009. 从传统档案服务向知识服务过渡研究 . 北京档案，（4）：16～18

严荣 . 2006. 公共政策创新的因素分析：以《上海市政府信息公开规定》为例 . 公共管理学报，（4）：62～69

颜海 . 2008. 政府信息公开理论与实践 . 武汉：武汉大学出版社

杨宏玲，黄瑞华 . 2003. 信息产权的法律分析 . 情报杂志，（3）：2～4

应飞虎 . 2004. 信息失灵的制度克服研究 . 北京：法律出版社

于惊涛等 . 2009. 美国公共研发知识产权政策的变迁及启示 . 科技进步与政策，（15）：91～96

余涌 . 2000. 道德权利研究 . 中国社会科学院博士学位论文

张斌，徐拥军 . 2008. 档案事业：从"国家模式"到"社会模式" . 中国档案，（9）：8～10

张莉 . 2008. 档案管理：价值转向与范式转换 . 档案学研究，（4）：11～14

张林华．2007．公民信息权与档案馆拓展社会服务功能．档案学通讯，（1）：81～84

张平华．2008．私法视野里的权利冲突导论．北京：科学出版社

张世林．2002．档案利用活动中的法律问题研究．北京：中国人民大学博士论文

张世林．2004．档案管理活动中的著作权问题研究．档案与建设，（9）：6～9

张世林．2007．档案开发与公民利用权利发展述评．档案学通讯，（5）：39～42

张世林．2009．档案数字化的知识产权对策研究．档案学通讯，（3）：50～52

张淑燕．2002．构建网络普遍伦理的几点思考．国家图书馆学刊，（1）：40～43

张维迎．2003．信息、信任与法律．北京：生活·读书·新知三联书店

张文德等．2009．科技文献共享的知识产权保护机制研究．情报理论与实践，（7）：49～53

张文显．2001．法哲学范畴研究（修订版）．北京：中国政法大学出版社

张文显，姚建忠．2005．权利时代的理论景象．法制与社会发展，（5）：3～15

章成志，苏新宁．2005．信息资源整合的建模与实现方法研究．现代图书情报技术，（10）：60～63

章剑生．2008．知情权及其保障：以《政府信息公开条例》为例．中国法学，（8）：145～156

赵国俊．2005．档案信息资源开发利用专项规划及其内容体系．北京档案，（9）：16～18

赵俊玲．2004．国外关于网络信息资源保存的研究．中国图书馆学报，（3）：80～83

赵俊玲等．2006．网络信息长期保存策略分析．图书馆工作与研究，（4）：22～25

征汉年等．2007．论权利意识．北京邮电大学学报（社会科学版），（6）：65～70

郑金月．2005．浙江档案馆利用工作新趋势．中国档案，（1）：53，54

郑丽航．2005．信息权利冲突的法理分析．图书情报工作，（12）：61～63

中华人民共和国科学技术部．2009-5-9．国家科技计划项目科学数据汇交暂行办法（草案）．http://www.sciencedata.cn/fagui.php

周汉华．2003．外国政府信息公开制度比较．北京：中国法制出版社

周汉华．2006．中华人民共和国个人信息保护法（专家建议稿）及立法研究报告北京：法律出版社

周晓英．2005．基于信息理解的信息构建．北京：中国人民大学出版社

周毅．1994．我国情报政府效应偏差分析．图书情报工作，（2）：9～13

周毅．2003．信息资源宏观配置管理研究．北京：中国档案出版社

周毅．2004．电子政府信息服务机制的探讨．图书情报工作，（8）：5～7

周毅．2005．政府信息开放与开发服务的社会化和商业化：趋势、领域与问题．中国图书馆学报，（6）：29～33

周毅．2006．越过"巴比通天塔"．档案学通讯，（4）：1

周毅．2007a．变革时期档案学研究边界的适度拓展．档案学通讯，（4）：21～24

周毅．2007b．政府信息公开进程中的现行文件开放研究．北京：群言出版社

周毅．2007c．信息资源开发服务的政策问题研究．中国图书馆学报，（4）：17～21

周毅．2008a．基于信息权利全面保护的档案学理论研究取向与学科构建．浙江档案，（12）：

15~18

周毅 . 2008b. 论综合档案馆的信息权利 . 档案学通讯，（4）：43~46

周毅 . 2008c. 论政府信息增值服务及其运行机制的创新 . 图书情报工作，（1）：39~42

周毅 . 2009a. 信息权利：伦理与法律权利的互动及其意义 . 图书情报工作，（4）：27~30

周毅 . 2009b. 信息资源管理流程中的公民信息权利探析 . 中国图书馆学报，（1）：86~91

周毅，高峰 . 2002. 社会信息环境问题及其预防与治理 . 社会，（5）：4~6

朱雪忠等 . 2007. 浅析我国科学数据共享与知识产权保护的冲突与协调 . 管理学报，
　（4）：477~482

宗培岭 . 2006. 档案学理论与理论研究批评 . 档案学通讯，（2）：4~10

Abie H, Spilling P, Foyn B . 2004. A distributed digital rights management model for secure informa-
　tion-distribution systems. International Journal of Information Security, 3 (2)：113~128

Allen K B. 1992. Access to government information. Government Information Quarterly, (9)：67~80

Brown Jr G E. 1987. Federal information policy：Protecting the free flow of information. Government In-
　formation Quarterly, 4 (4)：349~358

Caidi N, Ross A. 2005. Information rights and national security. Government Information Quarterly, 22
　(4)：663~684

Crews K D. 1995. Copyright law and information policy planning：Public rights of use in the 1990s and
　beyond . Journal of Government Information, 22 (2)：87~89

Gidron, B, Kramer R M , Salamon L M . 1992. Government and the Third Sector；Jossey-Bass：San
　Francisco

Grotke A. 2008. IIPC Membership Report. Canberra：IIIPC General Assembly Meeting

Harold C. Relyea . 2008. Federal government information policy and public policy analysis：A brief
　overview. Library & Information Science Research, 30 (1)：2~21

Litman J . 2001. Digital Copyright：Protecting Intellectual Property on the Internet. Prometheus Books

Lopez X R. 1994. Balancing information privacy with efficiency and open access：A concern of govern-
　ment and industry. Government Information Quarterly, 11 (3)：255~260

Mannerheinl J. 2009-04-06. The WWW and our digital heritage—the new preservation tasks of the li-
　brary community. http：//www. ifla. net

Michalowski R J, Pfuhl E H . 1991. Technology, property, and law . Crime, Law and Social Change,
　15 (3)：255~275

Patterson L , Lindbery S W . 1991. The Nature of Copyright：A Law of Users' Rights. The University
　of Georgia Press

Perritt Jr H H, Rustad Z. 2000. Freedom of information spreads to Europe. Government Information
　Quarterly, 17 (4)：403

Raymond T. 2001. Nimmer. Information Law. West Group

Relyea H C. 2008. Federal government information policy and public policy analysis：A brief overview. Library & Information Science Research, 30 (1): 2~21

Relyea H C. 2009. Federal freedom of information policy: Highlights of recent developments. Government Information Quarterly, 26 (2): 314~320

Schaaf R W. 1990. Information policies of international organizations. Government Publications Review, 17 (1): 49~61

Smith B, Fraser B T, McClure C R. 2000. Federal information policy and access to web-based federal information. The Journal of Academic Librarianship, 26 (4): 274~281

Sulzer J H. 1992. Trends in cost-sharing and user fees for access to government information. World Patent Information, 14 (2): 118~122

Sundt C. 2006. Information security and the law . Information Security Technical Report, 11 (1): 2~9

Turle M. 2007. Freedom of information and data protection law- A conflict or reconciliation? Computer Law & Security Report, 23 (6): 514~522

附　　录

附录1　成果简介

一、本书研究目的与意义、研究过程

本书的研究目的：通过理论探索、文本分析和实际调查，对我国信息资源开发服务法律政策体系、管理制度体系、实现机制体系等进行系统研究，构建起一个以信息权利全面保护为中心的信息资源开放与开发服务的法律体系、战略对策体系和实现机制体系。

本书的研究意义：从理论上看，以信息权利全面保护为背景审视我国信息资源开放与开发问题有利于全方位地体现权利平衡和信息公平原则。在信息时代，信息作为最有价值的权利资源之一，其有序流动对于社会发展具有重要基础性意义。如何适应信息权利全面保护需要，制定科学有效的信息资源开放与开发战略框架就是依法管理的重要内容；从实践上看，在信息权利全面保护背景下我国信息资源开放与开发也面临着机制与模式创新的要求，从操作层面上探究相关机制与模式创新有利于将信息资源开放与开发推向深入。

本书的研究过程：本书经过了国内外文献调查研究、法律与政策文本分析、实践与实际工作进展的样本调研、理论总结与对策研究等几个不同阶段。在国内外文献调研阶段，课题组回溯检索了国内外近十年的研究文献和项目成果，运用了中国学术期刊网、中国知网、重庆维普数据库、Firstsearch、Springer 等检索系统和数据库，以信息权利、信息法律、信息法规、信息政策、信息开发、信息利用等数十个关键词组合运用各种不同检索策略对文献状况进行了调研分析，系统了解并掌握了国内外在此领域中的研究状态和进展；在法律与政策文本分析阶段，主要以美国、欧盟和中国的有关政府信息公开法律与法规、知识产权法律法规、公共信息再利用政策等为文本对象，具体解析了国内外在法律与政策设计思路、法律与政策内容等方面存在的差异；在实践与实际工作调研阶段，重点以北

京、上海、江苏等地的信息资源开放与开发现状为样本对象，掌握了关于我国信息资源开发服务现实进展的第一手资料，这为课题的理论分析提供了实际参照，从而保证了课题所提出的对策建议具有针对性和实用性；在理论总结与对策研究阶段，在前期理论基础研究、政策文本分析、实际工作调研基础上，基于信息权利全面保护的理念和价值导向，从法律体系构建、战略对策分析、实现机制设计等方面系统研究了我国信息资源开发服务深入推进方法，提出了若干具有应用价值的政策建议。

二、主要内容和重要观点

1. 确立信息权利全面保护的理念，并以此为基础构建信息法律体系

在信息时代和权利时代，信息作为最有价值的权利资源之一，其有序流动对于社会发展具有基础性意义。加强信息领域立法是我国法律体系建设的重要内容。近年来我国信息领域立法涉及的主要内容有政府信息公开立法、信息传播立法、个人信息保护立法、网络与数字信息管理立法等方面。与此相伴随，我国公民的信息权利意识有了显著增强，知情权、隐私权等已经成为社会公民普遍关心的信息权利内容。如何准确认识信息权利的基本内涵，适应信息权利公平分配需要，对信息权利进行全面保护和科学治理是信息资源管理和信息法学共同关注的研究课题。

本书在分析信息权利构成内容、冲突、确认等基本理论问题的基础上，提出并论证应以信息权利保护和配置为中心作为我国信息立法的价值导向，以此为基础保障信息资源开放与开发工作的有序推进。在对《政府信息公开条例》、《保密法》、《档案法》等若干法律文本进行分析的基础上，我们认为在信息权利制度构建和社会的信息权利保护实践中，应当克服可能出现的权利缺位倾向。从现实情况看，在我国信息立法中信息权利缺位现象已经初步显现。信息环境权（或称为信息生态权）、信息利用权（或称为信息再开发权）、信息产权、网络信息归档权、公共机构信息管理与服务权等信息权利类型及其内容都亟待我们发现和确认。

信息立法实质上应是以信息权利全面保护和科学配置为中心的立法。在现有信息立法成果中，这种对不同信息权利进行科学配置的理念远未得到落实。解决信息权利冲突问题，关键是应系统发现并确认信息权利体系中包含的各类权利类型，并通过立法在一定范围内明晰信息权利边界或对原有一些可能引起冲突的相

对模糊的信息权利边界重新进行界定，从而避免因立法不周而引起信息权利冲突。由于法律是具有概括性而又必然存在滞后性的，而且现代法制要求法律具有稳定性，不可能经常性地对法律进行修改，因此，运用司法工具来弥补立法缺陷和弊端就显得十分重要。通过司法途径解决信息权利冲突的主要做法是在现有信息法律范围内通过法律解释或判例示范来解决信息权利的冲突。

信息权利被法律确认，是信息权利得以实现的基本前提。信息权利在信息立法中被确认只表明其具备了有效实现的第一机制。信息权利实现还应具备权利获取的服务机制、权利侵害的预防机制和权利侵害发生时的救济机制等。只有上述三种机制形成合力，才能构成真正有实效的信息权利保障制度。我国信息立法在运行机制方面仍有诸多不完善之处，适应信息权利全面保护要求的科学有效的预防机制、救济机制和帮助机制等都尚未形成。因此，在发现和确认信息权利基础上健全其实现的保障制度就成为今后信息立法的重要任务之一。

2. 构建以信息权利全面保护为基础的信息资源开放与开发服务战略对策

我国信息资源开放与开发服务战略对策的研究是以信息权利全面保护为基础构建保障和推进信息资源开放与开发服务实现的政策途径、制度途径和理论途径。

（1）政策途径：信息资源开发服务法律与政策建设对策

法律政策层面旨在建立与信息权利保护相适应的信息资源开发服务的法律政策体系。

由于我国信息法律在立法价值导向、立法意图、调节与规范的侧重点和立法环境与背景等方面的不同，导致大量信息权利冲突现象的产生。在系统梳理这些具体法律法规冲突的基础上，笔者提出将所有信息权利主体纳入信息法律建设体系、将处在不同运动阶段和不同存在形式的文件与档案客体纳入建设体系、将所有信息权利内容纳入信息开放与开发法律和政策建设体系的建设思路。

针对我国信息法律政策的建设和信息资源管理与服务的实际，我们认为当前又以网络信息存档权和信息利用权利的确认最为紧迫。我们认为，网络信息存档权的确认具有合理性与正当性基础，其主要内容包括：网络信息选择权、网络信息缴送请求权、网络信息处置权、网络信息标准化权和网络信息存档保障权等。

信息利用权利是公民的基本权利之一，但从《政府信息公开条例》、《档案法》和有关实施办法中不仅看不到有关信息利用权利的明确表述，而且从相关规定中也无法自然推导出信息利用权利就是一种法律权利。在文本分析基础上，我们认为，我国现有关于信息资源开放利用的法律规定对信息利用权利的限定已经超出了其合理限度，确认信息利用权利并在法律制度上保证其充分实现应是我国信息法律完善的重要取向之一。

如果说信息法律法规的作用有较强的刚性，那么信息资源开发服务政策则具有一定的灵活性其创新是决定我国信息资源开发活动能否深入的又一关键因素。信息资源开发服务政策是政府为了促进信息服务而制定的一系列干预、规制和引导信息产品开发与服务的政策总称，其创新可以围绕着政策内容创新、政策工具创新、政策程序创新等分别展开。信息资源开发服务政策内容创新主要包括：信息资源开发服务主体的多元选择政策，充分发挥政府主体、社会主体和市场主体等在信息资源开发服务中的功能互补作用；为了保证信息资源开发服务的基本公益性质和服务质量，应制定完善的信息资源开发服务主体准入与退出政策，从领域准入限制、形式准入限制、性质准入限制、违规性退出、引导性退出等方面进行具体政策设计；信息资源开发服务的定价政策，针对普遍信息服务和增值信息服务采用不同的定价方法等。信息资源开发服务政策工具的创新主要包括：综合发挥人才、信息、技术和资金等供给型政策工具，财务金融、价格税收、法规管制等环境型政策工具和政府通过采购与定制等需求型政策工具等的作用，在当前主要运用无条件的现金支付、提供物品与服务（包括信息，特别是政府信息）、法规保护、限制或惩罚措施等具体工具类型来干预信息资源开发活动。信息资源开发服务政策程序的创新就是要权变性地应对供给与需求、公益与有偿、公平与效率等相互关系，吸纳更多的政策主体参与创新过程。在信息资源开发服务政策创新的诸多内容中，具体开发服务政策内容的创新又是难点和重点。

（2）制度途径：信息资源开发服务管理制度建设对策

管理制度层面旨在建立推动信息权利全面保护得以实现的管理制度体系。信息管理制度体系是政府为了保障有关主体信息权利而作出的一系列管理制度安排，主要包括：与政府信息公开相配套的信息管理制度、信息资产运营管理制度、信息资源整合开发管理制度等。

《政府信息公开条例》打开了政府信息资源管理的末端环节，它必然会产生一系列的"倒逼"效应，促使政府机关及有关管理部门完善整个政府信息资源管理制度。与政府信息公开制度相配套的信息管理制度的建立主要包括以下方面：政府信息资源分级分类管理制度、政府信息资源公开目录与指南的发布和更新制度、政府信息公共查阅点的信息管理制度、政府信息查阅点的服务规范制度、政府信息公开的开放责任和安全审查责任制度、政府信息查阅点的政府信息公开工作年度报告制度、政府信息查阅点的政府信息收费管理制度、政府信息查阅点的工作考核、社会评议和责任追究制度等。

信息资源是重要的生产要素、无形资产和社会财富，信息资源转化为信息资产需要一系列的制度安排，信息资产也要科学运营才能产生一定效益。从制度安排的具体内容看，它由国家性制度安排、社会性制度安排和机关或组织内部管理制度安排三部分构成。国家性制度安排是指通过国家法律制度对信息开放与使用及其产权等进行强制性规范，从而对信息资源的所有权、使用权、开发权、转让权以及收益权等进行界定和分配，它是信息资源·"资产化"实现的保证；社会性制度安排是一种更广泛、非正式和非强制性的制度安排，它是由价值观和规范、公民认知、社会伦理体系以及引导和激励性政策等构成；机关或组织内部管理制度安排是指为了促进信息资源向信息资产的转化，机关或组织应就信息开放、开发和集成服务等制定一系列的行为规则和工作机制。上述三类制度性安排对信息资源向信息资产的转化具有基础性作用，也为信息资产运营提供了制度保障。建立在制度保障基础上的信息资产运营策略主要包括：信息资产的激活策略（信息公开与档案开放）、信息资产的重组策略（信息开发与整合服务）、信息资产的风险控制策略（信息分级分类与合理使用）等。

信息资源整合开发管理制度就是要建立一整套实现信息资源开发从低端零散开发到高端系统开发转变的管理制度。它主要包括：建立信息资源登记备份管理制度、建立信息资源整合开发的实体化与项目化运作制度、建立信息资源整合开发的创新培育与激励制度等。

（3）理论途径：信息资源管理学科的构建对策

学科体系层面旨在以信息权利保护为基础构建信息管理学科的体系结构。这种学科体系构建将实现从信息资源为起点向多主体信息权利保护为起点的转移，并对由此所引发的信息资源管理学科建设的若干变化或转型进行分析研究。加快信息资源管理人才培养与专业建设，并与其他各类信息管理类专业进行错位建设是发展趋势之一。信息资源管理专业学科建设和理论研究的重点应是基于信息权利全面保护的信息内容开发服务。

3. 构建以信息权利全面保护为中心的信息资源开发服务实现机制

信息资源规划机制、信息资源开发服务的运行机制、信息资源开发服务的知识产权保护机制等都是推进和保障信息资源开放与开发实现的具体机制内容。

（1）基于信息权利全面保护的信息资源规划机制

与政府行政模式由统治行政（霸权行政）和管制行政（强权行政）逐步向服务行政转化的历史演进相呼应，我国信息资源管理与服务中也存在着两种不同的价值取向，即"为国家"（或"为机关"）和"为社会"。前者的利益主体是国家（或机关），后者除国家（或机关）之外还包括其他各类社会主体。"为国家"（或"为机关"）的信息资源管理价值导向强调国家利益和机关利益，其主要目标是服务于机关管理与决策，信息资源管理与服务的实质是为"权力"服务。"为社会"的信息资源管理与服务在价值导向上则强调利益主体与服务对象的多元，信息资源管理与服务的实质是为"权利"服务，它强调通过政府信息的扩大开放，维护所有社会成员的知情权，让所有社会成员从政府信息服务中受益。随着政府从管理型向服务型的转变和《政府信息公开条例》的实施，我国信息资源管理也正进入一个以"信息权利"为导向的转型期。培育、推进和保障社会各类主体的信息权利意识和权利实践已经成为我国信息资源管理与服务的核心内容，同时它也是指导我国信息资源规划的基本原则。

以信息权利保护为基础的信息资源规划是以社会公众为中心的导向结构。其指导思想是：实现信息资源管理与服务由以权力为中心到以权利为中心的转移，适应社会信息权利意识不断觉醒和信息权利主张不断增多的形势，在保障与平衡社会各类主体不同信息权利的基础上，不断提升信息资源对经济社会发展的贡献力；基本目标是：信息资源规划应突出服务社会、服务民生、服务长远的思路，构建面向社会的有序信息服务空间；主要任务是：建立起覆盖全社会（或全民）的信息资源体系，实现信息资源的科学与安全管理，形成信息资源有序开放与开发和方便利用的格局，满足社会大众的信息需求，并保障各类主体不同信息权利的充分实现；重点规划与建设项目是：面向用户的政府信息开放项目、电子政府的信息资源配置与共享项目、基础信息资源数据库建设项目、信息在线服务项目（或数字政府信息馆工程示范项目）、电子文件长期保存与安全管理项目、面向用户需要的专题信息内容开发服务项目、网络信息的获取（或存档）与整合项目等。

上述信息资源规划的实现依赖于以下机制或方法的运用：信息采集机制由单一"归档"模式转变为"归档与建档"并存模式；信息组织机制由重"实体管理"转变为重"智能管理"（档案组织单元由"卷"向"件"的转变，信息组织重点由"实体组织"向"智能组织"的转变，信息馆藏组织体系由单一的"实体馆藏"向"实体馆藏"与"虚拟馆藏"并重转变）；信息服务机制由面向组织内部服务转变为面向社会服务（信息服务内容的社会化适应，信息服务机制的社会化）。

（2）信息资源开放与开发服务机制的创新策略

信息资源开放与开发服务的深入进行，不仅要有法律、政策或有关管理制度的保障，而且也依赖于管理方法或策略机制的创新。

从总体上看，目前我国信息服务普遍存在着"五多五少"现象，即保密的多，开放的少；被动开放的多，主动开放的少；开放的原始信息多，开发和加工整理的少（数据库化的更少）；孤立、分散开放的多，网络上可共享的少；政府机关部门自我服务的多，社会化服务的少。从本质上看，"运行机制缺失"就是制约我国信息资源开发和增值服务实现的主要因素。

信息资源开发服务运行机制的创新，实质上是要回答信息资源开发服务产品"如何提供"的问题。笔者认为，政府机制、社会机制和市场机制是信息资源开发服务的可能路径，上述运行机制可以共生并产生互补作用。政府机制在信息资源开发服务的作用也可以表现为对信息资源开发服务进行必要的干预，在这个"干预"过程中政府的基本目标定位是参与、培育、支持、规范、监管等。社会机制是指由社会第三部门从事信息资源开发服务活动。信息资源开发服务的社会机制运作分为三种不同模式。第一种模式为双元模式，即政府与非营利组织各自提供信息资源开发服务，二者的服务提供与经费来源各有其不同的明确范围，双方各有其自主性存在；第二种模式为合作模式，其典型情况是由政府提供资金，第三部门实际负责信息增值服务的生产和提供；第三种模式为第三部门主导模式，即非营利组织同时扮演资金提供和服务提供的角色，不受政府的限制，自主针对特定服务对象的需求提供与发展创新服务。从当前我国非营利组织发育和运作情况看，在信息资源开发服务社会机制的实际运作中，双元模式和合作模式更加可行。市场机制是指在确定政府信息服务责任的前提下，把私人部门的管理手段和市场激励结构引入信息资源开发服务之中，以追求信息资源开发服务的有效性，其主要表现方式是企业化经营方式和市场主体的引入以及市场资源的运用，让营利性企业和市场资本参与到信息资源开发服务的生产过程。从具体运作方式上看，主要包括企业化经营、合同外包或政府采购、用者付费、特许经营等多种形式。

多渠道的供给并不意味着分散化的服务，如何在保证充分供给的前提下又保证尽量减少用户的信息搜寻成本，这就是一个管理问题，我们的基本思路是运用信息服务整合平台为用户提供一个"一站式"的服务窗口。信息服务整合平台是以用户需求为导向，以已公开的基础政府信息、已开放的档案信息和再开发的增值政府信息为整合对象，通过自动化采集和组织，实现一个窗口、一个检索界面就可以一站式地发现并获取到分布在全国各类网站上（包括各类档案网站）的信息并实现有关服务。信息服务整合平台在基本结构上可以划分为以下层次：信息服务界面（或窗口）的整合、信息管理与服务技术的整合、信息管理制度与标准的整合。基于信息状态不同以及由此决定的服务整合平台核心层的不同，可以将信息服务整合平台划分为面向基础信息和面向增值信息的服务整合平台两种类型。当前的主要任务应该首先是面向基础信息的整合服务平台建设。

推进信息服务整合平台建设的策略是：在遵守前台与后台并进的原则、制度整合与技术整合兼顾的原则、系统规划与多方参与的原则等基础上，通过建设过程的分步实施、建设主体的优选、建设的政策保障等各类策略的组合运用实现信息服务整合服务平台建设目标。

（3）信息资源开发服务中的知识产权保护对策

信息资源开发过程中的信息产权保护问题始终都可分解为两个方面，即一方面是在开发利用过程中对作为加工对象的信息资源信息产权保护问题；另一方面是在开发利用过程中对作为加工成果或作品的信息资源产品信息产权保护问题。本书在有关知识产权保护对策研究中，重点关注的是"档案资源"这种信息资源类型。

从知识产权制度和档案信息资源自身特质的分析看，政府信息、文件和档案资源不具有知识产权，但它们一般具有信息产权包含的其他权利内容。政府机关及有关组织所形成的行政管理文件、立法与司法文件等就属此类。相当部分的信息资源具有知识产权，并享有以知识产权为核心的信息产权。如科研档案、文化艺术作品档案、建筑设计档案、口述档案、产品档案和专门档案等。从我国现有制度设计看，有关政策或制度已经对公共部门形成的科技数据与科技档案的知识产权进行了一定程度的确认，公民对其一般享有一定限度的使用权，但在使用过程中不得损害这些档案著作权人的精神与财产权利。与上述精神正好相反的是，现阶段我国也有部分法律、法规或规章等对享有公共信息产权的科技档案获取利用不予支持。例如，《国家自然科学基金条例》虽然详细规定了各类信息公开义务，但对于受基金资助项目所取得的科学数据和成果内容的公共获取则没有规定。这表明，目前我国有关科技档案信息资源仍然存在着产权不清（由于科技活动投资与参与主体的多元化导致科技档案产权归属不清）、开放与获取利用政策不一致（科技档案，特别是科研档案共享利用上的法律、法规不一致）等问题。

在实际工作中，针对不同信息资源客体对象的著作权与信息产权状态，应科学选择不同的信息资源开发利用策略。既要致力于长远的信息资源开放利用目标与政策制定，又要顾及当前有关信息产权政策实际与政策执行水平。具体策略方法是：鼓励社会各类主体对具有公共信息产权的信息资源进行共享和增值开发；加大对非公共信息产权性质的信息资源开发力度，并对其利用范围进行科学控制；针对不同产权性质的信息资源而言，可以通过获得著作权人的使用许可后进行信息资源开发利用；利用合理使用制度实施对信息资源的开发利用；在信息资源著作权保护期限之外对其开发利用。

从信息资源开发产品的知识产权保护特点与趋势看，受保护的信息资源开发产品在客体对象上逐步扩大、受保护的信息资源开发产品著作权权利主体对象逐步多样化、受保护的信息资源开发产品著作权内容将逐步丰富。针对上述特点和趋势，信息资源开发产品的知识产权保护重点是：加强知识产权认定和知识产权转移等策略方法的研究和运用。

三、本书特色与主要建树和突破

1. 本书特色

理论研究与实证（政策）研究的有机结合。在一般理论研究基础上，本书特别强调了文本研究和实际调研，这保证了研究成果的实用价值，所提出的政策建议可以直接作为政策文本加以使用。

回溯分析、现状分析与趋势分析的有机结合。为了保证研究成果和政策建议的前瞻性，本书在借鉴国外相关先进经验基础上，立足于我国信息资源开发的历史和现实，对推进信息资源开发服务深入推进的可能路径进行了预见性分析，并以此分析为基础提出和设计了有关政策创新的思路。

宏观展开与微观聚焦的有机结合。本书是以信息权利全面保护背景下的信息资源开发服务为主，将档案资源作为一种类型的信息资源对待。在研究中，我们立足于在宏观背景下展开信息资源开发服务战略及其实现途径的大思路，在微观聚焦中深入挖掘档案资源开发服务的个性特点和方法。这种宏观展开与微观聚焦的有机结合，既保证了有关战略、政策和机制设计对信息资源开发服务工作的广泛适用性，而且也很好地实现了档案资源开发服务活动及其政策设计独特性的分析。

理论体系构建与应用对策研究的有机结合。本书在构建基于信息权利全面保护的信息资源开发服务战略框架基础上，将研究重点放在政策、对策、机制和方法上。这既保证了成果的理论系统性，也保证了成果的应用指导性。

2. 本书主要建树与突破

提出并界定了信息权利的内涵，认为应以信息权利全面保护和科学配置为中心和价值导向进行我国信息开发服务法律体系的建设。以此为指导，本书对我国现存的若干信息法律文本进行了典型分析，概括总结了当前我国信息权利认识水平和信息法律建设存在的主要问题，所提出的立法建议对修订和完善有关法律法规具有现实指导意义。以"信息权利全面保护"为出发点对信息资源开放与开发服务问题的分析，不论是在视角上还是在研究框架上均属重要创新，它适应了权利时代公民权利意识觉醒和权利需求实现的基本要求，也显著提升了在此领域中相关理论和政策研究的层次与水平。

从政策途径、制度途径和理论层面，设计分析了我国信息资源开发服务的战略对策。在政策途径，基于信息权利全面保护的背景，主要对我国现有信息资源开放与开发政策进行了梳理和反思，提出了对我国信息资源开放与开发政策进行重新设计的若干思路和方法；在制度途径，主要是对政府为了保障有关主体信息权利而作出的一系列管理制度安排，如与政府信息公开相配套的信息管理制度、信息资产运营管理制度、信息资源整合开发管理制度等进行了系统分析；在理论途径，则主要是对信息资源管理学科的内在逻辑和研究重点与取向等进行了反思和设计。这种系统的战略框架设计在国内尚属首次，其中提出的有关管理制度和政策设计思路均有创新意义。

从机制保障上对我国信息资源开发服务的实现方法进行了系统研究。这种实现机制保障主要涉及以信息权利保护为中心的信息资源规划机制、信息资源开发服务的运行机制、信息资源开发服务中的知识产权保护机制等内容。在研究中关于信息资源规划导向与实现机制，多元化、集成化、实体化和项目化开发服务运行机制等的提出对推进我国信息资源开发服务进程有重要的实际指导价值。

四、本书的结论和对策建议

1. 确立信息权利全面保护的理念，并以此为基础构建我国的信息法律体系

在分析信息权利构成内容、冲突、确认等基本理论问题基础上，提出并论证应以信息权利保护和配置为中心作为我国信息立法价值导向和体系构建的思路，以此为基础保障信息资源开放与开发工作的有序推进。在对《政府信息公开条例》、《保密法》、《档案法》等若干法律文本进行分析的基础上，我们认为在信息权利制度构建和社会的信息权利保护实践中，应当克服已经和可能出现的权利缺位倾向，并建立起完整的信息权利的发现和确认机制、权利获取的服务机制、权利侵害的预防机制和权利侵害发生时的救济机制。

2. 构建以信息权利全面保护为基础的信息资源开发服务战略对策

在法律政策层面，建立与信息权利保护相适应的信息资源开发服务法律政策体系。具体方法是：加快确认网络信息存档权和信息利用权利两种新的信息权利类型，将所有信息权利主体纳入信息法律建设体系、将处在不同运动阶段和不同存在形式的文件与档案客体纳入建设体系、将所有信息权利内容纳入信息法律与政策建设体系的法律政策建设思路。在管理制度层面，建立推动信息权利全面保护得以实现的管理制度体系。具体内容是：与政府信息公开相配套的信息管理制度、信息资产运营管理制度、信息资源整合开发管理制度等。在理论保障层面：建立以信息权利保护为基础的信息管理学科体系结构。具体思路是：加快信息资源管理人才培养与专业建设，并将信息资源管理专业与学科建设和理论研究的重点放在信息权利全面保护与信息内容开发服务上。

3. 构建以信息权利全面保护为中心的信息资源开发服务实现机制

信息资源规划机制、信息资源开发服务的运行机制、信息资源开发服务的知识产权保护机制等都是推进和保障信息资源开放与开发实现的具体机制内容。以信息权利保护为基础的信息资源规划是以社会公众为中心的导向结构，它应在基本指导思想、基本目标、主要任务、重点规划建设项目等方面形成具体设计；信息资源开发服务运行机制，主要是应发挥政府机制、社会机制和市场机制在信息资源开发服务中的共生与互补作用，并通过信息整合服务平台建设带动服务效率等的提高；信息资源开发服务的知识产权保护机制就是要解决作为加工对象的信息资源知识产权保护问题和作为加工成果或作品的信息开发产品知识产权保护问题。运用合理和灵活的知识产权保护策略有利于实现目标。

五、本书的学术价值、应用价值及社会影响和效益

本书的主要学术价值是：基于信息权利全面保护这个中心，系统构建了我国信息资源开发服务的理论体系。由此引发和提出的关于信息资源管理学科（特别是信息资源管理学科）的转型设计对进一步完善我国相关学科建设具有重要理论价值；关于信息权利的内在意蕴及其相关理论思考，对发展我国信息法学具有重要理论启示价值；关于信息资源规划、信息整合服务平台建设、知识产权保护机制等问题的论述也进一步丰富了我国信息资源管理学科的研究内容，并为打开更广阔的理论研究思路提供了可能途径。

　　本书的应用价值及社会影响和效应是：以信息权利全面保护和科学配置为中心的信息立法价值导向的明确，可以有效解决我国信息立法中存在的顾此失彼现象，进一步提高我国信息立法总体水平；通过对若干信息法律文本的实际分析和反思，为进一步修订完善我国信息法律政策（如《档案法》、《保密法》等）提供了明确思路；关于信息资源开发服务的政策、管理制度等的设计，可以直接成为有关信息资源管理主导部门（含档案行政管理部门）的参考文本；关于信息资源开发服务战略对策和实现机制的研究，是对《中共中央办公厅、国务院办公厅关于加强信息资源开发利用的若干意见》的进一步明晰化和具体化，回答了基层管理部门在落实上述文件精神时所存在的诸多困惑。从长远看，本书的成果将会对我国信息资源产业政策的出台产生积极影响，也会在一定程度上推进我国信息资源产业的持续发展。

附录2　2000年后我国信息立法与政策
若干重要文本一览表

名称	制定部门	制定时间
《中华人民共和国保密法（修订）》	全国人大常委会	2010年4月完成修订 2010年10月1日施行
《电子出版物出版管理规定》	新闻出版总署	2008年8月
《音像制品制作管理规定》	新闻出版总署	2008年8月
《图书出版管理规定》	海关总署	2008年5月
《河南省、山东省、天津市、北京市等省市信息化（促进）条例》	有关省市人大常委会	2008年5月前后（全国所有省市自治区和部分地级市均有制定）
《互联网视听节目服务管理规定》	国家广播电影电视总局、信息产业部	2008年1月
《广东省计算机信息系统安全保护条例》	广东省人大常委会	2007年12月
《政府信息公开条例》	国务院	2007年9月
《上海、陕西等省市政府信息公开规定（或试行办法）》	有关省市人大常委会	2008至2005年之间（全国所有省市自治区和绝大部分地级市均有制定）
《云南省、内蒙古自治区、广东等省市档案（管理）条例（或修正本）》	有关省市人大常委会	2007年9月前后（全国所有省市自治区和绝大部分地级市均有制定）
《国家电子政务工程建设项目管理暂行办法》	国家发展和改革委员会	2007年8月
《广东省、江苏省企业（或个人）信用信息管理（或公开）条例（或办法）》	有关省市人大常委会	2007年左右
《环境信息公开办法（试行）》	国家环境保护总局	2007年4月
《上市公司信息披露管理办法》	中国证券监督管理委员会	2007年1月
《机关文件材料归档范围和文书档案保管期限规定》	国家档案局	2006年12月

名称	制定部门	制定时间
《世界文化遗产保护管理办法》	文化部	2006 年 11 月
《音像制品批发、零售、出租管理办法》	文化部	2006 年 11 月
《国家级非物质文化遗产保护与管理暂行办法》	文化部	2006 年 11 月
《涉外气象探测和资料管理办法》	中国气象局、国家保密局	2006 年 11 月
《医疗广告管理办法》	国家工商行政管理总局、卫生部	2006 年 11 月
《2006～2020 年国家信息化发展战略》	中共中央办公厅、国务院办公厅	2006 年 11 月
《外国通讯社在中国境内发布新闻信息管理办法》	新华通讯社	2006 年 9 月
《产业损害调查信息查阅与信息披露规定》	商务部	2006 年 8 月
《信息网络传播权保护条例》	国务院	2006 年 6 月
《互联网电子邮件服务管理办法》	信息产业部	2006 年 2 月
《数字信息产品污染控制管理办法》	信息产业部、国家发展和改革委员会、商务部、海关总署、国家工商行政管理总局、国家质量监督检验检疫总局、国家环境保护总局	2006 年 2 月
《信息安全等级保护管理办法》（试行）	公安部、国家保密局、国家密码管理局、国务院信化工作办公室	2006 年 1 月
《展会知识产权保护办法》	商务部、国家工商行政管理总局、国家版权局、国家知识产权局	2006 年 1 月
《博物馆管理办法》	文化部	2005 年 12 月
《互联网安全保护技术措施规定》	公安部	2005 年 12 月
《涉及公共健康问题的专利实施强制许可办法》	国家版权局	2005 年 11 月

续表

名称	制定部门	制定时间
《电力监管信息公开办法》	国家电力监管委员会	2005 年 11 月
《电力企业信息报送规定》	国家电力监管委员会	2005 年 11 月
《电力企业信息披露规定》	国家电力监管委员会	2005 年 11 月
《期刊出版管理规定》	新闻出版总署	2005 年 9 月
《报纸出版管理规定》	新闻出版总署	2005 年 9 月
《互联网新闻信息服务管理规定》	新闻出版总署	2005 年 9 月
《个人信用信息基础数据库管理暂行办法》	中国人民银行	2005 年 8 月
《非经营性互联网信息服务备案管理办法》	信息产业部	2005 年 3 月
《关于加强档案信息资源开发利用的若干意见》	国家档案局、中央档案馆	2005 年 2 月
《十一五信息化规划信息资源开发与利用子项目规划》	国务院信息化办公室	2005 年
《关于加强信息资源开发利用的若干意见》	中共中央办公厅、国务院办公厅	2004 年 12 月
《电子签名法》	全国人大常委会	2004 年 8 月
《中华人民共和国知识产权海关保护条例》	国务院	2004 年 1 月
《中华人民共和国商标法实施条例》	国务院	2003 年 3 月
《中华人民共和国著作权法实施条例》	国务院	2003 年 3 月
《互联网上网服务营业场所管理条例》	国务院	2002 年 9 月
《互联网出版管理暂行规定》	新闻出版署、信息产业部	2002 年 6 月
《中国互联网络域名管理办法》	信息产业部	2002 年 3 月
《计算机软件著作权登记办法》	国家版权局	2002 年 2 月
《中华人民共和国著作权法》（修正）	全国人大常委会	2001 年 12 月
《国民经济和社会发展第十个五年计划信息化发展重点专项规划》	国家发展计划委员会	2001 年
《关于维护互联网安全的规定》	全国人大常委会	2000 年 12 月
《互联网络从事登载新闻业务管理暂行规定》	国务院新闻办、信息产业部	2000 年 11 月

名称	制定部门	制定时间
《软件产品管理办法》	信息产业部	2000 年 10 月
《互联网电子公告服务管理办法》	信息产业部	2000 年 10 月
《互联网信息服务管理办法》	国务院	2000 年 10 月
《电信条例》	国务院	2000 年 9 月
《电信网号码资源管理暂行办法》	信息产业部	2000 年 4 月
《计算机病毒防治管理办法》	公安部	2000 年 4 月
《计算机信息系统国际联网保密管理规定》	国家保密局	2000 年 1 月
中华人民共和国档案法		正在修订
个人信息保护法		正在制订，草稿已出台
公共图书馆法		正在制订，草稿已出台
信息安全法		呼吁制订
信息环境法		呼吁制订

后　　记

在政治学与公共行政等的研究视域中，信息透明关乎良治和民主问责；有效的信息管理是实现基于证据的政府治理、商业治理的重要保障；信息是公共和私人部门的信息资产。上述认识充分揭示了信息与民主政治、政府治理、商业治理和资产运作等活动之间的关系。与此具有异曲同工之妙的是，在美国国家档案与文件署网站首页有一张关于 AAD（access to archival databarses）的图片，上面有一句话"Democracy Starts Here"（民主从这里开始），也形象地说明了文件信息在线利用对于民主的重要性。2004 年中共中央办公厅、国务院办公厅联合发布的《关于加强信息资源开发利用工作的若干意见》（中办发［2004］34 号）对信息资源及其在当代社会中的地位作出了如下表述：信息资源是重要的生产要素、无形资产和社会财富，它在经济社会资源结构中具有重要作用，并且已经成为经济全球化背景下国际竞争的一个重点。这表明，民主政治、政府与商业治理、经济发展等目标的实现都不同程度地依赖于信息资源的开发利用。从价值指向意义上看，我国信息资源开发利用进程的推进也是基于建设民主政治、保障政府与商业治理、促进经济转型等目标的实际需要。

《信息资源开放与开发问题研究——基于信息权利全面保护的视域》就是在我国政府信息公开逐步深入、公民权利要求日益增强和民主政治进程稳步推进的背景下提出的研究课题。本书结合中共中央和国务院最新文件精神，以人本法律观为指导，从信息权利基本理论的研究开始，立足于在宏观背景下展开信息资源开发服务战略及其实现的大思路，对信息资源开放与开发进程中涉及的各种不同信息权利进行了全面深入的分析。

课题从正式执行开始至申请结项为止，陆续发表有关学术论文共计 15 篇（其中有 3 篇发表在《国外社会科学》、《中国图书馆学报》等权威核心期刊、有 8 篇发表在二类核心期刊，4 篇发表在省级以上一般核心期刊），4 篇成果被中国人民大学报刊复印资料全文转载，部分观点被学术界和媒体（中国经济信息网、中国新闻网等）反复引用。本书的研究成果在一定范围内已经产生了学术影响。

　　在本书写作过程中，无论是理论界还是实践界均给予了大力支持。一些著名学者，如中国人民大学冯惠玲教授、赵国俊教授，中国社会科学院文献信息中心黄长著研究员，中国科学院文献情报中心孟广均研究员等均以不同方式对本书的研究提供了帮助和指导。在双向匿名鉴定过程中，参与项目鉴定的所有专家给出了鉴定等级为"优"的结论，专家们也提出了很多有益的修改建议，这使本成果增色不少。在此谨向参与项目匿名鉴定的所有专家表示感谢！

　　因为有了本书的研究基础，作者有幸作为子课题负责人参与了以中国人民大学赵国俊教授为首席科学家的国家社科重大招标项目《中国信息资源开发利用的公共政策体系及其优化研究》（项目编号：09&ZD038）的研究工作，这使得作者得以在信息开发利用政策问题研究上走得更远。也正是在应用政策与对策研究中，作者逐步体会到了理论工作者服务社会的责任和乐趣。保持理论研究与现实问题的紧密联系将会成为指引我们开展研究工作的基本原则，也愿以此与学界同仁共勉！

周　毅

2011 年 7 月于苏州